自然環境医学

― 地球の総合医をめざして ―

中嶋 悟

Natural Environmental Medicine

Toward a general doctor of the earth

Satoru NAKASHIMA

関西大学出版部
Kansai University Press

【本書は関西大学研究成果出版補助金規程による刊行】

まえがき：自然環境医学の試み

人類の生存と持続可能な発展目標（Sustainable Development Goals: SDGs）のためには，今や人間の周辺のみならず自然環境全体の健康の維持が不可欠である．著者は，地球の資源（ウラン，金属資源，化石燃料資源）の集積機構の研究から出発したが，資源開発は，環境汚染と表裏一体であることを知った．「環境問題」という言葉がまだない時代に，地球あるいは自然全体の環境の健康の維持と産業活動の調和，つまり今でいう持続可能な発展目標（SDGs）をめざすべきだと考えるようになった．そして著者は，地球と自然の健康を守る活動，いわば「地球のお医者さん」をめざす覚悟を決め，放射性廃棄物の処理処分，重金属や有機化学物質による岩石・土壌・水・大気の環境汚染，地震・火山活動，自然災害，生命の起源と進化などの研究を行ってきて，「自然環境医学」とでもいうべき学問分野の開拓をめざしてきた．著者は2020年に（一般社団法人）自然環境・科学技術研究所（RINEST）を設立し，企業を含めた様々な団体などのSDGsに沿った活動を支援する活動を行っている．しかし，地球や自然が治療費を払ってくれるわけもなく，「自然環境医学」という研究分野も職業も未だない．そこで，今回「自然環境医学」という新しい分野を切り拓いていくためのたたき台の第一歩として，本書を企画した．

「自然環境」の全体像をつかむのは容易ではなく，多くの分野を勉強する必要があり，1冊の書物で全体像が把握できるものはない．そこで，本書の前半は「自然環境」の全体像をできる限り簡潔に網羅してみることにした．

まず第Ⅰ編で宇宙・地球・生命の起源と進化そして未来を概観し，第Ⅱ編で地球の自然環境のしくみを簡潔にまとめる．そして，第Ⅲ編では，人間の健康状態と病気にあたる自然環境の現状と災害や汚染などを，火山，地震，河川，土砂，気象，大気，水，土・岩石，都市環境，人口・食糧，感染症などで具体的に俯瞰する．

第Ⅳ編では，自然環境を定量化する科学として，宇宙・地球科学，物理学，化学，生命科学，複雑系科学を，自然科学の歴史と共に振り返り，自然の定量的な記述と予測はまだ不十分であることを述べる．

第Ⅴ編では，自然環境のリモートセンシング，地下探査，非破壊検査の手法の現状を概観し，自然環境の診断や病気の検出が十分にできている状況ではないことを述べる．

そして，本書の最大の特徴である，著者自身の「自然環境の聴診器の開発」を紹介する．著者は，主として可視・近赤外・赤外分光法による自然物質の変化の計測・評価法を開発してきた．これらの手法を用いることで，自然環境の現状を把握するだけでなく，その推移を計測することで，将来予測が可能になる．

本書の第二の特徴は，上記の非破壊その場観測手法を用いて自然環境の時間変化を計測し，それを物質移動論・化学反応速度論などを組み合わせて解析することで，将来予測につなげる手法を提供することである．著者が実際に行ってきた自然環境の変化予測の研究事例を紹介することで，これらを具体的に提示したい．

最後に，自然環境の健康を守る「自然環境医学」とは何かを考える．著者は，ヒトの病気にあたる自然災害や環境汚染を極力予防しまた軽減し，事故にあたる人為的な災害や汚染などを防止するということではないかと考える．ヒトの医学でいう「薬による治療」や「手術」，「臓器移植」などの人工的なものは極力さけて，自然自身の自己修復作用，自浄作用などを活かし，自然環境の寿命そのもの（天寿）を全うすることをめざしたい．そのためには，まず自然のしくみを理解し，現状を定量的に把握し，健康状態をモニターし，すなわち健康診断し，その推移・経過観察をして，できる限り今後を予測し，予防医学的に，生活習慣を変えるなり，運動に努めるなりする．著者はそのようなイメージを持っているが，「自然環境医学」はまだ始まったばかりの分野であり，読者の皆さんと共に，これから試行錯誤しながら築き上げていきたい．

目　次

第Ⅰ編

宇宙・地球・生命の進化と自然環境

自然環境の健康を守る「自然環境医学」とは何かを考えるためには，まず自然の成り立ちを理解しておかなくてはいけない．人間の健康に例えると，赤ちゃんとして生まれて子供から成長して大人になり，老化して老人となり，やがて死を迎えるという人間の一生を知り，またヒトの体のしくみを理解しなければならない．そこで，まず宇宙・地球・生命の歴史と自然環境の成り立ちを概観しよう．

第1章　宇宙・太陽系の進化

宇宙は，今から約138億年前に，最初時間も空間も何もない「無」の状態から，量子ゆらぎによって誕生したと考えられている（福江, 2018）．その後急激に膨張（インフレーション）して高温高密度状態となって，素粒子が作られ，重力，電磁力などもできていった（図1.1）．宇宙はさらに膨張を続け，温度が次第に下がっていき，約3分後には，素粒子から電子，陽子，さらに水素，ヘリウム，リチウムなどの軽元素が合成されたが，これらの元素は高温のプラズマ状態（電離気体）で，光が散乱されて直進できず，星の内部のように不透明だった．

宇宙はさらに膨張し続けて，約40万年後に3000K（絶対温度）まで下がり，電離プラズマから電離していない中性ガスとなり，水素原子などになった（図1.1）．これらの原子状態の中性ガスは電磁波に対して概ね透明で，光が直進できるようになり，霧が晴れた様子になぞらえて，宇宙が晴れ上がったと言われる．その後約2－4億年後には，最初の星や銀河が誕生したが，まだ明るい天体はなく（暗黒時代），ダークマターと通常の物質から数十億年をかけて多くの星や銀河ができていった．

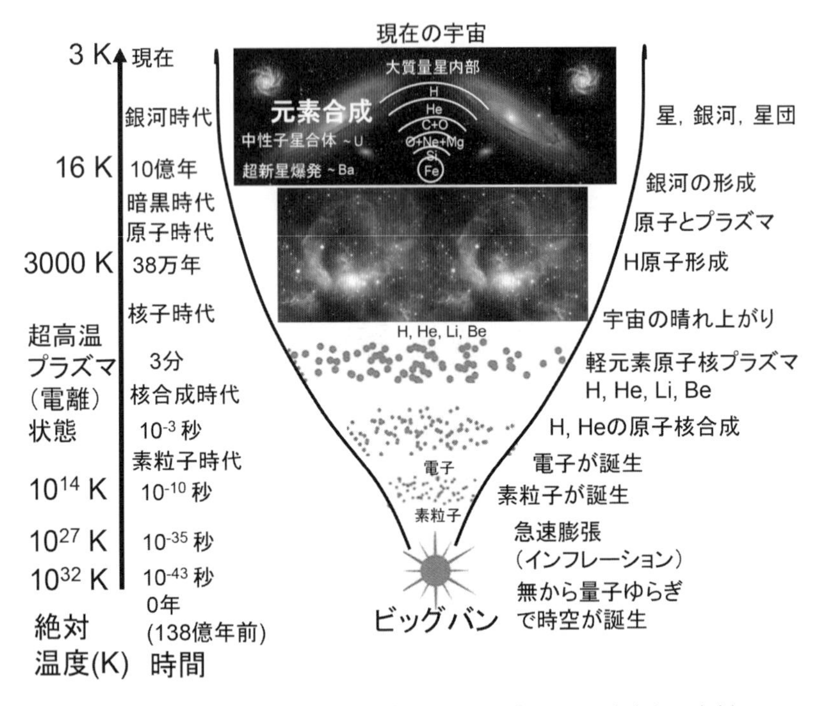

図 1.1.　宇宙の進化と元素の合成（福江, 2018；寺田, 2018 をもとに改変）．

星の進化に伴い，我々の太陽ほどの質量の，低温の星の内部では，水素の核融合反応によりヘリウムができた．より質量の大きい星の内部では中心温度が高く，炭素，窒素，酸素，さらにはケイ素や鉄などの元素が合成された（図 1.1）．太陽質量の約 8 倍以上の星がその進化末期に大爆発（超新星爆発）する際にはバリウムまで，また，中性子星同士が合体する際にはウランまでの，質量数の大きな元素が中性子捕獲反応によってできていき，水素からウランまでの元素が作られていった（寺田, 2018）（図 1.2）．

宇宙ができてから約 92 億年後，つまり今から約 46 億年前に，宇宙の中の

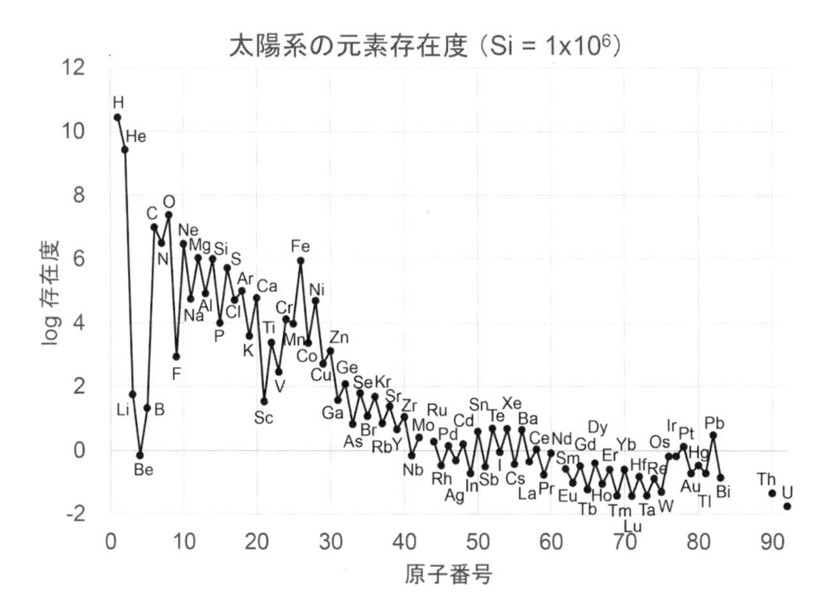

図 1.2.　宇宙（太陽系）の元素存在度（Si の存在度を 1×10^6 とする）.

銀河の1つである銀河系の片隅で，太陽を中心にする太陽系が誕生した．この太陽系誕生は，ある星が大爆発して消滅した（超新星爆発）衝撃による星間物質の密度のかたよりで，星間物質同士が重力で収縮したためだと考えられている（寺田, 2018）（図 1.3）.

ガスとちり（塵）からなる星間雲が，回転しながら収縮し，平たいガス円盤（原始惑星系円盤）となり，その中心に原始太陽が生まれた．ガス円盤内に，ちりが集まって微惑星という多数の小天体ができ，それらが衝突合体して惑星へ成長していった．ガス円盤誕生から1000万年から1億年くらいの間に現在のような太陽系になったと考えられている．すなわち，太陽から近いところに，主に岩石からなる地球型惑星（水星，金星，地球，火星）が並び，その外側に主にガスからなる木星型惑星（木星，土星，天王星，海王星）が並んでいる現在の太陽系の姿である（寺田, 2018）（図 1.3）.

太陽系の中で，地球は，水星，金星の後，火星と小惑星帯の前に位置し，

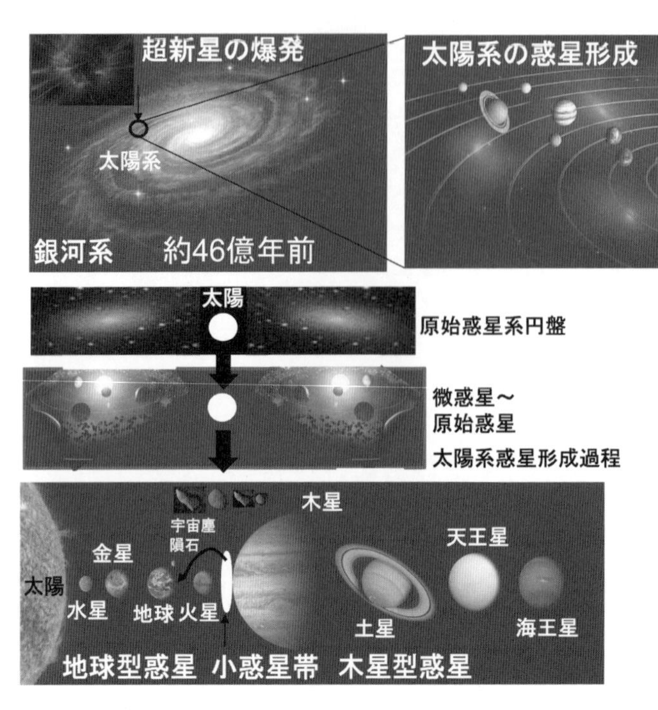

図 1.3.　太陽系の形成と水惑星地球の誕生の模式図.

液体の水の存在する惑星である（図 1.3）. 水が水蒸気という気体でもなく, 氷という固体でもない, 液体状態であることが, 生命の存在条件の大前提と考えられている. 液体の水の存在する惑星領域は, しばしばハビタブルゾーン（生命居住可能領域）と呼ばれる（寺田, 2018）.

第2章　地球・生命の進化

約46億年前に，このようにして太陽系の中の1つの惑星としてできた原始地球は，表面はマグマの海に覆われていた（マグマオーシャン）と考えられている（寺田, 2018；田近, 2019；2021）．まだ微惑星が衝突合体を繰り返している時期であり，地球にも多くの微惑星が衝突して，そのエネルギーが熱に変わって，岩石が融けてマグマになっていたとされている（図2.1）．

その後，約40億年前に，微惑星の衝突がおさまってくると，地球内部から蒸発してきていた水蒸気などの揮発性成分が冷却凝縮して雨となって降り注ぎ，海が誕生したと考えられている（図2.1）．

海ができた後，約38億年前までに，海の中のどこかで生命が誕生したとされる．このときの生命は，諸説あるが，比較的深い海水中に生息していたと考えられており，深海熱水噴出孔なども想定されている（図2.1）．その根拠の1つは，遺伝子の配列から作成された生命の系統樹の根っこの方に位置するのが，超好熱菌と呼ばれる現在も深海熱水噴出孔などに生息する微生物で，最も原始生命（共通祖先）に近いのではとされるからである．

約27億年前頃，地球内部の成層構造が明確になってきて，鉄ニッケルなどからなる核の磁場が強まり，地球の周りに磁気バリアができてきた．太陽からは地球に多くの電磁波が降り注いでいたが，この磁気バリアのおかげで，放射線などの高エネルギーの電磁波が地球表面には降り注がなくなった．これをきっかけに，生命は浅い海でも電磁波に破壊されて死ぬことがなくなり，太陽から降り注ぐ比較的エネルギーの低い可視光線を利用して光合成が始まったと考えられている（図2.1）．

生命が光合成を始めてから，酸素を発生するタイプの光合成ができるようになってくると，最初は海に，やがて大気に酸素が増えていった．約8億年前頃には，大気中の酸素濃度（分圧）が現在に近い（約21%）状態になり，太陽からの光と酸素O_2の光化学反応でオゾンO_3が生成された（図2.2）．この地球大気中のオゾン層が，生命にとって有害な紫外線の一部を吸収してく

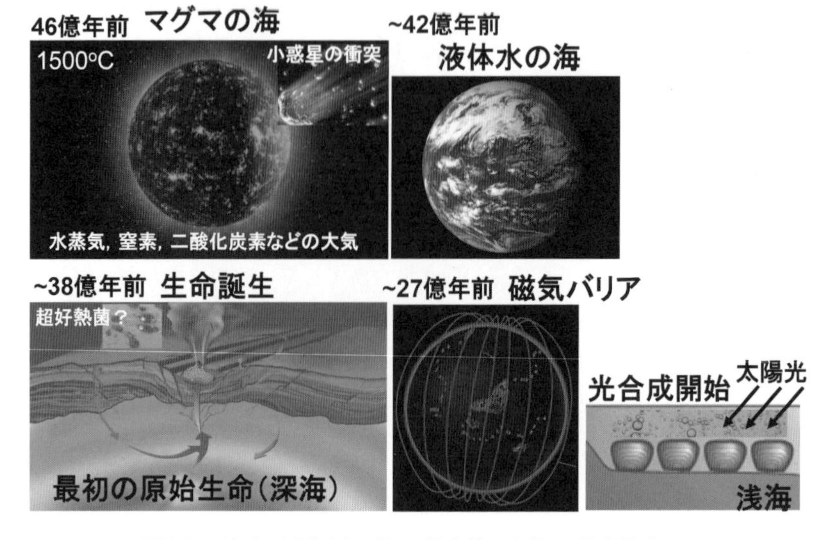

図 2.1.　地球の歴史(1)．約 46 億年前から約 27 億年前まで．

れるようになり，生命は陸に上がる準備ができたと考えられている．それまでは，陸に上がっても紫外線で死んでしまっていたというわけである（最初に陸に上がった生物は，約 4.5 億年前のコケ植物のようなものとされている）．

しかしながら，約 6 億年前頃，地球の表面は氷に覆われたと考えられている（図 2.2）．このような地球表面全体が凍った状態を全球凍結（スノーボールアース）と呼び，約 20, 8, 6 億年前の 3 回あったと考えられている．この約 6 億年前頃の最後の全球凍結の後，地球表面の氷が融けた頃に，生命は爆発的進化をとげ，約 5.4 億年前頃（カンブリア紀）からは多様な動物種が出現した（図 2.2）．このカンブリア爆発と呼ばれる生物の大進化の原因は諸説あるがよくわかっていない．

約 1 億年前の白亜紀には，地球は温暖で，現在よりも約 10 ℃ほども高い気温だったと考えられており，生物は繁栄し，恐竜は大型化した．しかし，6550 万年前頃，中南米のユカタン半島に，直径 10 km ほどの小惑星が衝突し，直径 100 km ほどのクレーターができ，巻き上げられたちりが空を暗くして，植物の光合成をはばみ，恐竜やアンモナイトなどを含む多くの生物が

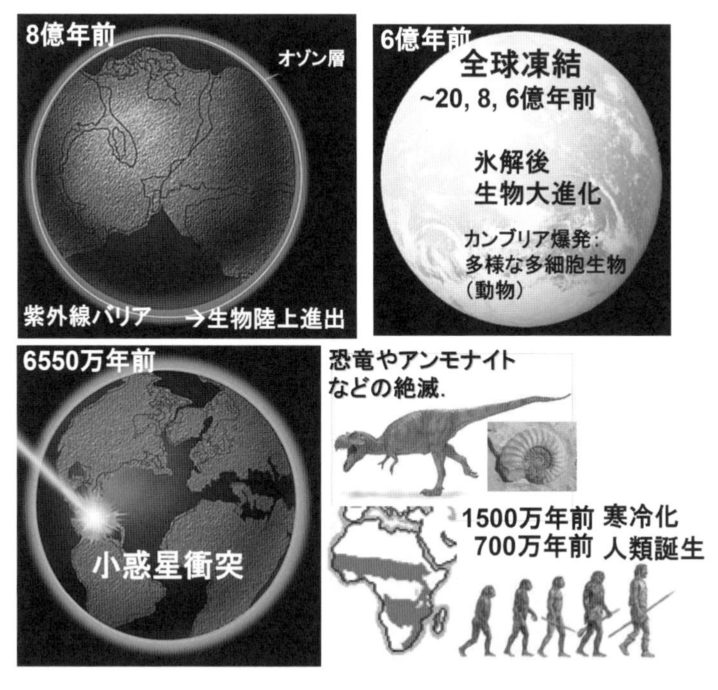

図 2.2.　地球の歴史(2). 約8億年前から人類誕生まで.

絶滅した（図 2.2).

約1500万年前頃地球は寒冷化し，東アフリカの森林は草原へと変わってしまった．このとき，人類の祖先だった類人猿のような動物が，木の上から草原におりて二足歩行をし始め，約700万年前頃，東アフリカで人類が生まれたと考えられている（図 2.2).

その後人類は，火を使い始め，石器などを用いて狩猟をし，木材を燃やし，農耕をし始め，やがて金属の利用を始め，文明を築いていく．そして，18世紀のイギリスで石炭を使ってエネルギーを得るという産業革命が起こった．さらに，石油や天然ガスというさらに効率の良い化石燃料の利用が進み，現代文明に至る．

第3章　自然環境の変動

第1, 2章の宇宙・地球・生命の起源と進化の中で，地球の自然環境はどのように変化してきたかを見てみよう．まず，地球にエネルギーをもたらしている太陽の活動は一定ではなく，現在の太陽からの放射強度を1とすると約45億年前は0.72程度で，徐々に増加している（図3.1a）．地球生成初期の大気組成は二酸化炭素（CO_2）が多く，45億年間で図3.1bのように減少してきている．窒素（N_2）はほぼ同じ量のままである．メタン（CH_4）は増加した後減少している．一方，酸素（O_2）は20億年前の増加の後，5億年前頃の増加で，ほぼ現在のレベル（21%）になったと考えられている（田近, 2019；2021）（図3.1b）．

最近5億年間の地球の平均気温の変化は，図3.1cのように推定されており，

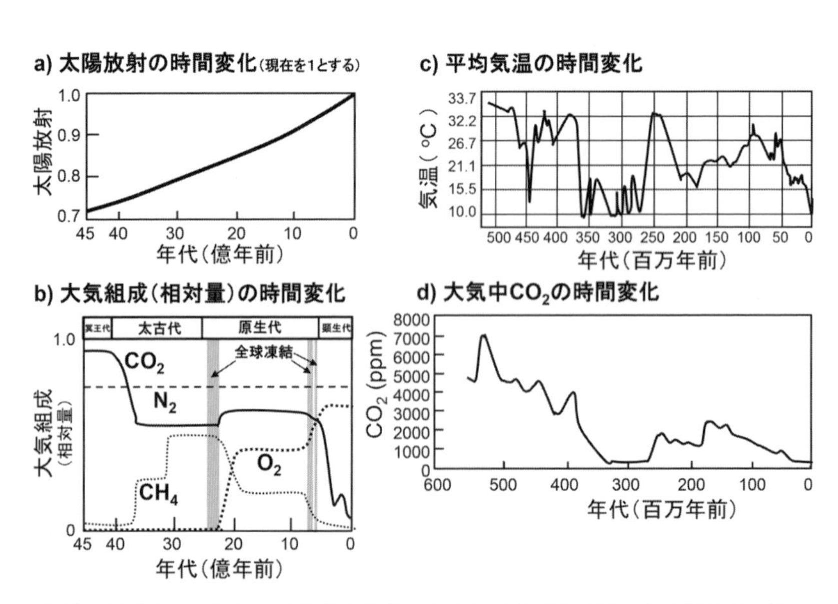

図3.1.　地球史における a）太陽放射強度，b）大気組成（相対量），c）平均気温，d）大気中CO_2濃度の時間変化（田近, 2019をもとに改変）．

約5億年前には33 ℃ほどもあり，その後増減して，約3億年前には10－15 ℃程度で，2.5から1億年前までは20－30 ℃と温暖であったが，1億年前から現在までは寒冷化してきた．

最近5.5億年間の大気中の二酸化炭素（CO_2）濃度の変化は図3.1dのように推定されている．約5.2億年前には7000 ppmほどもあり，その後減少して，約2.5－1.5億年前にはまた増えて2000 ppm程度だったが，1.5億年以降は減少してきた．

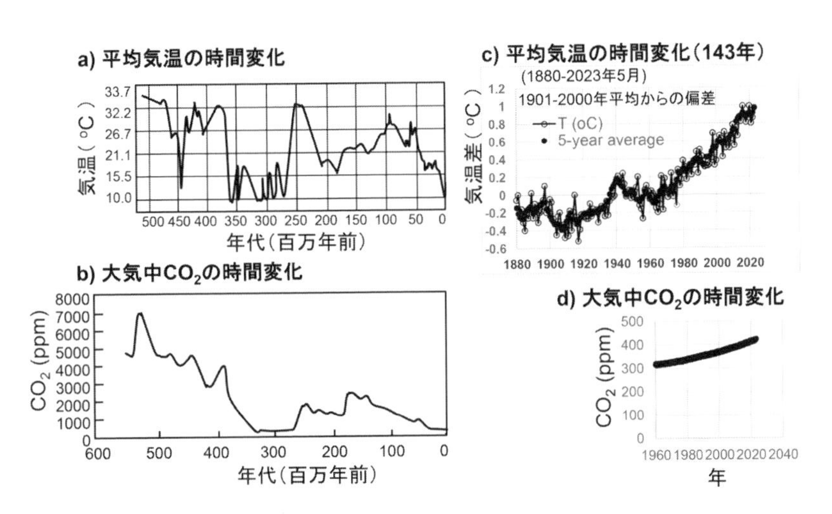

図3.2.　地球の約5億年前からのa) 平均気温，b) 大気中CO_2濃度の時間変化と，c) 最近143年間の平均気温，d) 最近62年間の大気中CO_2濃度の時間変化（田近，2019；NOAAをもとに改変）．

改めて，これらの5.5億年間の地球平均気温の変化と大気中のCO_2濃度の変化とを，各々つい最近140年間ほどの変化と比べてみよう（図3.2）．すると，最近60年ほどの気温の上昇は約1 ℃で（図3.2c），5.5億年間の平均気温の変動に比べると小さいことがわかる．また，大気中のCO_2濃度の変化もこの60年ほどで300 ppmから420 ppmくらいに増えているが（図3.2d），5.5億年間のCO_2濃度の変動に比べると小さい．

地球の平均気温の変動は，これまで見てきた大気の組成に影響されているが，地球の温暖寒冷をまず決めているのは，太陽からの光であることを忘れてはならない（渡部, 2018；田近, 2019；2021）（図 3.3）．太陽の周りの地球の公転軌道は円ではなく楕円である．また地軸は傾いており，自転軸は歳差運動をしている．これらの要素を取り入れて太陽から受ける熱量の変動を最初に計算したのがミランコビッチであり，約 2, 4, 10, 40 万年などの周期で変動する．ミランコビッチは，これが地球の温暖・寒冷サイクル，すなわち氷期・間氷期サイクルを決めると考えた．実際，過去 50 万年間の地球の温暖・寒冷サイクルが 5 回ほどあり，約 10 万年周期となっている（図 3.3）．現在の地球は間氷期（温暖期）にあるので，数万年後には氷期となって，最大約 5 ℃程

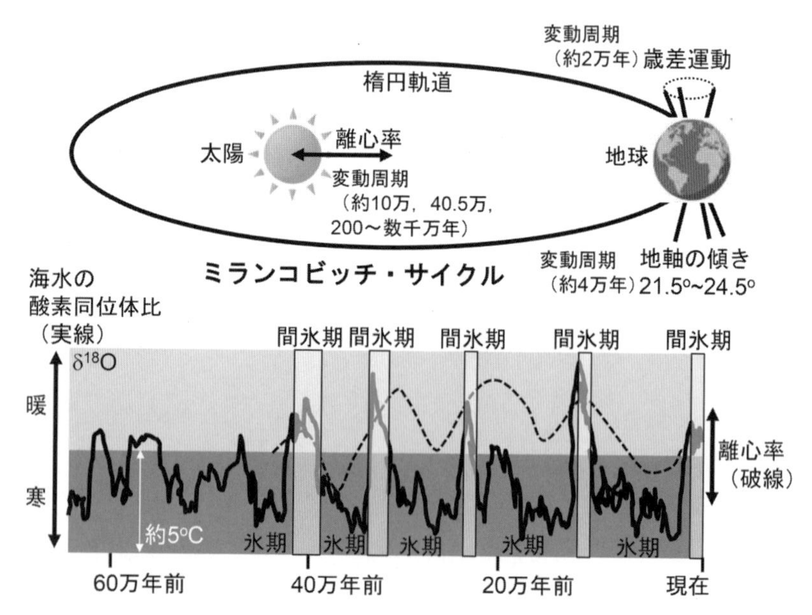

図 3.3.　地球の温暖寒冷のサイクルを決める太陽と地球の関係の模式図.
セルビアの地球物理学者ミランコビッチは，地球が太陽の周りを楕円軌道で回り，その離心率の変動，地軸の傾きの変動，自転の歳差運動の変動に周期があることから，地球に当たる太陽エネルギーには，約 40 万年，約 10 万年，約 4 万年，約 2 万年などの変動周期があると提唱した．後に南極の氷床コアの酸素同位体比（$\delta^{18}O$）の分析結果から，最近約 50 万年間に約 5 回の約 10 万年周期の温暖寒冷のサイクルがあることがわかり，ミランコビッチ・サイクルと呼ばれるようになった．

度気温が下がる可能性がある．

現在，地球温暖化問題が大きく報道され，それらは人類の活動による人為的なものが主要な原因であるとされ，CO_2 排出削減などが求められている．この60年ほどの気温上昇と CO_2 増加は，図3.2c, dのように事実であり，CO_2 排出削減をめざすことなどはもちろん大事である．しかしながら，地球環境は，人類出現以前から，図3.1のように，最近60年よりもはるかに大きく変動してきたという事実も知っておくべきである．その中で，人類出現以前の生物たちには，その環境変動で絶滅したものもあったが，生き延びて命をつないできたものもあったのだ．今後も，図3.3の温暖寒冷のサイクル（ミランコビッチ・サイクル）が継続するならば，数万年後に寒冷化する可能性もある．

第4章　地球と人類の未来

では，地球の自然環境と人類を含む生態系はこれからどうなっていくのだろうか．

4.1. 近未来の予測

まず近未来については，地球温暖化問題に伴って，図3.2dの大気中のCO_2濃度が人類の活動によるCO_2排出によって今後どのように増加するかの様々なシナリオに基づいて，図3.2cの平均気温が約80年後の2100年にどうなるかの予測が，国連の下部組織IPCC（気候変動に関する政府間パネル）によってされている．最新のIPCC第6次評価報告書（AR6, 2022）は，様々なシナリオによって，2100年の平均気温は1.5℃から5℃程度上昇すると予測している．

このような大気中のCO_2濃度の増加と平均気温の上昇は，年平均降水量の変化，海面水位上昇，海洋酸性化，海氷・氷床の減少，永久凍土の減少，極端な気象現象の頻度の増加，生物種の絶滅，生態系の遷移などをもたらすとIPCCは予測している（AR6, 2022）．その結果，人類の食料や水資源，居住地域，経済社会などへの影響などが予測されている．

しかしながら，このような予測には一種の政治的なバイアスがかかっているのではないかなどとして，疑問視する科学者もいる．現時点ではどちらが正しいかは不明であり，本書では，現在の大気中のCO_2濃度の増加と平均気温の上昇という事実は受け入れ，今後の予測については，どうなるかわからないという中立的な立場をとる．

図3.3の温暖寒冷のサイクル（ミランコビッチ・サイクル）が継続するならば，数万年後に寒冷化する可能性もあるが，最近の研究では，大気中のCO_2濃度の増加が続けば，今後10万年間は次の氷期は来ないだろうという予測もある（田近, 2021）．

いずれにせよ，自然環境の近未来の予測は極めて難しく，様々な予測があっても，我々の現在の理解を超えたものが当然沢山あるので，現時点ではどうなるのかわからないというのが実態である．

一方で，「ホモ・サピエンス」としての人類の近未来はどうだろうか．過去の生物の化石記録の統計からは，生物種は絶滅を繰り返してきており，その平均的な寿命は100万－1000万年程度とされている（田近, 2019）．

ヒトが属する霊長類が出現したのは6600万年前（白亜紀末）とされ，ヒト上科（類人猿）が狭鼻猿類から分岐したのは2800万－2400万年前とされる．そして，ヒト族が，ヒト亜族（人類）とチンパンジー亜族に分岐したのは，約700万年前とされる（田近, 2019）．すなわち，人類は現在のところ約700万年生き延びてきているのだ．上記の生物種の寿命の上限は1000万年なので，もしこれが寿命の限界であれば，人類に残された寿命は，あと約300万年ということになる．

4.2. 長期予測

第Ⅱ編で説明する地球内部は，現在でも熱く（高温高圧で），マントル物質という固体（岩石）がゆっくりと流動しているとされる．地球表層の地殻と呼ばれる地層（プレート）が，このマントルの流動（マントル対流とも呼ばれる）にのって年に数cm程度動いており，これをプレート・テクトニクスと呼ぶ．このプレートが日本列島に向かって沈み込んで来ており，その歪みがたまって地震が起き，またプレートが脱水して，水がもたらされたところでマグマが生成して，火山が噴火する．

このプレート・テクトニクスによって，今から約2.5億年前にあった超大陸パンゲアが分裂して移動して，現在のユーラシア大陸・アフリカ大陸・北アメリカ大陸・南アメリカ大陸・オーストラリア大陸・南極大陸などができたとされている（大陸移動説）．

これらのプレートの運動がもしこのまま続けば，アフリカ大陸とオーストラリア大陸が北上しユーラシア大陸と衝突する．太平洋の下にある太平洋プレートは周辺大陸に沈み込んでいくため，太平洋が縮小し，ユーラシア大陸と北アメリカ大陸が衝突する．その結果，約2.5億年後には，北半球に新しい超大陸（アメイジアあるいはノヴォパンゲアと名づけられている）ができると考えられている．

最新のマントル対流シミュレーションによると，約1.5億年後までに，ユーラシア大陸とオーストラリア大陸が衝突する際に，日本列島はその間にはさまれるようである（田近, 2019）．

以上のように，今後2−3億年後には，今の世界の国々の地理的関係が全く変わることになり，当然政治や経済にも影響が出るだろう．

さて，過去45億年間の太陽放射量は，図3.1aのように増加してきたが，今後も1億年に約1%の割合で，図4.1aのように増加すると推定されている．太陽が暗かった原始地球では，大気中に多かったCO_2の温室効果で，地球表面温度が温暖に保たれていたと推定されている（図3.1a, b）．その後太陽光度の増加に対して，地球の炭素循環によって大気中のCO_2濃度を減少させることで，地球表面の温度（平均気温）を保ってきたと考えられている（図3.1）．そこで，今後さらに太陽光度が増加していくと，さらなる炭素循環でCO_2を大気から減らして，最終的には地球内部に炭酸塩岩などとして取り込んでいくと推定されている．

最近の60年ほどの，主に人類活動によるとされる一時的な気温上昇とCO_2増加（図3.2c, d）は，化石燃料が枯渇すれば，低下に転じるであろう．従って，大気中のCO_2濃度は，長期的には減少していくと推定される（田近, 2019）（図4.1b）．

現在の地球の生命活動の源となっているのは，光合成による大気中CO_2の生物体内への取り込み（炭素固定）とエネルギー物質への変換（基礎生産）である．この光合成を行うC3植物（イネやコムギなど）は大気中CO_2の濃度が100 ppm以下程度まで，C4植物（トウモロコシや雑穀類など）は大気中CO_2の濃度が数ppm程度まで，光合成が可能とされている．しかしながら，今後太陽光度が図4.1aのように増加していくと，大気中CO_2の濃度は現在の約400 ppmから100 ppmさらに数ppmを下回るようになり，光合成生物は炭素固定ができなくなり，これに依存している現在の主要な生態系は絶滅する運命にあることになり，それは約8億年後と推定されている（田近,

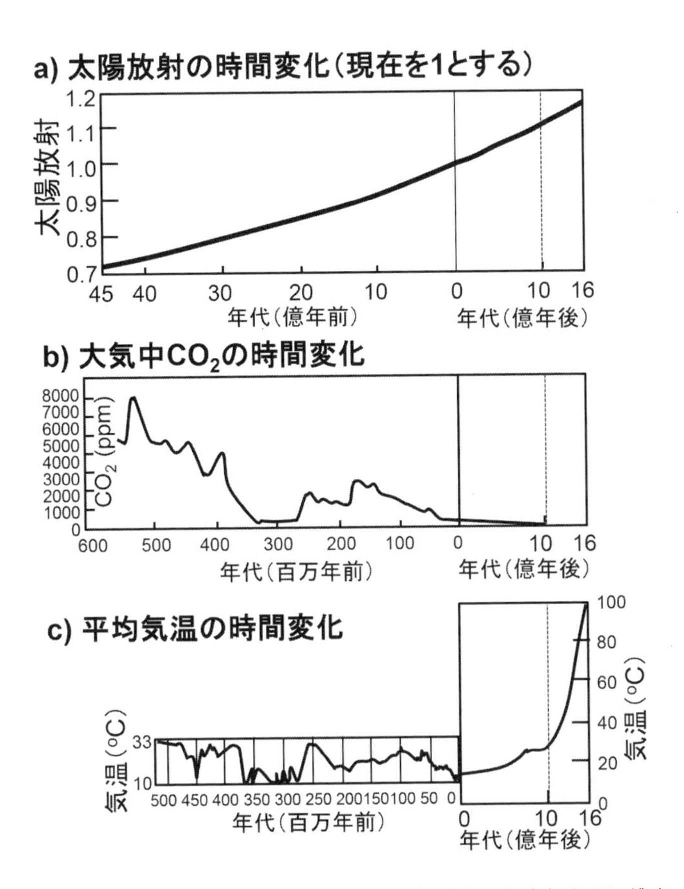

図 4.1. 地球史と今後16億年間における a) 太陽放射強度，b) 大気中 CO_2 濃度，c) 平均気温の時間変化．それぞれ推定値のある年代範囲のみを示す（田近, 2019 をもとに改変）．

2019）．

約8億年後以降，光合成に依存しない原始的な微生物はそのような環境でも生存可能かもしれない．しかし，太陽からの日射がさらに増加すると，地表の平均気温は図 4.1c のようにどんどん上昇し，約16億年後には100℃に達するとされている．そのような環境では，殆どすべての生物が絶滅するだろう．すなわち，地球生物圏は約16億年後には終末を迎えることになる．

約15億年後に，地球表面気温が80℃に達すると，海水から蒸発した水蒸気（気体の水分子）が大気上層で光分解され，生成された水素が宇宙空間へ散逸していき，約10億年で海洋の水が消失すると推定されている．海水が失われて水蒸気大気になる頃の地表面温度は1200℃以上にも達し，原始地球のようにマグマオーシャンになる可能性がある（田近, 2019）．

しかし一方では，地球は次第に冷却していくため，マグマができなくなって，火山活動がなくなり，地球規模の物質循環もなくなり，活動を停止するとの予測もある．

いずれにせよ，約15－16億年後には生物が消え，約25億年後には海が消え，地球の活動は停止するようである．

さらに約55億年後には，太陽の年齢が約100億歳となり，太陽は中心核の水素を核融合反応で燃やし尽くし，中心核はヘリウムだけになる．すると，中心核の外側の水素が燃焼し始め，太陽は急激に膨張する．そして，約77億年後には，太陽は赤色巨星段階に入って，大きさが現在の256倍に，明るさは2730倍にもなる．巨大化した太陽から太陽風が放出され，太陽が33%の質量を失う．

このように巨大化した太陽と地球の関係は，まだよくわかっていないようだが，地球自身が太陽からの熱によって蒸発するか，あるいは地球が太陽に飲み込まれるからしい．いずれにせよ，地球という太陽系の惑星は，約80億年後には消滅する運命にあるようだ（田近, 2019；2021）．

4. 3.　自然環境の過去と未来

以上述べてきたことをまとめておくと，以下のようになる．

A. 長期間の過去と未来

(1)　過去の地球の自然環境は，太陽の活動，大気の組成の変化などによって変動し，過去5億年では，平均気温は33℃から10℃，大気中CO_2濃度は7000 ppmから300 ppmへと大きく変化してきた．太陽が暗かった初期地球では，大気中に多かったCO_2の温室効果で地球表面温度を温暖に保っていたが，その後太陽光度の増加に対して，地球の炭素循環によって大気中のCO_2濃度を減少させることで，地球表面の温度（平均気温）を保ってきたと考えられている．

(2) 太陽の放射強度は，今後も1億年に約1%の割合で増加し，さらなる炭素循環でCO_2を大気から減らして，最終的には地球内部に炭酸塩岩などとして取り込んでいくと推定されている．

(3) 最近の60年ほどの，主に人類活動によるとされる一時的な気温上昇とCO_2増加は，化石燃料が枯渇すれば，低下に転じるであろう．従って，大気中のCO_2濃度は，長期的には減少していくと推定される．

(4) 現在の地球の生命活動の源となっている光合成による大気中CO_2の生物体内への取り込み（炭素固定）とエネルギー物質への変換（基礎生産）は，今後太陽光度の増加に伴い大気中CO_2の濃度は減少し，現在の約400 ppmから100 ppmさらに数ppmを下回るようになると，光合成生物は炭素固定ができなくなり，これに依存している現在の主要な生態系は絶滅する運命にあることになり，それは約8億年後と推定されている．

(5) 地表の平均気温はどんどん上昇し，約16億年後には100℃に達するとされ，殆どすべての生物が絶滅するだろう．

(6) 約15億年後に，地球表面気温が80℃に達すると，海水から蒸発した水蒸気（気体の水分子）が大気上層で光分解され，生成された水素が宇宙空間へ散逸し，約25億年後には海洋の水が消失し，水蒸気大気になる頃の地表面温度は1200℃以上にも達するとされる．一方，地球の冷却により，火山活動がなくなり，地球規模の物質循環もなくなり，地球の活動は停止する．

(7) 約55億年後には，太陽は中心核の水素を核融合反応で燃やし尽くし，中心核の外側の水素が燃焼し始め，太陽は急激に膨張する．そして，約77億年後には，太陽は赤色巨星段階に入って，大きさが現在の256倍に，明るさは2730倍にもなる．巨大化した太陽から太陽風が放出され，太陽が33%の質量を失う．

(8) 約80億年後には，地球自身が太陽からの熱によって蒸発するか，あるいは地球が太陽に飲み込まれるかで，地球という太陽系の惑星は，消滅する運命にあるようだ.

(9) ヒト亜族（人類）は約700万年前に出現し，生物種の寿命の上限は1000万年とすると，人類に残された寿命は，あと約300万年ということになる.

B. 短期間の過去と未来

(1) 大気中のCO_2濃度が人類の活動によるCO_2排出によって今後どのように増加するかの様々なシナリオに基づいて，2100年の平均気温は1.5℃から5℃程度上昇すると予測されている.

(2) このような大気中のCO_2濃度の増加と平均気温の上昇は，年平均降水量の変化，海面水位上昇，海洋酸性化，海氷・氷床の減少，永久凍土の減少，極端な気象現象の頻度の増加，生物種の絶滅，生態系の遷移などをもたらし，人類の食料や水資源，居住地域，経済社会への影響などが予測されている.

(3) しかし，地球の温暖寒冷をまず決めているのは，太陽から受ける熱量であり，太陽の周りの地球の公転が楕円軌道であり，地軸は傾いており，自転軸は歳差運動をしているため，約2, 4, 10, 40万年などの周期で変動する（ミランコビッチ・サイクル）. 実際，過去50万年間の地球の温暖・寒冷サイクルが5回ほどあり，約10万年周期となっている. 現在の地球は間氷期（温暖期）にあるので，数万年後には氷期となって，最大約5℃気温が下がる可能性がある.

(4) しかし，大気中のCO_2濃度の増加が続けば，今後10万年間は次の氷期は来ないだろうという予測もある.

(5) 本書では，自然環境の近未来の予測は極めて難しく，現在の大気中のCO_2濃度の増加と平均気温の上昇という事実は受け入れ，今後の予測については，どうなるかわからないという中立的な立場をとる.

以上のような地球と生命の自然環境の過去と未来を見てきた上で，我々がめざすべき自然環境の健康を守る「自然環境医学」とは何だろうか？

「まえがき」の繰り返しになるが，著者は，人類および生態系，そして地球の健康は，その長期的な自己修復・再生機能を基本とし，ヒトでいう病気にあたる自然災害を極力予防しまた軽減し，事故にあたる人為的な災害などを防止するということではないかと考える．

ヒトの医学でいう「薬による治療」や「手術」，「臓器移植」などの人工的なものは極力さけて，自然自身の自己修復作用，自浄作用などを活かしたい．つまり，自然環境の寿命そのもの（天寿）を全うすることをめざしたい．

そのためには，まず自然のしくみを理解し，現状を定量的に把握し，健康状態をモニターし，すなわち健康診断し，その推移・経過観察をして，可能であれば，今後を予測し，予防医学的に，生活習慣を変えるなり，運動に努めるなりする．そういうイメージを持っている．

そのような「自然環境医学」をめざして，以下には，第Ⅱ編「地球と自然環境のしくみ」，第Ⅲ編「自然環境の健康と病気」，第Ⅳ編「自然環境を定量化する科学」，第Ⅴ編「自然環境のモニタリング・診断・修復」を順番に述べていく．

第Ⅱ編

地球と自然環境のしくみ

自然環境医学の基礎として，本編では，まず地球と自然環境のしくみを簡潔に解説していく．

第5章　地球の構造

地球は球に近いが，赤道半径が極半径よりも少し長い楕円体で，半径は約6400 km である（図5.1a）．中心に核（内核と外核），その周りにマントル（下部マントルと上部マントル），表面に地殻がある（鹿園, 2009）．

地球中心は，温度は約6000 ℃，圧力は約360万気圧(atm)（約360 GPa）という高温高圧状態である．内核は，厚さ約1200 km で，鉄とニッケルの合金で固体であり，外核は，厚さ約2300 km で，鉄とニッケルが主な成分だが，液体であり，水素などの軽元素を数％含むと考えられている（図5.1a，表5.1）．

マントルは，厚さ約2900 km であり，上部マントルは主にカンラン石（$(Mg, Fe)_2SiO_4$），下部マントルは主にケイ酸塩ペロブスカイト（$MgSiO_3$）という固体結晶の集合体である（図5.1a）．地殻分離前のマントルの平均化学組成は表5.1のように推定されている．

地球の一番表層には地殻と呼ばれる薄い地層があり，海洋の下にある海洋地殻は厚さ6 km 程度，大陸地殻の厚さは多くは30－40 km だが最大60 km 程度ある（図5.1a, b）．大陸地殻上部の平均化学組成は表5.1のように推定されている．

地球表層を大気と海が取り巻いている（図5.1b）．現在の地球大気の主成分は窒素（N_2：約78%）と酸素（O_2：約21%）で，アルゴン（Ar：約0.93%），

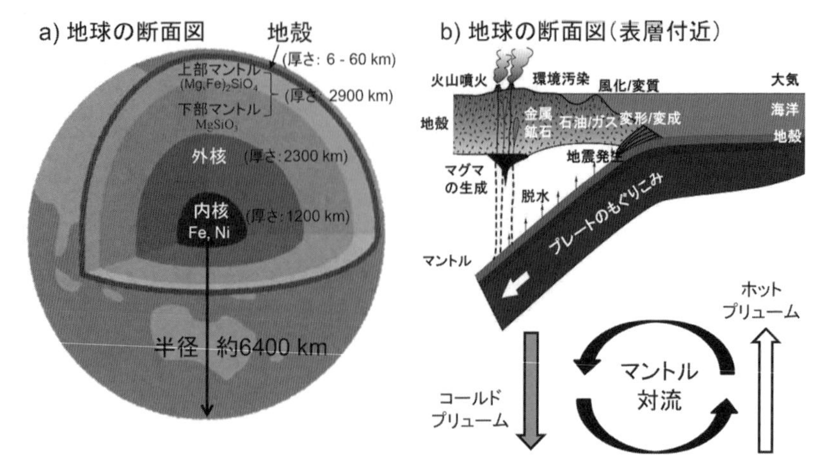

図 5.1.　地球の a）断面図と b）その表層付近の模式図.

表 5.1.　地球，コア，地殻分離前のマントル，大陸地殻上部の平均化学組成（重量%）（鹿園, 2009 をもとに改変）.

成分名	地球	コア	成分名	地殻分離前のマントル	大陸地殻上部
濃度単位	(wt %)	(wt %)	濃度単位	(wt %)	(wt %)
Si	16.1	6.0	SiO_2	45.40	66.62
Ti	0.0810	0	TiO_2		0.64
Al	1.59	0	Al_2O_3	4.49	15.40
Fe	32.0	85.5	FeO^t	8.10	5.04
Mn	0.0800	0.03	MnO		0.10
Mg	15.4	0	MgO	36.77	2.48
Ca	1.71	0	CaO	3.65	3.59
Na	0.18	0	Na_2O		3.27
K	0.0160	0	K_2O		2.80
P	0.0715	0.20	P_2O_5		0.15
S	0.6350	1.90			
C	0.0730	0.12			
Ni	1.82	5.20			
Cr	0.4700	0.90			
O	29.7	0			
合計	99.93	99.85	合計	98.41	100.09
文献	(McDonough, 2004)	(McDonough, 2004)	文献	(Palme & O'Neil, 2004)	(Rudnick & Gao, 2004)

注　FeO^t：全鉄 $FeO+Fe_2O_3$

二酸化炭素（CO_2：約 0.04%）などが含まれる．海は，現在地表の約 70% を占めている．

第6章　岩石圏（マントル・地殻）

第5章で出てきたマントルと地殻は，主にケイ酸塩鉱物という結晶が集合した岩石である．この岩石を構成する単位である鉱物は，ケイ酸塩，酸化物，硫化物など様々な形があるが，最も大きな割合を占めるのがケイ酸塩鉱物なので，その構造の概略だけを説明しよう（鹿園, 2009）．

地球の岩石圏を構成している主な鉱物であるケイ酸塩鉱物の構造の基本単位は，ケイ素Siに4つの酸素Oが結合した4面体SiO_4^{4-}である（図6.1a）．この4面体SiO_4^{4-}が独立したまま，そのすきまにMg^{2+}などの金属イオンが入ったものがネソケイ酸塩であり，その代表が上部マントルの主成分であるカンラン石（$(Mg, Fe)_2SiO_4$）である（図6.1b）．

SiO_4^{4-}4面体の酸素が1個共有されると，ソロケイ酸塩となり，$Si_2O_7^{6-}$のすきまにCa^{2+}, Mg^{2+}などがはまり，例えばメリライト（黄長石）（$Ca_2MgSi_2O_7$）となる（図6.1c）．

SiO_4^{4-}4面体の酸素が2個共有され閉じた環状になると，サイクロケイ酸塩となり，$Si_nO_{3n}^{2n-}$のすきまにBe^{2+}, Al^{3+}などがはまり，例えばベリル（緑柱石）（$Be_3Al_2Si_6O_{18}$）となる（図6.1d）．

SiO_4^{4-}4面体の酸素が2個共有され1重の鎖になると，単鎖イノケイ酸塩となり，$Si_nO_{3n}^{2n-}$のすきまにMg^{2+}などがはまり，例えば輝石（代表組成$MgSiO_3$）となる（図6.1e）．

SiO_4^{4-}4面体の酸素が2個共有され2重の鎖になると，2本鎖イノケイ酸塩となり，$Si_{4n}O_{11n}^{6n-}$のすきまにMg^{2+}などがはまり，例えば角閃石（代表組成$Mg_7(Si_4O_{11})_2(OH)_2$）となる（図6.1f）．

SiO_4^{4-}4面体の酸素が3個共有され層状につながると，フィロケイ酸塩となり，$Si_{2n}O_{5n}^{2n-}$のすきまにMg^{2+}などがはまり，例えば雲母の1種フロゴパイト（代表組成$KMg_6(AlSi_3O_{10})(OH)_2$）となる（図6.1g）．

SiO_4^{4-}4面体の酸素が4個すべて共有され3次元網の目状につながると，テクトケイ酸塩となり，例えば石英（SiO_2）となる（図6.1h）．

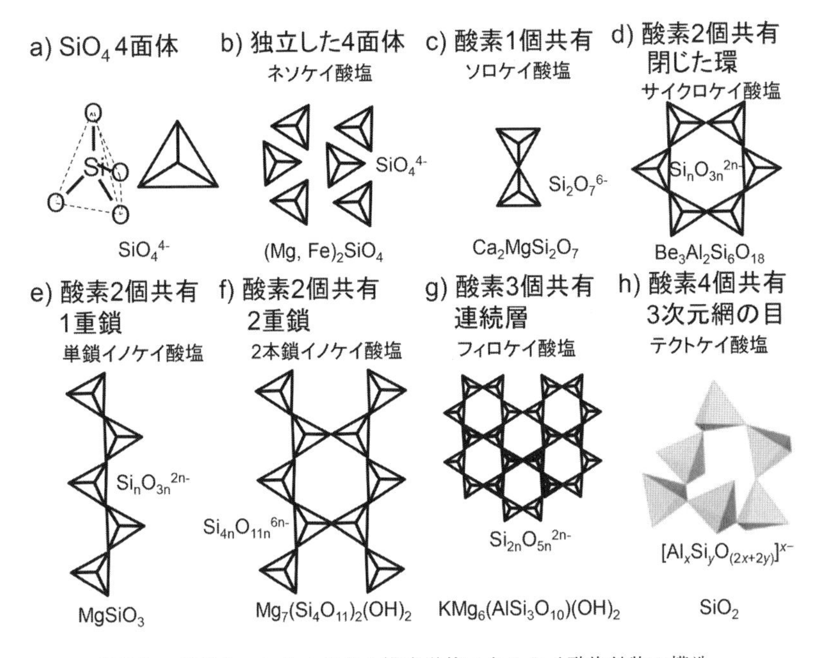

図6.1.　地殻とマントルの主な構成単位であるケイ酸塩鉱物の構造.

第5章で出てきたマントルは，より温度の高い（暖かい）ところが上昇し（ホットプリューム），より温度の低い（冷たい）ところが下降して（コールドプリューム），対流していると考えられている．そのため，その上にのった十数枚あるプレート（地殻）が年に数cmずつ動いている（プレート・テクトニクス）（図5.1b）．

プレートは中央海嶺から広がり，海溝へ沈む．図5.1bは日本列島の断面を模式化しているが，プレートが日本列島に向かって沈み込んでおり，その歪みがたまって地震が起き，またプレートが脱水して，水がもたらされたところでマグマが生成して，火山が噴火する．

このような地球表層のダイナミックな動きには，水が大きな役割を果たしている．まずマントルは，主にカンラン石（$(Mg, Fe)_2SiO_4$）やケイ酸塩ペロブスカイト$MgSiO_3$という固体鉱物結晶の集合体である．詳しいことはわかっていないが，これらのケイ酸塩鉱物結晶内に水がOHあるいはH_2Oの形で粒界や欠陥に存在し，その部分でずれることがマントルの流動をもたらしている可能性がある．

次に，水を多く含む海洋プレートが大陸や島弧地殻にもぐりこむと，地下深部で，鉱物中や粒界・間隙などにある水がしぼり出され，マントル内を上昇する（図5.1b）．水が供給されたマントル物質は，その結晶構造の骨組みであるSi-O-Si結合が水によって切断されSiOH+HOSiとなり，液体のマグマとなる．すなわち水がもたらされたところだけマグマができる．このマグマが上昇して地表近く，例えば地下数kmの深さにたまるとマグマだまりとなる．ここから地表にマグマが噴出するのが火山の噴火である（第12章参照）（図5.1b）．

地震活動も水が関与しているが，これは第13章で説明する．

マグマで暖められた地下水が熱水となって地表に噴出すれば温泉となるが，熱水中に溶け込んだ様々な元素が冷却されて析出すると，様々な鉱物，金属鉱石などができる．これが鉱物資源，金属資源となる（図6.2）．他にも，水が関与する様々な過程で，石炭・石油・天然ガスといった化石燃料資源や，鉱物資源，金属資源などが地殻に集積し，人類はこれらを利用している（図6.2）．

従って，地球表層の水の関与する物質移動・化学反応によって，火山活動，地震活動，資源の集積などが起こっている．

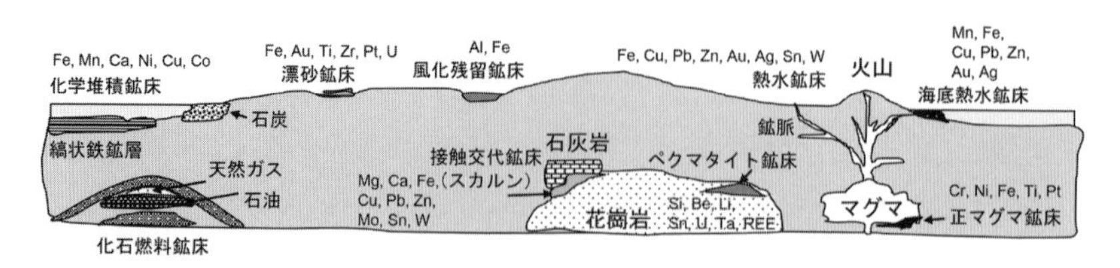

図6.2.　地殻上部の断面図と化石燃料鉱床，金属鉱床などの模式図．

第7章　土壌圏

第6章で見た岩石圏の上にできるのが土壌である．岩石を構成している様々な鉱物（図6.1）が，雨水・地下水・海水などによって風化・変質して，より水和した柔らかい粘土鉱物などに変化したものが土壌である．粘土鉱物は，フィロケイ酸塩という層状あるいはシート状構造のものが多く，構造中にOHやH_2Oを持つ（図6.1g）．この土壌中には，生物の遺骸とそれからできた有機物が含まれ，また微生物も多数いる．もちろん水やガス成分も含まれる（鹿園, 2009）．

日本の土壌は，造成土，有機質土，黒ボク土，ポドソル，沖積土，赤黄色土，停滞水成土，富塩基土，褐色森林土，未熟土などに分類されている（日本ペドロジー学会, 2017）．土壌は，農業・林業そして土地の利活用にとって重要であり，それを健全な状態に維持していくことが求められるので，第15章の土砂災害，第20章の土壌・岩石圏の汚染でまた取り上げる．

第8章　水圏

地球の水は，固体（氷）が1.7%，液体（水）が98.3%，気体（水蒸気）が0.001%の割合で存在している．地球表層の水圏は，主に海水（体積で97.5%）と陸水（体積で2.5%）からなっており，陸水には河川水，湖沼水，土壌水，地下水などがある（清田, 2020）（表8.1）．

表8.1. 水圏の貯留量，循環量と滞留時間（清田, 2020を改変）.

分　類	貯留量	割　合	循環量	平均滞留時間
単　位	（千 km^3）	（%）	（km^3/ 年）	
海　水	1350000	97.5	420000	~3000年
水蒸気	13	0.001	480000	~9日
氷　河	24000	1.75	2500	~10000年
地下水	10000	0.73	12000	~800年
土壌水	25	0.002	76000	>1年
湖沼水	219	0.017		数年～数百年
河川水	1	0.0001	35000	1～2週間

海水や陸水は太陽からの熱で蒸発し，大気中の水蒸気となる．水蒸気は大気の流れによって地球規模で移動し，水蒸気が凝結して雲ができ，雲の中の氷の粒は雪や雨となって地上に降る．雨水や雪（降水）は，河川，湖沼などを流れ，氷河となり，やがて海へ流出する．これらの様々な水の貯留量，循環量，平均滞留時間を表8.1に示す．河川水の平均滞留時間は1－2週間と早いが，土壌水，湖沼水，地下水の順に長くなり，海水では約3000年となっている．

海水，河川水，地下水の主な化学成分の濃度を表8.2に示す（鹿園, 2009）．海水は，Na^+，Cl^-イオン濃度が高くいわゆる塩水であり，Mg^{2+}, Ca^{2+}, K^+などの金属イオンと硫酸（SO_4^{2-}），炭酸（CO_3^{2-}, HCO_3^-）イオンなども溶けている．河川水ではこれらの成分の濃度はかなり薄くなっている．地下水中の成分は周辺の地層を構成する岩石の組成の影響を受けて様々であるが，中には濃い成分もある（表8.2）．

表 8.2. 海水，河川水，地下水の主な化学組成（鹿園, 2009 を改変）.

成分名	海　水	成分名	日本河川水	世界河川水	地下水
濃度単位	(g/kg)	濃度単位	(mg/L)	(mg/L)	(mg/L)
pH	~8.1	pH	~7		6.8 - 8.0
Cl^-	19.353	Cl^-	5.8	7.8	22.4 - 3.55
Na^+	10.766	Na^+	6.7	6.3	57.8 - 7.27
SO_4^{2-}	2.708	SO_4^{2-}	10.6	11.2	606 - 1.92
Mg^{2+}	1.293	Mg^{2+}	1.9	4.0	76.9 - 7.69
Ca^{2+}	0.413	Ca^{2+}	8.8	15	127 - 31.8
K^+	0.403	K^+	1.19	2.3	7.80 - 1.24
CO_3^{2-} *	0.142	HCO_3^-	31.0	58.4	485 - 153
Br^-	0.0674				
		Fe	0.24	0.67	
		SiO_2	19.0	13.1	60.1 - 7.57
文　献	(西村, 1991)		(小林, 1971)	(Livingstone, 1983)	(Stumm & Morgan, 1974)

注　*HCO_3^- も換算.

海水面の温度は，極域で −2 ℃，熱帯域で最高 30 ℃ 程度あるが，一般的には深くなるにつれ温度が下がる．例えば海水面で冬 5 ℃，夏 20 ℃ 近くあるところでは，深さ 200 m くらいから下は約 3 − 4 ℃ で比較的安定している（清田, 2020）.

海水は，水平方向にも深さ方向にも異なる温度と組成の分布があり，すなわち密度が不均一となるため移動する（清田, 2020）．海水は，この海洋の密度差によって起こる熱塩循環と，大気の流れ（風）や地球の自転によって引き起こされる海流による風成循環がある．中でも地球の中緯度圏のほぼ全域にわたる深層水の熱塩深層循環（グローバル・コンベアベルトと呼ばれる：図 8.1 の帯）は，地球の気候と気象変動に大きく影響している．海水面に近いところではより小規模の多くの海流があり，温度の高い暖流（図 8.1 の実線矢印）と温度の低い寒流（図 8.1 の破線矢印）がある.

近年，海水の酸性化，海水面の上昇，表層海水温度の上昇，海氷面積の減少などが報告されており，地球温暖化との関係が指摘されている.

陸地では，降水などが高いところから低いところへ流れ，河川を形成し，

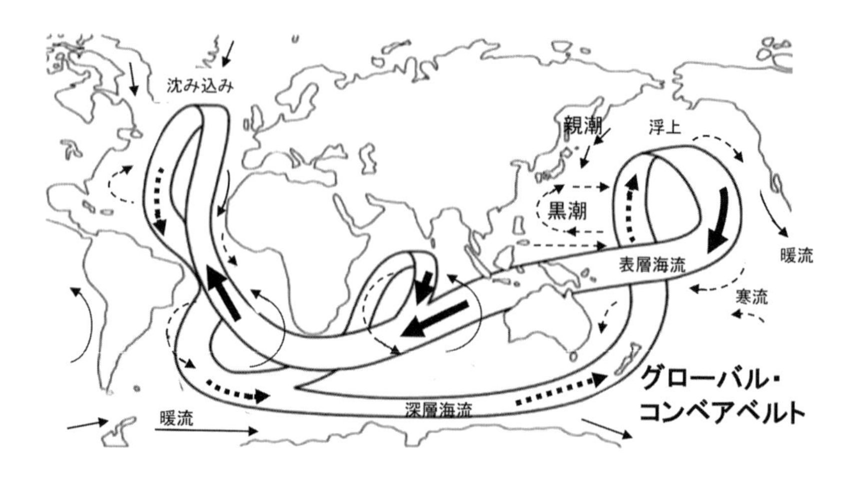

図 8.1.　地球規模での深層水の熱塩深層循環（グローバル・コンベアベルト；表層海流：実線太矢印；深層海流：破線太矢印）と，海水面に近いところでの小規模の海流（暖流：実線矢印；寒流：破線矢印）.

流域の大地を浸食し，砂や土の粒子を運搬して，下流で堆積させ，水に溶けた栄養分や有機物を下流域にもたらし，農業に適した土壌，そしてその上に発達した文明をもたらしてきた.

河川の浸食作用によって湖ができることがあり，堆積物，山崩れ，火山噴出物，生物などにせき止められたり，また火山活動や地殻の構造運動によって湖ができることもある．塩分の少ない淡水湖が74％だが，塩湖，海水と淡水が混ざった汽水湖もある.

地下水は，地表面よりも下にある水の総称で，地下水面よりも下の地層の水で満たされた部分を飽和帯と呼び，地下水面よりも上で，すきま（間隙）が水で満たされていない，すなわち空気なども入っている部分を不飽和帯という．地下水も圧力勾配によって圧力（水頭またはポテンシャル）が高いところから低いところへ流れる．降水などが地層でろ過された形になるので，汚れなどが取り除かれ，温度や水質が比較的安定しており，井戸水などとして利用されてきた.

第9章　大気圏

地球の大気圏は，地表に近いところから高度約 500 km まであり，その上に外気圏，そして高度約 1000 km から宇宙空間となる（図 9.1）．大気圏は，地表から高度約 12 km までの対流圏，高度約 12－48 km の成層圏，高度約 48－86 km の中間圏，高度約 86－500 km の熱圏に分けられている（鹿園，2009）（図 9.1）．

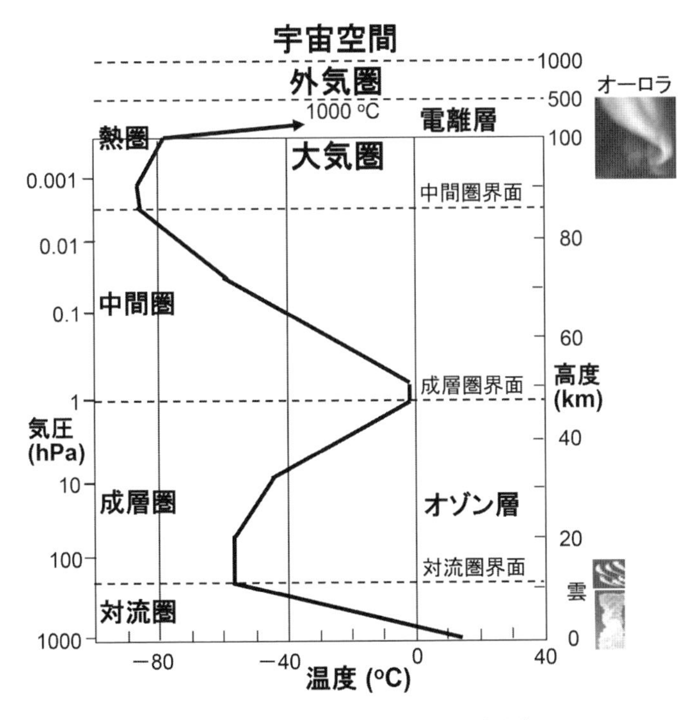

図 9.1.　地球大気圏の成層構造と温度分布．

対流圏では，地表で暖められた大気の膨張と放射冷却により，温度が高度と共に－57 ℃ まで下がる．成層圏では，太陽紫外放射およびオゾンによる地表からの赤外放射の吸収により，逆に温度が高度と共に－2 ℃まで上がる．中間層では，オゾン濃度が急激に下がるため，温度が高度と共に－85 ℃まで下がる．その上の熱圏では，酸素，窒素分子による太陽紫外線・X 線の吸収によって温度が上昇し，高度 500 km では約 1000 ℃まで達する．そうなると，分子は電離してイオンや電子となり電離した気体（プラズマ）となり，その領域は電離層と呼ばれる．太陽から吹き付ける太陽風というプラズマが，地球磁場と相互作用して電離層に降下して大気粒子と衝突し，大気粒子を励起し，それが元の状態に戻る際に発光する現象がオーロラである（図 9.1）．

地表から高度約 12 km までの対流圏では主な化学成分の濃度はほぼ一定である（窒素 N_2 : 78.1 体積 %, 酸素 O_2 : 20.7 体積 %）．それより上部では，窒素が減り，水素やヘリウムが増えてくる（鹿園, 2009）．

近年の人類の活動によって，対流圏では，SO_2, NO_2 などのガス成分や，固体や液体の微粒子（エアロゾル）が増えて大気汚染の原因となっており，第 18 章で説明する．

第10章　生物圏

生物は，今まで見てきた岩石圏，土壌圏，水圏，大気圏にまたがって分布しており，高度約10000 m（10 km）の対流圏（鳥）から，約8000 m（8 km）の深海（魚）まで確認されている．微生物では，高度41 kmから地下深度5 kmの地殻中からも発見例がある．水平方向には，地表全体に分布している．

地表の各地域の生物は，その環境条件が異なるためそれぞれ異なる生物種の集団が形成されている．このような各地域の生物種の集団とその周辺環境からなる系を生態系と呼ぶ．大きく分けると陸域生態系と水域生態系があり，陸域生態系には森林，草地，砂漠，耕地などがあり，水域生態系には水系（森林，河川，湖沼，沿岸），海洋（外洋域，沿岸域）などがある．それぞれの生態系は，生物種，多様性，進化，人間による影響，ほかのシステムとの相互作用などが異なっている（南・沖津, 2007）．

各生態系の生物部分は，生産者，消費者と分解者に分けられる（図10.1）．まず，太陽光を用いて光合成をし，炭素固定をして様々な有機物を生産する生産者としての植物などがある．これを1次消費者としての草食動物や昆虫が食べる．そしてそれらを食べる肉食動物などの2次消費者がある．一方で，

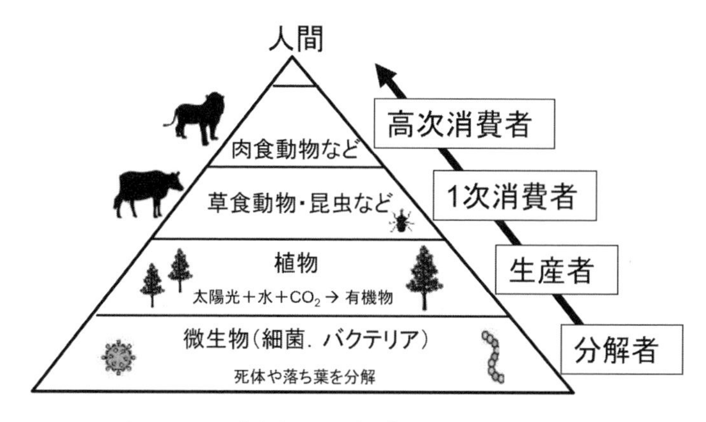

図10.1.　地球生物圏の生態ピラミッドと食物連鎖.

動物や植物の遺骸（死体や落ち葉など）を分解者である微生物（細菌やバクテリア）が分解してエネルギーを得ている．このような食物連鎖でつながった生態系のピラミッド構造の頂点に我々人間（ヒト）がいることになる．

第Ⅲ編

自然環境の健康と病気

第Ⅱ編では，まず地球と自然環境のしくみを概観してきたが，これから自然環境の健康と病気について，具体的に見ていこう．

第11章　地球表層物質循環

地球表層では，第Ⅱ編で紹介した大気，海洋，土壌，岩石圏の間で，様々な物質がやりとりされており，これを地球化学的物質循環と呼ぶ（鹿園, 2009）（図 11.1a）．例えば，土壌や海洋から水分が蒸発して大気にもたらされ，一方で雨が降れば，降水として土壌や海洋へ水が戻る．人間の体に例えれば，血液と酸素などの体内循環にあたる．

マントルで生成したマグマが地殻に上昇し，マグマだまりから火山が噴火すると，マグマが冷えて固まった火成岩という岩石が地表に出る．この地表の岩石は，風雨によって風化浸食され，河川や海洋に運搬されて，川底，湖底，海底などに堆積物としてたまる．そして上に次々と堆積物がたまって地下方向に埋没していく際に，水分などが抜けていき，また温度が上昇し，固結や再結晶が起こって堆積岩となっていく（続成作用という）．堆積岩がさらに地下深部へ埋没すると，温度圧力がかかって，鉱物組成や組み合わせが変わって（変成作用という）変成岩になっていく．火成岩も地下深部で温度圧力が上がると変成岩となる（図 11.1a）．

炭素という元素のみについて，このような地球化学的循環を模式化したのが図 11.1b である，各ボックス中の数字が炭素量（$\times 10^{15}$ g）であり，矢印の横の数字は，年間の物質流量（フラックス）（$\times 10^{15}$ g / 年）である．大気圏

中の炭素は主に CO_2 だが，これを陸や海の生物圏が光合成で取り込んで有機炭素の形にしている．これらが海洋に流入し，その遺骸などが海底などの堆積物と共に埋没すると，最終的には炭酸塩やグラファイト様有機物（元素状炭素）となる．

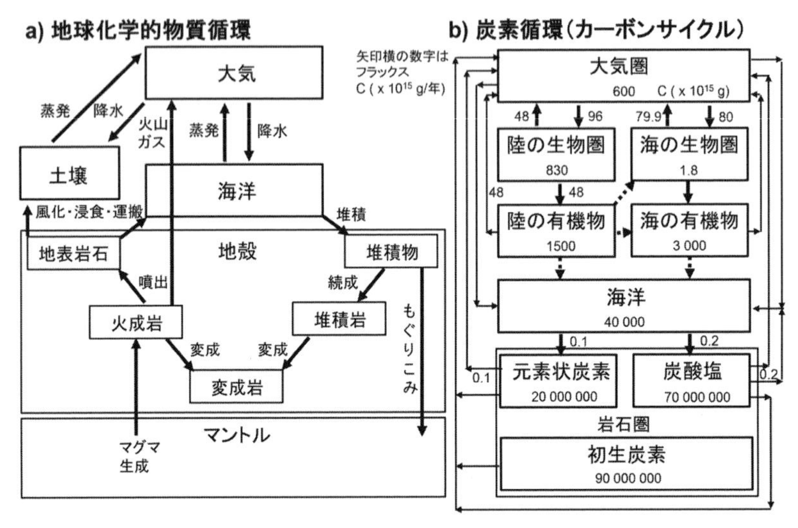

図 11.1.　地球における a) 地球化学的物質循環の概略と b) 炭素循環（カーボンサイクル）（鹿園, 2009 をもとに改変）．

地表付近での CO_2 と O_2 の循環についてまとめたのが図 11.2 である．陸の植物の光合成によって CO_2 が取り込まれ，O_2 に変換され，一部は大気へもたらされる．大気中の O_2 は，動植物の呼吸・分解や農業活動，化石燃料の燃焼などによって大気中の CO_2 に変換される．また，大気中の CO_2 と O_2 は海洋との間で交換される．火山や温泉から CO_2 が大気，海洋へもたらされることもある．大気中の CO_2 の一部は最終的には炭酸塩として固定され，大気中の O_2 の一部は最終的には酸化物として固定される（図 11.2）．

河川などから流入した様々な元素が，海水中にどのくらいの時間とどまるかを滞留時間 t（年）= A/(dA/dt) と呼ぶ．ここで，A はある元素の海水中の濃度，dA/dt はその元素の海水への流入速度である．これらの値が知られ

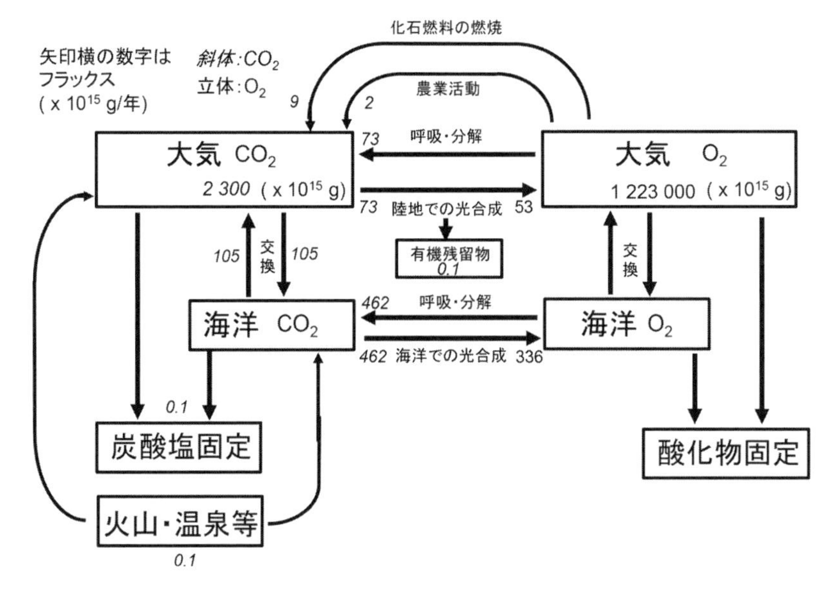

図11.2. 地表付近の CO_2 と O_2 の循環（鹿園, 2009をもとに改変）.

ている元素についての滞留時間tをlog tの値として，周期表の並べ方で表11.1に示す．この滞留時間tは元素によって大きく異なり，10^2-10^8年（百年－1億年）の幅がある．しかし，地球の年齢（46億年）に比べれば短いので，海水中の元素の多くは何度も入れ替わっていることになる．

水 H_2O の構成元素HとOの滞留時間は，$10^{4.5}$年（約3.2万年）であるが，これよりも小さい滞留時間のものは主に沈殿しやすく，これよりも大きい滞留時間のものは海水中に溶存して長くとどまると考えられる．

例えば，Al, Fe, Be, Thなどの滞留時間は，10^2年（100年）と小さく，$Al(OH)_3$ や $Fe(OH)_3$ などとして沈殿して海水から堆積物などへ取り除かれる．一方で，NaやClの滞留時間は，$10^{7.7-7.9}$年（約5－8千万年）と長く，海水中に長く溶存してとどまる．Na^+, K^+ などの1価の陽イオンや F^-, Cl^- などの1価の陰イオン（周期表左と右の縦の列）は，皆これに近い滞留時間を持っている．周期表の中央付近のCo, Ni, Cu, Znなどの遷移金属やAu, Agなどの貴金属の滞留時間は，10^{4-5}年（1－10万年）となっている．

表 11.1. 海水中での元素の滞留時間 t（年）を，元素の周期表において log t の値で示す（鹿園, 2009 をもとに改変）.（　）つきの数字は概略値.

元素記号 → H 滞留時間 t（年）
4.5 ← log t

H																	He
4.5																	
Li	Be											B	C	N	O	F	Ne
6.3	(2)											7.0	4.9	6.3	4.5	5.7	
Na	Mg											Al	Si	P	S	Cl	Ar
7.7	7											2	3.8	4	6.9	7.9	
K	Ca	Sc	Ti	V	Cr	Mn	Fe	Co	Ni	Cu	Zn	Ga	Ge	As	Se	Br	Kr
6.7	5.9	4.6	4	5	3	4	2	4.5	4	4	4	4		5	4	8	
Rb	Sr	Y	Zr	Nb	Mo	Tc	Ru	Rh	Pd	Ag	Cd	In	Sn	Sb	Te	I	Xe
6.4	6.6		5		5					5	4.7			4		6	
Cs	Ba	La	Hf	Ta	W	Re	Os	Ir	Pt	Au	Hg	Tl	Pb	Bi	Po	At	Rn
5.8	4.5	6.3								5	5		(2.6)				
Fr	Ra	Ac															
	6.6																

ランタノイド

La	Ce	Pr	Nd	Pm	Sm	Eu	Gd	Tb	Dy	Ho	Er	Tm	Yb
6.3													

Ac	Th	Pa	U
	(2)		6.4

アクチノイド

第12章　火山活動と災害

第11章で見た地球表層物質循環が，いわば平常時の「健康な」状況だとすると，これから「病気」にあたるものを見ていく．

まず，火山活動と災害を取り上げる．

12.1.　火山活動

第6章で紹介したように，マントルの対流の上にのった十数枚あるプレート（地殻）が中央海嶺から広がり，年に数cmずつ動いて（プレート・テクトニクス）海溝へ沈んでいる（図5.1b）．日本列島には，東から太平洋プレートが，南東からフィリピン海プレートが沈み込んでいる．

これらのプレートはもともと海底下にあって，水を多く含む地層なので，例えると，ぬれぞうきんのようなものである．これが日本列島の地下にもぐりこむと，温度圧力が上がり，ぬれぞうきんを温めてしぼると水が出るように，水がしぼり出される（図12.1）．

水は周りの岩石よりも軽いので上に上がり，地下深部に水が多く供給される場所ができる．水を多く含む岩石の融点は下がることが知られている．それは，以下の式のように，岩石を構成するケイ酸塩鉱物の骨組みであるSi-O-Si（図6.1参照）を水分子が切ってしまうのである．

Si-O-Si + H_2O → Si-OH + HO-Si（地下深部岩石の水和反応）　　(12.1)

水のない岩石の融点が1500 ℃だとして，水が数％入り融点が200 ℃下がったとすると，その場所の温度が1400℃であれば，水が供給される前は融けていなかった岩石が融けてマグマができてしまう．このようにして，プレートがもぐりこむと水が供給されて，地下にはマグマができてたまっていく．マグマは岩石よりも軽いので，通路があれば，地表に向かって上昇していき，一般的には，地表下約数km程度のところに，マグマだまりができる（図12.1）．ここに地表へと上がる通路（火道という）ができた場合は，マグマが地表へ噴出する，これが火山の噴火である．

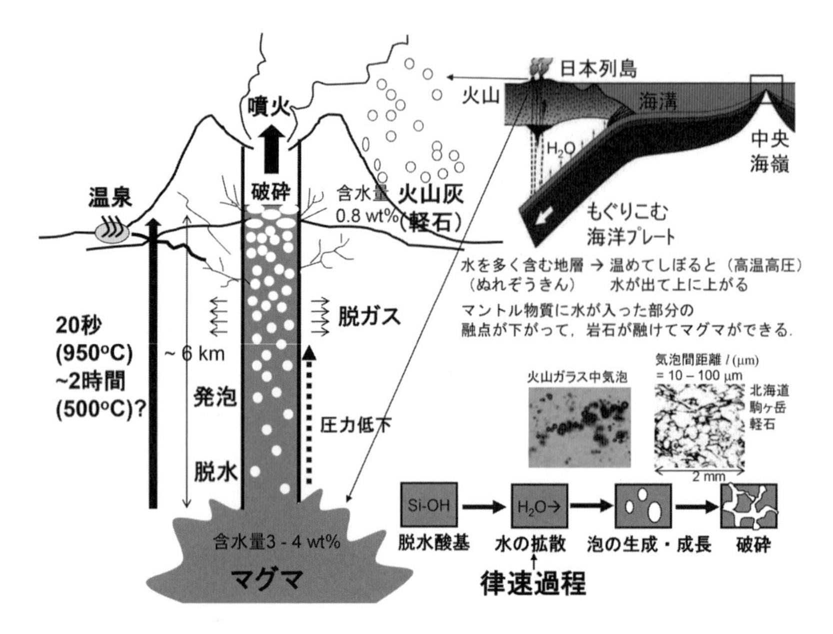

図 12.1.　火山噴火のしくみとその時間スケール.

12. 2.　火山災害

火山は，地下にマグマという熱源があるため，その周辺の地下水などが暖められて地表に出ると温泉となる場合があり，観光資源ともなっているが，時として様々な災害を引き起こす（図 12.1）．火山災害は，大きな噴石，火砕流，融雪型火山泥流，溶岩流，小さな噴石・火山灰，火山ガスなどによって起こる（気象庁ホームページ https://www.jma.go.jp/bosai/map.html#5/34.488/137.021/&contents=volcano）.

大きな噴石は，風の影響を殆ど受けずに弾道を描いて飛散する概ね 20cm 以上の岩石であり，避難までの時間的猶予が殆どないため，生命に対する危険性が高い．例えば，2014 年 9 月 27 日正午頃に長野県岐阜県境の御嶽山（標高 3067 m）の地下熱水の水蒸気爆発で，火口付近に居合わせた登山者ら 58 名が死亡し，行方不明者 5 名という日本における戦後最悪の火山災害が起こった．このときの噴石は直径数cmから60cmで，360－300 m/sの音速に近い速度で噴出し，200－100 m/s（時速720－360 km/h）で雨のように降り注いだと推定されている．この噴石が山頂付近の登山者を直撃したと見られている．

火砕流は，火山噴火により放出された破片状の岩石と火山ガス等が混ざった高温（数百℃に達することもある）の混合物が，地表を時速百km以上の速度で流れ下る．例えば，1991年6月3日に，長崎県島原半島中央部の雲仙普賢岳で起こった大規模火砕流では，43名の死者・行方不明者が出た．イタリア・ナポリ近郊のヴェスビオ火山のふもとにあった古代都市ポンペイは，西暦79年のヴェスビオ火山の噴火で起きた火砕流で埋もれ，18世紀になって発掘された．

融雪型火山泥流は，火山活動によって火山を覆う雪や氷が融かされることで発生し，火山噴出物と水が混合して地表を流れる現象で，流速は時速数十kmに達することがあり，谷筋や沢沿いを遠方まで流下することがある．

溶岩流は，融けた岩石（溶岩）が地表を流れ下る現象で，流下速度は地形や溶岩の温度・組成によるが，比較的ゆっくり流れる．SiO_2含有量の小さい玄武岩などの粘性の低めの溶岩が流れ，長い距離を流れ下る．代表的な例は，ハワイ諸島や伊豆大島などである．SiO_2含有量の大きいデイサイトや流紋岩などの粘性の高い溶岩は溶岩流とならず，マグマが地表に出る場合は溶岩ドームとなることが多い．

噴石のうち，直径数cm程度の，風の影響を受けて遠方まで流されて降るものを小さな噴石と呼ぶ．特に火口付近では，小さな噴石でも弾道を描いて飛散し，登山者等が死傷することがある．噴火によって火口から放出される固形物のうち，比較的細かいもの（直径2 mm未満）を火山灰という．風によって火口から離れた広い範囲にまで拡散し，農作物，交通機関（特に航空機），建造物などに影響を与える．

火山活動により地表に噴出する高温のガスのことを火山ガスといい，「噴気」ともいう．水，二酸化硫黄，硫化水素，二酸化炭素などを主成分としている．火山ガスを吸い込むと，二酸化硫黄による気管支などの障害や硫化水素による中毒等を発生する可能性がある．実際のいくつかの例として，群馬県草津温泉スキー場殺生河原でスキーヤー6名が硫化水素を吸い込み中毒死し（1971年12月），熊本県阿蘇山中岳第一火口で観光客が7名死亡し（1986－1997年），青森県八甲田山山麓窪地で訓練中の自衛隊員3名が死亡し（1997年7月），その近くの酸ヶ湯温泉で山菜取りの女子中学生が死亡している（2010年6月）．

その他，火山において火山噴出物と水が混合して地表を流れる現象を火山泥流という．火山噴出物が雪や氷河を融かす，火砕物が水域に流入する，火口湖があふれ出す，火口からの熱水があふれ出し，降雨による火山噴出物の流動，などを原因として発生する．流速は時速数十kmに達することがある．

水と土砂が混合して流下する現象を土石流という．流速は時速数十kmに達することがあり，噴火が終息した後も継続することがある．気象庁では，降雨により火山噴出物が流動することで発生する火山泥流のことをいう場合に土石流を使用している．

12.3. 火山噴火の時間スケールの見積もり

このように火山災害をもたらすこともある火山活動の時間スケールはどのくらいで，それらを決めるのは何だろうか？

まず図12.1右上のプレートのもぐりこみに伴う深部での水のしぼり出しによって供給されたマントル部分の溶融による1次マグマだまりの形成の時間スケールがあり，ついで，そのマグマが地殻へ上昇し2次マグマだまりを形成する時間スケールがあり，そこから地表下数kmから10km程度の浅部に3次マグマだまりができる時間スケールがあると考えられる．

これらの時間スケールは最近研究がなされるようになり，例えばPassarelli and Brodsky (2012)は，世界の34の火山の73の火山噴火について，噴火の時間間隔を休止期間とみなし，噴火直前の火山性微動などから噴火までの時間を準備期間とみなして，休止期間と準備期間を調べた．その結果，休止期間は20年から1万年にわたり，準備期間は15分から3年程度にわたることがわかった．

その他，噴火直前の浅部マグマだまり中に結晶（微斑晶）が滞留していた時間（滞留時間）から，10－1000年などの時間スケールが推定されている（東宮, 2016）．また，この浅部マグマだまりから噴火する直前のプロセスを噴火トリガーと呼んでおり，結晶中の元素拡散プロファイルから時間スケールが推定されており，数時間から数年程度の値が推定されている（東宮, 2016）．これらはそれぞれ，Passarelli and Brodsky (2012)のいう休止期間と準備期間に相当すると考えられ，つまり，休止期間は10年から1万年，準備期間は15分から数年程度の範囲を持つことになる．

12.1で述べたように，マグマ中の水はSi-OHの形になっているものが多い．マグマという液体中の含水量はその場の圧力によって決まり，圧力が高いほどマグマ中の含水量は大きい．マグマが上昇して圧力が低下すると，マグマ中に溶けていた水は溶けていられなくなり，下記のように水分子になる（図12.1）．

Si-OH + HO-Si → Si-O-Si + H_2O（含水マグマ・ガラスの脱水）　(12.2)

マグマが地表への通路（火道）中を上昇すると，圧力がどんどん下がり，マグマからの脱水が進み，水の泡がどんどん増えて集合していき，泡だらけになっていく（図12.1）．以上の火山噴火過程の時間スケールを支配するのは，マグマ中のSi-OHがH_2Oになる反応（脱水酸基）か，H_2Oの拡散か，泡の成長か，破砕かになるが，最後の破砕は急激に起こるので速いと推定され，脱水酸基か拡散のどちらか遅い方であろう（律速過程）（図12.1）．この後述べるように，著者らの実験から，脱水した水分子が集合合体して水の泡が成長する過程は，マグマ・ガラス中の水の拡散が支配していることがわかった．この泡がつながりあっていくと，マグマは破砕されて上に飛び散っていく．これが火山の噴火である（図12.1）．

以下には，著者らが行った噴火準備期間の推定を紹介する（Okumura et al., 2004）．今，地下6 kmのところにマグマだまりがあり，その含水量は3－4 wt%だとしよう．このマグマが上昇すると，圧力低下によりマグマが脱水して，その水が拡散で集まって泡が成長し，やがて集合合体して破砕し，噴火する．火山の噴火で放出された火山灰や軽石の含水量を測ってみると，約0.8 wt%程度となっている（図12.1）．従って，火山噴火で，マグマ中の水は

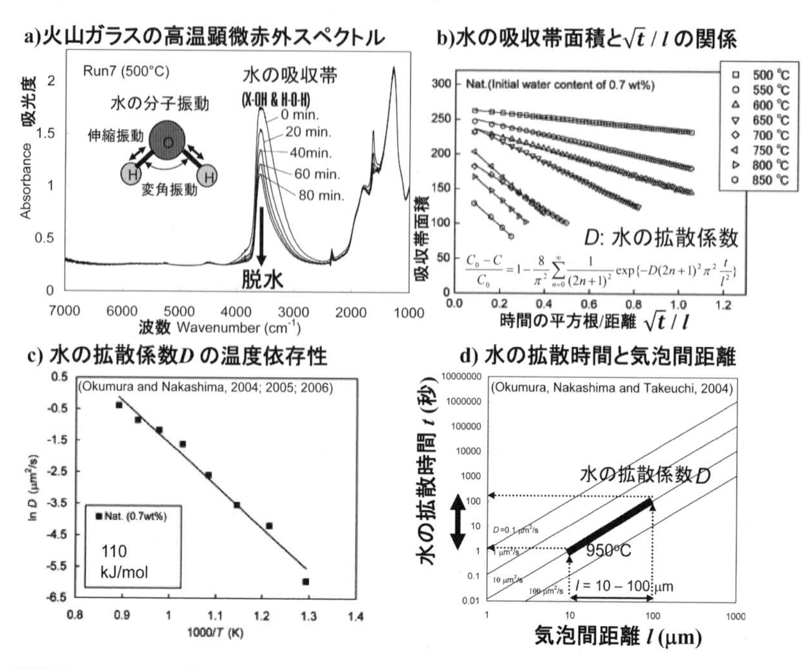

図 12.2.　マグマ・火山ガラスの脱水過程の顕微赤外分光高温その場観測結果．a) 火山ガラスの顕微赤外スペクトルの加熱時間変化（500 ℃の例），b) 水の吸収帯面積と時間 t の平方根の関係と拡散式による近似，c) 水の拡散係数 D の温度依存性（アレニウス・プロット），d) 水の拡散係数を用いたマグマからの脱水の時間スケール．

約 2－3 wt% ほど失われ，それらは水蒸気として放出されることになる．

著者らは，顕微赤外高温その場分光観測手法により，マグマ・火山ガラス中の水の脱水過程を実験的に調べた（図 12.2）．すると，火山ガラス中の水の赤外吸収帯は，加熱時間と共に減少していくことが観測された（図 12.2a）．水の吸収帯面積を，時間の平方根に対してプロットしてみると，加熱温度ごとに直線関係が得られた．これは脱水過程が拡散律速であることを示している（図 12.2b）．データの解析からマグマ・ガラス中の水の拡散係数を求め，その温度依存性をアレニウス・プロットすると，図 12.2c のようになり，活性化エネルギーは 110 kJ/mol となった（Okumura and Nakashima, 2004;

2006).

北海道駒ヶ岳火山の軽石を電子顕微鏡観察すると，泡と泡の間に残っているガラス部分（元はマグマ）の厚さは，10－100 μm程度である（図12.1右下）．そこで，この気泡間距離 l を水が拡散で通り抜けるのに要する時間を，図12.2dの拡散係数を用いて計算してみると，950 ℃では2秒から200秒程度で，その中央値を20秒としよう．水の拡散は500 ℃では遅くなり，この時間は約2時間程度となる．

マグマが地下数kmの火口直下のマグマだまりから火口まで上昇してくるのに要する時間は，上記をもとに推定すると，火道内温度の上限950 ℃では20秒，下限500 ℃では約2時間程度となる（図12.1左）．

12. 4.　火山噴火の予測と防災

前述のように，火山活動の時間スケールの見積もりはまだ始まったばかりだが，世界の多様な火山の休止期間は10年から1万年，準備期間は15分から数年程度という広い範囲にわたっており，同じ火山でも異なる噴火様式や時間スケールを持つこともあり，その活動予測は難しい．

著者らの研究例で述べたように，950 ℃くらいの高温の火山噴火では，地下6 kmで水の泡が出始めてボコボコし出したマグマが，火口から噴火するまで約20秒かかる．すると，マグマの上昇速度は300 m/sとなり，15 ℃での音速340 m/sに近い亜音速である．実際，爆発的火山噴火の火口からの噴煙流の観測では，音速付近の流速が観測されている．このような短い時間スケールだと，地下で火山性微動が観測されて避難指示を出しても，20秒ではそう遠くには逃げられない．

一方，500 ℃くらいの低温の火山噴火では，マグマが上昇して噴火するまで約2時間程度かかると予測されるので，噴火の予兆をとらえて周辺住民や登山者に避難指示を出すと，少しは逃げられることになるだろう．

2014年9月27日の御嶽山の噴火では，63名の死者・行方不明者が出たが，付近（田の原）の地震計，傾斜計では噴火の4分前からやっと変化が記録されている．火山性地震と見られる地震動は17日前から増加していたものの，火山性微動は観測されておらず，後に噴火の約 11 分前に北東に 11 km 離れた開田高感度地震観測施設で火山性微動が観測されていたことがわかった．しかしながら，明確な山体膨張や火山性微動といったマグマの上昇を示すデータが観測されなかったため，噴火警戒レベルは平常とされる 1 のままで，当日が好天ということもあり，多くの登山者が昼頃山頂付近にいた．火山の噴火の前兆をもっと精度よくとらえることができていれば，被害を少なくできたかもしれない．

火山の噴火前兆をとらえるには，地震と同様に，より精度の高い観測装置の開発と設置によるモニタリングが必要である．

第13章　地震活動と災害

13. 1.　地震活動

第6, 12章でも述べたように，地球の表層は，プレートと呼ばれるかたい板のような岩盤が15枚ほどあり，これが年に数cmほど動いている．日本列島には北の北アメリカプレート，東の太平洋プレート，南のフィリピン海プレート，西のユーラシアプレートの4つのプレートの境界が接しており，プレートの沈み込みが激しい地域である．プレートが日本列島の下にもぐりこむ際に歪みが蓄積し，この歪みが限界を超えたときに，岩盤内部のある点から破壊が始まり，急激に岩盤がずれて断層となり，これが地表付近まで伝播していく場合もある．これが地震である．地下で断層が最初に動いた地点（地震波の発生源）を震源と呼び，地上での震源の真上の地点を震央と呼ぶ．地震の揺れは，P波（縦波）という進行方向に平行に振動する粗密波（岩盤中速度 $V_p = 5-7$ km/s）が最初に到達して初期微動を起こし，ついでS波（横波）という進行方向に垂直に振動するせん断波（岩盤中速度 $V_s = 3-4$ km/s）が到達して主要動という大きな揺れを起こす．地震のエネルギーの大きさを対数で表す単位がマグニチュードMであり，地震による揺れの大きさを表すのが震度である．

日本は地震の多い国であり，これまでも大きな被害を受けてきた．1995年1月17日には，淡路島付近の明石海峡の地下16 kmを震源とする兵庫県南部地震（M7.3，最大震度7）が起き，阪神・淡路大震災を引き起こした．この兵庫県南部地震では，明石海峡の地下16 kmで始まった破壊は，北東の神戸市の地下から，南西の淡路島中部にまで拡大し，約13秒で長さ40 km幅10 kmの断層面を形成した．その一部が淡路島北部野島で地表に現れ，野島断層となった．

2011年3月11日には，宮城県沖の地下24 kmを震源域とする東北地方太平洋沖地震（M9.0，最大震度7）が発生し，東日本大震災を引き起こした．また，2018年6月18日には，大阪北部地下13 kmを震源とする大阪府北部地震（M6.1，最大震度6弱）が発生した．

13. 2.　地震の発生回数・間隔

日本では，M7以上の地震は，明治時代1868年から2016年までの148年間に200回以上起きている．また，日本とその周辺では，M7程度の地震は，1年に1, 2回起きている．従って，今後も1年に1回以上はM7程度の地震が起きると推定される（平田, 2021）．

残念ながら，地震学では，次にいつどこで地震が起きるかを予測することは困難である．しかしながら，次に述べるような地震の発生機構をより理解し，観測網などを整備し，日常からの備え（防災）をしていくことが重要である．

13. 3.　地震の発生機構

プレートが日本列島の下にもぐりこむ際に蓄積した歪みが限界を超えたときに，岩盤内部のある点から破壊が始まり，急激に岩盤がずれて断層となり，これが地表付近まで伝播して地震となるが，どのような場所で，このような破壊が始まるのだろうか？　様々な機構が考えられているが，ここでは，著者が兵庫県南部地震に関して行った研究から提案する地震発生機構モデルを一例として解説する．

岩石が地下深くにもたらされていくと，温度上昇によって石英等の構成鉱物の粒径が大きくなり，圧力上昇によって粒界の幅は狭くなっていく（Ito and Nakashima, 2002）．地下浅部の細粒の岩石では，広い結晶粒界に水素結合の比較的長い液体水に似た「やわらかい」水が存在し，ここを介した流体の浸透や物質の拡散は速いと考えられる．一方，地下深部，例えば地下10 km程度の深度では，粗粒の岩石の狭い結晶粒界に水素結合の比較的短い氷に似た「かたい」水が存在し，流体の浸透や物質の拡散は遅いと考えられる（中嶋, 2002）（図13.1a, b, c）．実際，兵庫県南部地震が起きた地域の地下の地球物理観測では，電気比抵抗や地震波のP波とS波の速度の比（V_p/V_s）が地下10 km付近で異常な変化を示し，地震発生と関係のある「変な水」があ

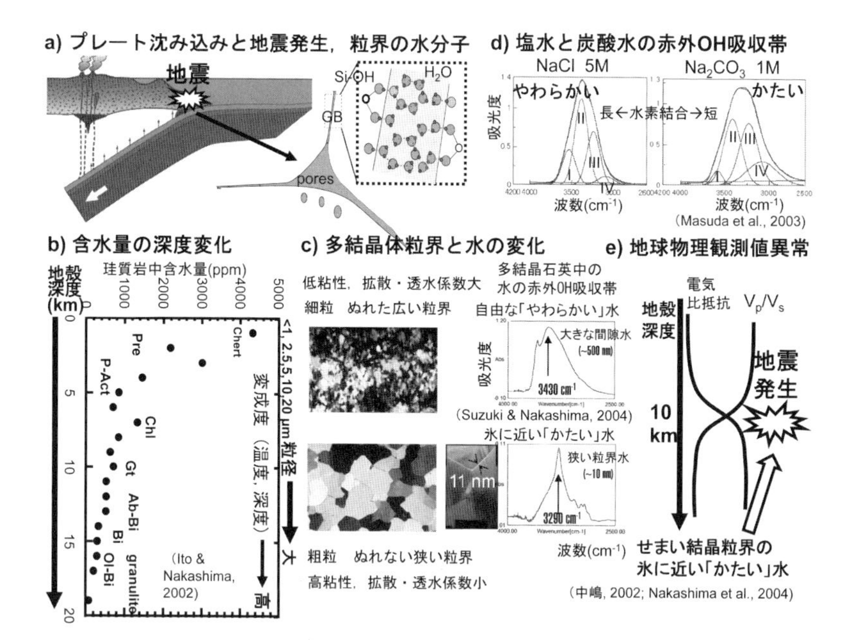

図 13.1.　地球深部岩石粒界の「かたい水」と地震発生モデル（中嶋, 2002；Nakashima et al., 2004）．a）プレートのもぐりこみと地震発生，粒界の水分子の模式図，b）珪質岩石中含水量の深度変化，c）多結晶体粒界と水の赤外吸収帯の変化，d）塩水と炭酸水の水の赤外吸収帯，e）地下の地球物理観測による電気比抵抗，P 波と S 波の速度の比（V_p/V_s）の異常．

るからではないかと地震学者たちは考えていた（図 13.1e）．そこで，著者はこの地震発生に関わる「変な水」とは，地球深部岩石の狭い結晶粒界にある「かたい水」のことではないかと考え，以下のような地震発生機構を提案した．

プレートが日本列島にもぐりこんで歪みをためていくと，細粒岩石の広い粒界に「やわらかい水」がある場合は，粒間でずれることである程度歪みを解消することができる．しかし，地下深部の粗粒岩石の狭い粒界に「かたい水」がある場合は，粒間が氷という接着剤でくっついているような感じでずれることができず，歪みの蓄積に耐え切れず破壊し，これが断層としてずれが伝播して，地震の発生に至る可能性がある（中嶋, 2002；Nakashima et al., 2004）（図 13.1e）．

兵庫県神戸市の北にある有馬温泉には，金の湯と銀の湯という2つの異なる泉質があり，金の湯は高温の塩化物泉でNaClが多く含まれ，一方銀の湯は低温の炭酸泉で炭酸が多く含まれ，これらの温泉水は有馬温泉の地下深部を起源とするとされる．

著者らは，赤外分光法によって塩水と炭酸水の赤外OH吸収帯を調べ，塩水では，水素結合の長い水分子が多く「やわらかい」が，炭酸水では水素結合の短い水分子が多く「かたい」ことを見出した（Masuda et al., 2003）（図13.1d）．

そこで，兵庫県南部地震の震源付近の岩石に，もし「やわらかい」塩水と「かたい」炭酸水が接していたとすると，その境界部で岩石がずれて破壊が生じたのかもしれない．すなわち，地下深部の水質も影響する可能性がある．もし，兵庫県南部地震が，地下深部の「かたい」炭酸水の存在によって引き起こされたとしたら，地震によって生じた断層に沿って，地下から炭酸水が湧いたかもしれないことになる．

そこで，著者らは，まず淡路島の野島断層の地下のボーリング（掘削）試料を入手して，断層が高速でずれた面に摩擦熱で生じたガラス部分（シュードタキライトという）を赤外分光法で調べてみた．その結果，地下深部でできたと考えられるガラス部分にCO_2が多いこと，地下浅部でできたと考えられるガラス部分にはCO_2が少ないことがわかった．地下深部で地震が起きた際に炭酸水から発生したCO_2がガラスに取り込まれ，それが地下浅部で再度地震が起きた際に，圧力が低いためにCO_2が放出されたと著者らは考えた．つまり，地震の際に地下の岩石からCO_2が放出されたと考えたのである（Famin et al., 2008）．

もしそうであれば，兵庫県南部地震発生後地下の岩石から放出されたCO_2が溶け込んだ炭酸水が湧いた記録があるはずである．そこで，そのような文献を探してみたところ，兵庫県南部地震発生直後から約10カ月間，淡路島で炭酸水が湧いた記録を見つけた（佐藤・高橋, 1997；Sato et al., 2000）．つまり，著者らの兵庫県南部地震の際に地下の岩石からCO_2が放出されたという仮説は，実際にあり得る（Famin et al., 2008）．

水分子が水素結合でつながりあった集合体である水溶液が，狭いすきまにはさまれて「かたく」なったり，炭酸イオンが溶け込んで「かたく」なったりすることで，地震発生を引き起こす可能性があるということになる（中嶋，2002；Nakashima et al., 2004）（図13.1）．

これまで地震発生に関する地質学的あるいは物理学的モデルはあったが，分子レベルでの水溶液の化学組成も関与した化学的モデルは殆どなかったので，著者らの提案した水分子間の水素結合に基づくモデルは，新しい地震発生の分子機構と言える．

13.4.　地震のモニタリングと予測

地震に関するモニタリングデータは，海底も含めた日本各地に設置された地震計（気象庁など）とGPS（国土地理院）などの観測網により，常時継続的に計測されており，それぞれホームページなどで閲覧できる．また，将来起こるとされている首都直下型地震や南海トラフ地震などの予測，シミュレーションなども行われている．しかし，それらを用いても，いつどこで地震が起きるかを予測することは困難である．

13.5.　地震防災

そこで，我々が日頃行うべきことは，大きな地震災害に備えて，様々な建造物の耐震工事を行い，家具などの転倒防止を行い，防災用品を準備し，火災が広がらないような対策を講じ，火災が起きた場合は初期消火に努めるなどであろう．

2007年から緊急地震速報が気象庁などから一般提供開始され，携帯電話などで警報が鳴るようになった．これは地震発生直後に震源に近い観測点の地震計がとらえた地震波のデータを解析して，震源の位置や主要動の到達時刻，マグニチュード，震度などを予測し，近隣地域の住民に警報を送るというシステムである．13.1で述べた速いP波（縦波）が来てから，主要動が来るまでの間に警報を鳴らすので，主要動到達前のわずかな時間を適切に活用できれば，地震災害の軽減に役立つものと期待される．陸地から離れたところで発生する海溝型地震や震源の深い地震に対しては，数秒から数十秒の猶予時間が見込めるが，震源の浅い陸地直下型地震の直上（震央）付近では直前ぎりぎりかあるいは間に合わないこともある．

しかしながら，もし緊急地震速報で警報が鳴った場合には，ガスなどの火の元を止め，机の下などに避難し，戸外では倒壊しそうなものから離れるなど，重要な行動を起こせる．地震災害への備えを，他の自然災害の備えと共に，表13.1にまとめた（太田・藤嶋, 2021）．

表 13.1.　自然災害に関する防災ガイド（太田・藤嶋, 2021 を改変）．

<table>
<tr><th colspan="2"></th><th>地震・津波</th><th>集中豪雨・洪水・土砂災害</th></tr>
<tr><td rowspan="5">事
前
準
備</td><td>防災情報の
確認</td><td colspan="2">内閣府防災情報「みんなで減災」
国土交通省 防災情報提供センター
気象庁「雨雲レーダーアプリ」
NHK ニュース・防災アプリ
など</td></tr>
<tr><td>ハザード
マップの
確認</td><td>国土交通省
「知りたい！地震への備え」

市区町村のホームページ</td><td>国土交通省「ハザードマップポータルサイト」
気象庁「キキクル」(危険度分布)
市区町村のホームページ
洪水や土砂災害の起こりそうな場所の確認</td></tr>
<tr><td>避難所の
確認など</td><td colspan="2">市区町村のホームページや役所で地図を入手
実際に家から避難所まで歩いてみる
安否確認アプリなどの準備</td></tr>
<tr><td>住居など</td><td>家具の転倒防止
出入り口の確保</td><td>屋根や窓の補強など</td></tr>
<tr><td>避難用
防災用品
など</td><td colspan="2">非常持ち出し袋
停電用ライト，ラジオ，
スマートフォンの充電器，ポリタンクなど
飲料水，食料など</td></tr>
<tr><td>直前・
災害発生時</td><td>注意報・
警報など</td><td>気象庁「緊急地震速報」
（震度 5 以上予測）
「震度速報」　（震度 3 以上）
「津波注意報」「津波警報」
（津波予測の場合）</td><td>気象庁「大雨注意報」「氾濫注意報」など
「大雨警報」「洪水警報」「氾濫警戒情報」など
「土砂災害警戒情報」「氾濫危険情報」など</td></tr>
<tr><td>警戒レベル
と避難行動</td><td>避難指示
(市区町村)
災害発生</td><td colspan="2">警戒レベル 1：心構えを高める
警戒レベル 2：避難行動の確認
警戒レベル 3：高齢者など避難開始
警戒レベル 4：安全な場所へ全員避難
警戒レベル 5：命を守る行動</td></tr>
</table>

今後は，地震計，GPSなどの計測データに加えて，地下の水や地表への湧水の観測網などが整備され，より多角的な地震前兆現象のデータが蓄積され，それらが活用されていくことが期待される．

第14章　河川の氾濫

14.1.　集中豪雨による水害

山から海までの距離の短い日本の河川は，大陸の河川に比べて，短く勾配が大きいため，水害が起きやすい．特に2014年以降は，集中豪雨による大水害が毎年発生している．積乱雲がほぼ同じところから次々に発生して帯状の雨域を形成して「線状降水帯」となり，同じ地域に雨が降り続けるためである．この近年の豪雨多発の原因は，地球温暖化により日本近海の海水面温度が上昇したためである可能性が指摘されている（石川, 2021）．

14.2.　河川氾濫警報と避難

このような水害の予測は，主に気象庁の雨雲，降水量の観測データなどをもとに行われており，緊急地震速報同様，避難警報が携帯電話に発されるようになった．日頃から避難経路などに習熟しておくなどの準備や訓練が必要である．

14.3.　今後の治水対策

一方で，水害を事前に防ぐ，あるいは軽減するための治水対策が必要である．治水事業を統括する国土交通省が提案した従来とは異なる新しい治水方針に基づく「流域治水関連法案」が2021年5月に国会で承認された（石川, 2021）．

1964年に定められた従来の治水方針は，「○○年に1回程度生じる洪水までは氾濫させない」という目標値を1/○○という逆数で水系ごとに定める（「目標治水安全度」あるいは「目標洪水の年発生確率」）．国が管理する一級河川での「目標洪水の年発生確率」は1/100－1/200とし，過去の降雨データの確率統計処理から1/○○の降雨を推定し，それによる洪水を安全に流すためにダムや堤防を建設するというものであった．しかしながら，治水工事には多大の予算と時間がかかるので，目標達成には何十年もかかることが多い．

全国の一級水系 109 の大部分の現況「目標洪水の年発生確率」は 1/50 以上となっている（石川, 2021）.

2021 年の新しい治水方針では，従来とほぼ同じ①氾濫をできるだけ防ぐ・減らすための対策を継続するが，②被害対象を減少させるための対策（浸水しやすい土地の宅地制限や，浸水に強い家屋構造への改築など），③被害の軽減・早期復旧・復興のための対策（水害危険性や水害軽減方策に関する情報提供など）を行って，流域としての治水を行っていくとしている（石川, 2021）.

1964 年の従来の治水方針のもとに行ってきた治水事業では，河川に高い堤防を築き，降雨でも水がこの堤防を越えないようにと高くしてきたので，氾濫の頻度は少ないが，ひとたび氾濫すれば大水害となってしまう．一方，日本の古来の治水では，自然にできた高台の上に集落を築き，河川の氾濫原の低地で農耕を営んできた．昔は巨大な堤防などは作れなかったのである．従って，古来の住民は氾濫と共に暮らしてきたのである．特に江戸時代には，流域の共同体全体が可能で有効な治水対策をしてきた．そこで，2021 年の新しい流域治水という方針では，河川の流域全体での水害の軽減をめざし，氾濫の集中巨大化をさけ，河川氾濫を上手に分散させる方向が考えられる．ただし，そのためには周辺住民の合意形成が必要になる（石川, 2021）.

河川の氾濫への備えを，他の自然災害の備えと共に，表 13.1 にまとめた（太田・藤嶋, 2021）.

第15章　土砂災害

15.1. 土砂災害の頻度と事例

土砂災害とは，大雨や地震に伴う斜面崩壊（がけ崩れ・土砂崩れ），地すべり，土石流などによる災害である．これらの分類・特徴などについては，地質学・土木工学などで異なるので，詳しくは専門書を参照されたい（千木良，2018）．日本は国土の7割を山地・丘陵地が占め，地殻変動が活発で，火山も多く，平野が少なく土地利用に制約があるため，近年都市郊外の台地や丘陵地も居住地域となったため，土砂災害が多い．

1979－2013年の35年間では，年間約1000件程度の土砂災害が日本で発生している（国土交通省白書，2008ほか）．広島県広島市北部安佐北区安佐南区の2014年8月19－20日の豪雨では，線状降水帯が停滞し，3時間降水量が200ミリを超え，土石流107カ所，がけ崩れ59カ所が発生し，災害直接死74名，災害関連死3名の合計77名の死者が出た．これは，土砂災害による人的被害としては過去30年間の日本で最多である．この土砂災害の大部分は広島型花崗岩が風化してできた真砂土によるものであった．この点については35.3で説明する．

2021年7月3日に静岡県熱海市伊豆山地区の逢初川で大規模な土砂災害が発生し，災害関連死1名を含む28名が死亡した．被害が拡大した原因として上流山間部の違法盛土の崩壊があり，さらにその後の調査で国や自治体のずさんな盛土規制と大量の違法盛土が全国的に存在していることが明らかになり，盛土規制の大幅強化へと発展した（太田，2021）．

15.2. 土砂災害の予測

斜面崩壊の発生場所は，物理モデル，統計的手法，個々の地質・地形的特徴による方法などによってある程度予測することが可能だとされるが，まだ実用化はされていない．大規模な地すべりは，過去の地すべりの再活動であることが多いので，防災科学技術研究所の地すべり地形分布図を参照することで情報は得られるが，すべてが再活動するわけではない．深層崩壊と大規模崩壊には，降雨によるものと地震によるものがあるが，いずれも長い準備期間があるものの，起きやすい場所の予測はある程度可能である．岩盤崩落は，特に軟岩といわれる岩石からなる岩盤の崩落は殆ど前兆がないので，予測は難しい．土石流は，繰り返し発生することが多いので，過去に発生した場所には注意すべきだが，再来周期はよくわかっていない（千木良, 2018）．

土砂災害の発生時期の予測については，亀裂の雁行配列の連結の進行状況，歪みあるいは変位の進行状況をワイヤー伸縮計などで計測する方法，電気探査による斜面内の含水率モニタリング（和田ほか, 1995）などにより，これらのデータの進行状況からある程度予測可能だとされる（千木良, 2018）．

15. 3.　土砂災害の起こり方のまとめ

しかし，残念ながら土砂災害の位置と時期を正確に予測することは困難である．そこで，以下のような土砂災害の起こり方を理解しておくことが重要だと考えられる（太田, 2021）．

1）豪雨の際の表層崩壊（がけ崩れ・山腹崩壊）は，降雨の激しいときに急斜面や凹斜面で起こる．
2）地震の際の山崩れ（表層崩壊・がけ崩れ）は，急傾斜の凸斜面でも起こる．
3）がけ崩れの土砂は，高さの 2 倍ほど広がる．
4）流動化しやすい地質や雨量が多い場合は，さらに遠方まで土砂が到達する．
5）小さな表層崩壊でも，流木を流出させることが多い．
6）深層崩壊（大崩壊）は，豪雨が続くときや豪雨後，あるいは大地震の発生時に起こる．
7）それらは土石流化する場合が多い．時には天然ダムを形成する．
8）地すべりは，豪雨後や融雪時に動くことが多い．
9）土石流の大部分は，表層崩壊の土砂が集まり流動化して発生する．
10）大きな土石流は，直進する性質がある．

11）大洪水は，谷幅いっぱいに流れ，水位が上がる．

12）洪水は，多量の土砂や流木を運ぶ．

13）流木は，山腹表層崩壊地の樹木だけでなく，山麓や河畔・渓畔からも大量に流出する．

15. 4.　土砂災害の防災・減災

上記のような土砂災害の起こり方を理解しておいた上で，以下のような事項が，防災と減災に有効だと考えられる（太田, 2021）．

1）ハード対策として，護岸工や擁壁工などの防災工事，ダムの建設，土石流ダムや流木捕捉工の設置．

2）ソフト対策として，防災教育・防災訓練をし，防災情報・気象情報・避難情報などを周知・共有する．

3）表面浸食は，適切な森林管理によってほぼ防止することができる．

4）表層崩壊は，適切な森林管理によって大幅に減少させることができる．

5）深層崩壊は，現在の科学では発生を予測できないが，発生の可能性のある地域は推定できるので，そこでは予兆に気を配る．

6）地すべりは，上記 1)のハード対策が進んでいるが，地すべり地域では深層崩壊に準じた対応が必要である．

7）土石流は，発生すると深刻な被害を及ぼすことが多いので，土石流流路区域でハード・ソフト対策を行う．

8）豪雨の際は，全五感を働かせて予兆をとらえ，危険を感じたらできる限り正確な情報をスマートフォンなどの防災情報から得て，時間があれば緊急避難場所へ避難し，その余裕がないときは，より高い所，流れの陰になる場所，丈夫な建物のより高い所などへ，垂直避難，水平避難（流れの下流側へ）する．

土砂災害への備えを，他の自然災害の備えと共に，表 13.1 にまとめた（太田・藤嶋, 2021）．

第16章　気象災害

16.1. 気象災害の種類

気象災害とは，気象現象が主因となって起こる様々な災害である．長期間異常気象が続くために起こる冷害，干害，干ばつ，暖冬害，湿潤害や，洪水などの大雨による水害，強風による風害，竜巻の害，風浪害や高潮の害，大雨と強風による風水害，台風災害，大雪による雪害やなだれ，ひょう害，雷災，凍霜害，凍上の害，濃霧やスモッグの害などがある．その中で，特に被害の大きいのは，台風と豪雨による災害である．そこで，以下には，台風と豪雨のみを取り上げる．

16.2. 台風

気象庁による「台風」の定義は，最大風速（10分間平均）が17.2 m/s以上に発達した熱帯低気圧（熱帯で発生し，周りよりも気圧が低い大気団）である．水温が27℃以上の海水の上では，水蒸気の上昇気流が渦を巻きながら成長し積乱雲を発達させることがある．水蒸気が液体の水に相変化する際に熱が放出されるため，上空の大気は暖められて気圧が下がり低気圧の気団ができる．この低気圧に高温多湿の下層大気が吹き込むとさらに積乱雲（反時計回りの渦）が発達する．これが繰り返されると台風が発生すると考えられている．中心気圧は約900 hPa（ヘクトパスカル）（約0.89気圧）まで下がるものもある．

台風の風速15 m/s以上の範囲の半径を台風の大きさと呼び，半径は200 km以下の小さいものから，800 km以上の超大型のものまである．最大風速は，20－30 m/s程度から，40－50 m/sを超える非常に強いあるいは猛烈なものまである．

日本には，平均して毎年11個程度の台風が接近し，そのうち3個くらいが7－9月に日本本土に上陸することが多い．

2018年8月18日に発生して9月4日に日本に上陸した台風21号は，近畿地方を中心に甚大な被害を出した．徳島県南部に上陸時の中心気圧は950 hPa，最大風速は45 m/sであったが，関西空港では最大瞬間風速58.1 m/sを記録し，暴風で航空燃料タンカーが衝突した関西国際空港連絡橋は一部破損し，航空便利用客に大きな影響が出た．大阪市住之江区の大阪府咲洲庁舎付近で車20台以上が横転するなど，強風により各地で車が吹き飛ばされたり横転したりする被害が発生した．

16. 3.　集中豪雨

15.1で，広島県広島市北部安佐北区安佐南区の2014年8月19－20日の豪雨を紹介した．ここでは線状降水帯が停滞し，3時間降水量が200ミリを超え，土石流107カ所，がけ崩れ59カ所が発生し，災害直接死74名，災害関連死3名の合計77名の死者が出た．複数の積乱雲が線状に並んで停滞すると，同じ局所的な地域で豪雨が継続し，河川氾濫，土砂災害などが起こる．

16. 4.　気象予測（天気予報の数値計算）

様々な気象観測データの推移に基づき，気象の数値予報モデルによる予測，いわゆる天気予報が行われているが，まだ時間についても地域についても精度は高くない．それは，短期的な気象の変化を予測する数値予報モデル，いわゆる天気予報に，様々な限界があるからである．以下には，その原理の概略を解説する（古川・大木, 2021）．ややこしい数式も出すが，慣れていない方は絵か記号だと思ってほしい．

まず地球大気を縦20km横20km高さ（高度により数十mから数kmの厚さ）方向に区切った部屋（格子と呼ぶ）を考え，その中心の点を格子点とする（図16.1右上）．この格子点に，この格子（部屋）の気圧，風速（東西，南北，鉛直方向の各成分），気温，湿度（湿数＝気温と露点との差）の数値が割り当てられているとし，これらを格子点値（Grid Point Value: GPV）と呼ぶ．そこで，いわゆる天気予報というのは，地球全体（全球）の大気の格子点値（GPV）の1週間程度先までの変化を計算で予測するということになる．

大気の気圧，風速，気温，湿度などを変化させる要因を図16.1に模式的に示している（古川・大木, 2021）．図 16.1 中央の「大気の流れの過程」は，空気のかたまりに力（気圧や重力など）が働いて風が生じたり，周囲から浮力を得て上昇気流が生じたり，空気が膨張して密度や温度が変化する過程である．

図 16.1 左の「放射過程」は，太陽放射（紫外・可視光・赤外線）のうち，紫外可視光線が大気を通り抜けて地表を暖める過程，その一部が反射される過程，暖まった大気や地表から赤外線が放射される過程などである．

図 16.1 右の「雲・降水過程」は，水蒸気が凝結して雲粒ができ，降水が起

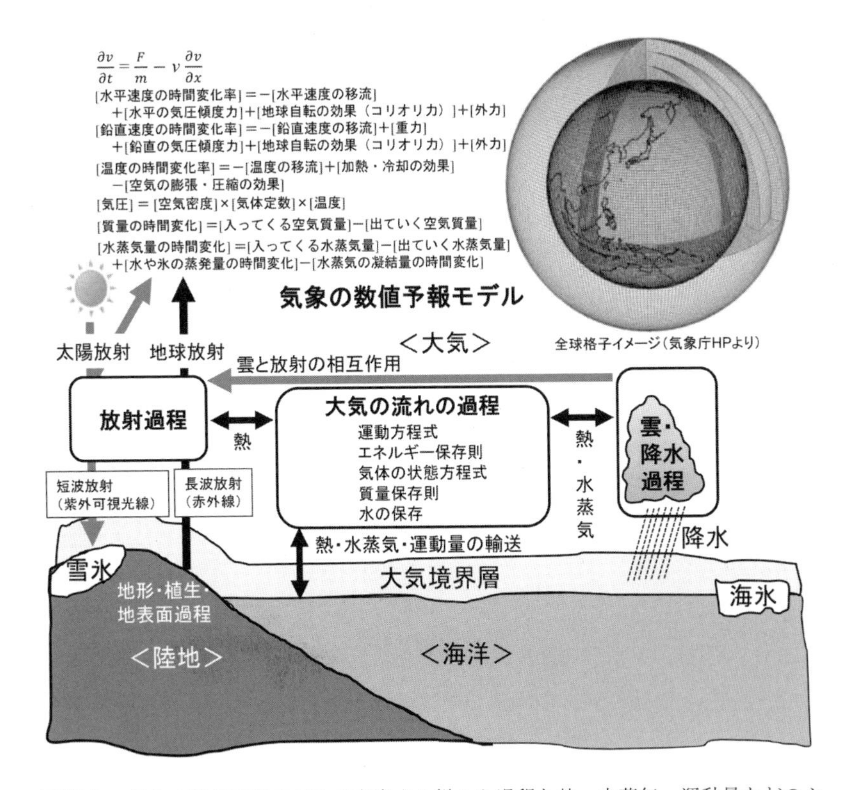

図 16.1. 気象の数値予報モデルで考慮する様々な過程と熱・水蒸気・運動量などのやりとりと相互作用．全球の格子イメージ（気象庁 HP より）と，運動方程式，エネルギー保存則，気体の状態方程式，質量保存則と水の保存の式（古川・大木, 2021 を改変）．

きる過程である．降水と共に，大気中の水蒸気量が変化し，凝結する際の熱（潜熱）の放出が大気を暖める．

図 16.1 中央下の「熱・水蒸気・運動量の輸送」では，地表と海洋からは，それに接する大気に向かって熱と運動量・水蒸気が運ばれ，逆に大気から海洋にも運ばれる．運動量の輸送は，流体（気塊）を動かす力をもたらす．

図 16.1 中央上の「雲と放射の相互作用」は，大気中の水蒸気が赤外線などの長波放射を吸収するため，水蒸気量によっても雲の量によっても大気の暖まり方が異なる（温室効果）．従って，「雲・降水過程」と「放射過程」には相互作用がある．

ここで，大気中の微小な空気のかたまり（気塊）を考える．この気塊は，ある時刻に気圧（P）や重力などの外力が作用すると動き出そうとし，熱が加えられると温度（T）が上がろうとし，同時に体積（V）も変化し，密度も変化する．また，温度が一定値以下に低下すると水蒸気が凝結しようとする．このような変化を記述するのは，以下の 5 つの物理法則である（図 16.1 中央）．

（1）運動方程式（ニュートンの第 2 法則）

微小時間Δtにおける大気の速度 v の変化Δvを，大気速度 v の時間変化率$\Delta v/\Delta t$とし，これが大気の加速度aなので，ニュートンの運動方程式 $F = ma$,（F：力，m：質量，a：加速度）を用いると，以下のように表せる．

$$\Delta v/\Delta t = a = F/m \tag{16.1}$$

現在からΔt時間後の予想風速は，現在の風速 v + 風速の時間変化率×微小時間なので，

$$v + \Delta v = v + (\Delta v/\Delta t) \times \Delta t = v + (F/m) \times \Delta t \tag{16.2}$$

となる．現在の風速 v，現在の力 F，現在の気塊の質量 m は観測可能な値なので，現在からΔt 時間後の風速を予想できることになる．そこで，例えばΔt =10 分として，このような計算を繰り返していけば，明日や明後日のある格子点での風速を予想することができる．

しかしながら，実際には気塊の位置 x も動いているので，詳しいことは省略するが，気塊という流体の速度 v の時間変化率は，x が一定の時の v の時

間変化率 $\frac{\partial v}{\partial t}$ と，時刻 t が一定の時の v の空間変化率 $\frac{\partial v}{\partial x}$ を用いて，流体力学という分野の以下のような偏微分方程式で表すことになる．

$$\frac{\partial v}{\partial t} + v\frac{\partial v}{\partial x} = \frac{F}{m} \text{または} \frac{\partial v}{\partial t} = \frac{F}{m} - v\frac{\partial v}{\partial x} \tag{16.3}$$

ここで，$v\frac{\partial v}{\partial x}$ の部分は「移流項」と呼ばれる．

後の詳しいことは省略するが，最終的には，大気の水平方向（2方向）と鉛直方向の速度の時間変化率が次のように計算できる．

[水平速度の時間変化率] ＝ −[水平速度の移流]
＋[水平の気圧傾度力]＋[地球自転の効果（コリオリ力）]＋[外力]　(16.4)

[鉛直速度の時間変化率] ＝ −[鉛直速度の移流]＋[重力]
＋[鉛直の気圧傾度力]＋[地球自転の効果（コリオリ力）]＋[外力]　(16.5)

(2) エネルギー保存則（熱力学第2法則）

大気に熱や放射のエネルギーが加えられたときの，体積や温度の変化をエネルギーの保存から表す．

[温度の時間変化率] ＝ −[温度の移流]＋[加熱・冷却の効果]
−[空気の膨張・圧縮の効果]　(16.6)

(3) 気体の状態方程式（$PV = nRT$）n：粒子数，R：気体定数

大気を理想気体とみなしたときの，圧力，体積，温度の間の関係式である．格子体積は一定で，粒子数を密度で表すと，次のようになる．

[気圧] ＝ [空気密度]×[気体定数]×[温度]　(16.7)

(4) 質量保存則（連続の式）

格子という一定体積の直方体の部屋に，大気が出入りする際の，質量が保存されることを表す「連続の式」と呼ばれる式である．

[質量の時間変化] ＝[入ってくる空気質量]−[出ていく空気質量]　(16.8)

(5) 水の保存

水蒸気や水滴が移動したり状態変化したりする際の，水の質量が保存される式である．湿潤空気（水蒸気を含む空気）の質量に対する水蒸気の質量の割合(無次元量)を比湿と呼び，体積一定なら密度の比となる．ちなみに相対湿度RH（%）は，100×（水蒸気分圧／ある温度での飽和水蒸気圧）であり，

圧力の比率である．

［水蒸気量の時間変化］＝［入ってくる水蒸気量］－［出ていく水蒸気量］

＋［水や氷の蒸発量の時間変化］－［水蒸気の凝結量の時間変化］　(16.9)

以上のような方程式をまとめて（連立して），大型コンピュータで膨大な量の数値計算をしていくことになる（図 16.1 左上）．観測値ももちろん利用するが，すべての格子点ですべての観測値がそろっているわけでないので，推定値が多量にある．計算の一番中心となる（1）流体の運動方程式（16.3－5）には，異なる変数の積が含まれているため「非線形」と呼ばれる．これも詳しいことは省略するが，非線形方程式の時間変化を調べると，「カオス」（混沌）と呼ばれる予想できない挙動が起こる．初期値のわずかな違いが大きな差を生んでしまうのである（バタフライ効果と呼ばれる）（28.3 参照）（古川・大木, 2021）．

現在，天気予報分野では，より予測精度を上げるための様々な手法開発が進み，観測網の整備やコンピュータの大型化によって，昔に比べればはるかに予測精度が上がってきている（古川・大木, 2021）．しかしながら，まだまだ正確に予測できているわけではないことは，我々が天気予報は時として当たらないことを実感している通りである．

16. 5.　気象災害の予測

上に述べた気象の数値予報の全球モデルでは格子が 20 km 間隔で，最も解像度の高い局地モデル（格子点間隔 2 km）でも，発達した積乱雲がもたらす局地的な豪雨を予測することはできていない．しかし，気象庁ホームページの「高解像度降水ナウキャスト」では，1 時間先までの 5 分ごとの降水量を 1 km 四方の細かさで予報でき，「降水短時間予報」では 6 時間先あるいは 15 時間先まで予報できる．

台風の進路予報は，全球モデルなどで行うことができるが，台風を構成する積乱雲がいつどこで集中豪雨を降らせるかの緻密な予報までは実現していない．今後雲などをとらえるレーダーなどの観測手法の進歩が進めば，予測が可能になることが期待される（古川・大木, 2021）．

第 17 章　気候変動

17.1. 気候モデル

第 16 章で述べた天気あるいは気象（weather）は，時々刻々の気温，風，湿度，雨などの大気の状態であり，その予測は通常 2 週間程度先までが限界とされている．それに対して気候（climate）は，より長期間の平均的な大気や海洋など地球表層環境の状態をいう．すなわち，気候は気象の集合あるいは平均である（渡部, 2018）.

気候を構成する大気・海洋・陸面・雪氷などの集合体（気候システム）自身のゆらぎを「気候変動」と呼び，気候システムの外側（太陽活動，大気組成，火山噴火，人類の影響など）の変化を「気候変化」と呼ぶ（渡部, 2018）.

第 3 章の自然環境の変動でも述べたように，地球表面の平均気温は最近数十年間で約 1℃ほど上昇して（図 3.2c），地球が温暖化しているとされる．しかし，地球の温暖寒冷をまず決めているのは，太陽活動とそれによって地球が受ける熱量の変動であることも述べた（図 3.3, 4.1）．そこで，地球の気候システム全体の将来予測を行うには，これまでの各章で述べてきた様々な現象や各要素などをできる限りすべて考慮した「気候モデル」を立て，天気予報（気象の数値予報）と同様の数値予測を行うことになる．

図 17.1 に，これまでの各章で述べてきた各要素（サブシステム）によって構成される気候システムの模式図を示す．これらのサブシステム間の様々なやりとりをすべて細かく取り扱うのは困難なので，まずはエネルギーの出入りの平衡などを考える（渡部, 2018）.

地球に入ってくるエネルギーは太陽放射 S（W/m^2）であり，ここでは 1365 W/m^2 とする．この太陽放射の一部は，雪，氷などの反射率の高い物質で一定面積が覆われているので反射され，これをアルベド（反射能）A（無次元で $0 < A < 1$：反射率）という．地表のアルベドは約 0.3 である．従って，地球表面が太陽から受け取る単位面積あたりのエネルギーは，$S - AS = (1 - A)S$ となる．これに地球の断面積 πr^2 をかけたものが，地球が受け取る太陽放射

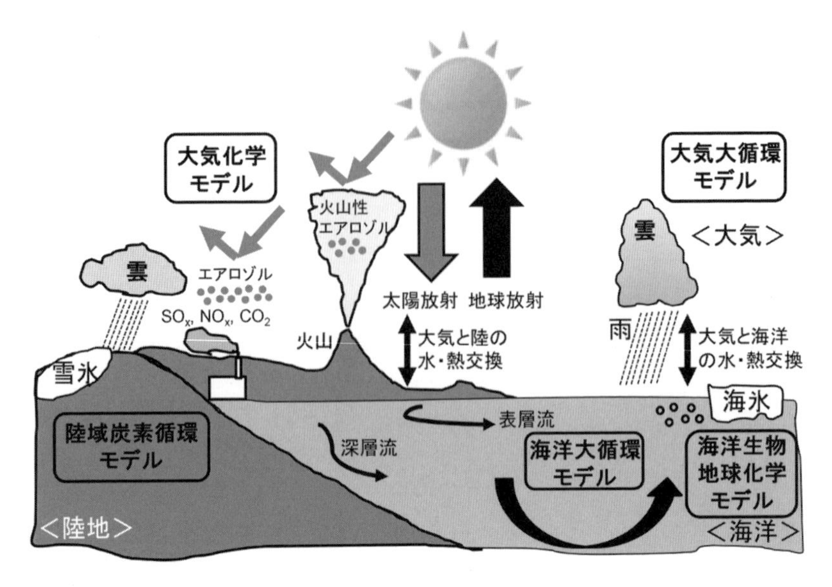

図 17.1.　気候システムの模式図．様々なサブシステムからなり，それらの間で水・熱などの交換がある（渡部, 2018 を改変）．

総量である．

一方，地表から主に赤外線として放射される地球放射 R（W/m^2）がある．これに半径 r の地球の表面積 $4\pi r^2$ をかけたものが，地球放射総量である．従って，地球が受け取る太陽放射総量と地表から出ていく地球放射総量がつりあっていると，以下の式となる．

$$(1-A)S\pi r^2 = R\,4\pi r^2 \quad \text{つまり} \quad \tfrac{1}{4}(1-A)S = R \qquad (17.1)$$

これは，単位面積あたりでは，太陽放射 $(1-A)S$ の 1/4 が地球放射 R とつりあっているということになる（図 17.2a）．

地球が黒体（すべての波長の電磁波を吸収または放射できる物体）だと仮定すると，ステファン－ボルツマンの法則によると，単位面積あたりの地球放射は，温度 T_e に対して次のようになる（ステファン－ボルツマン定数 $\sigma = 5.67 \times 10^{-8}\ W/m^2/K^4$）．

$$R = \sigma T_e^4 \qquad (17.2)$$

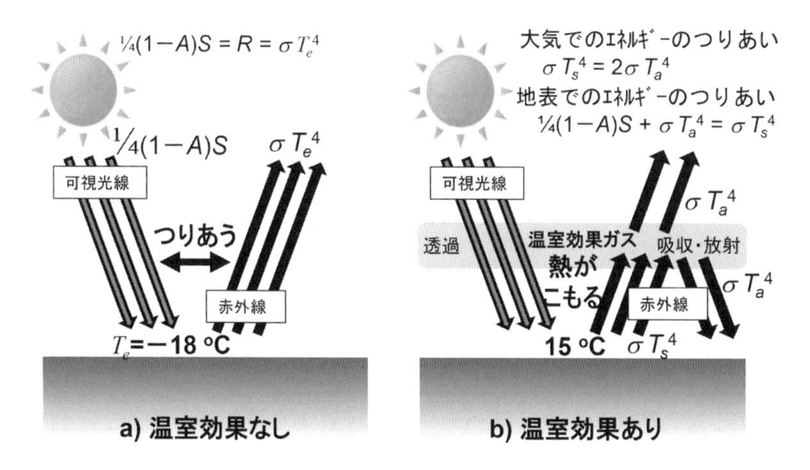

図 17.2. 太陽放射（可視光線）と地球放射（赤外線）のエネルギーのつりあい．a) 温室効果のないとき，b) 温室効果のあるとき．

(17.1) (17.2) 式を組み合わせると，次のようになる．

$$\frac{1}{4}(1-A)S=\sigma T_e^4 \quad \text{変形して} \quad T_e=\sqrt[4]{\frac{(1-A)S}{4\sigma}} \tag{17.3}$$

この (17.3) 式に，太陽放射 S = 1365 W/m^2，アルベド A = 0.3，σ = 5.67 × 10^{-8} W/m^2/K^4 を入れて計算すると，T_e = 255 K = −18 ℃となる．すなわち，地表の熱の出入りの収支のつりあいだけを考えると，地表温度は −18 ℃くらいの低い値になってしまう（図 17.2a）（渡部, 2018）．

しかしながら，現在の全球平均気温は 15 − 16 ℃と，上記のエネルギー平衡モデルよりも 33 − 34 ℃も高い．この差はどこから来るのだろうか？　それは地球大気の温室効果である．以下に，温室効果を簡潔に解説する．

17. 2.　温室効果

17.1 に述べたように，太陽放射と地球放射がつりあっていると仮定すると地表温度は −18 ℃となるが，現在の全球平均気温は約 15 ℃である（図 17.2）．そこで，地球大気の温室効果を考えなくてはいけない．

現在の地球大気は，体積％で，窒素 N_2 が 78.1％，酸素 O_2 が 20.7％，アルゴン Ar が 0.9％であるが，これらのガスは等核 2 原子分子であり，赤外線を吸収しないので，温室効果ガスではない．

一方で，二酸化炭素（CO_2），メタン（CH_4），一酸化二窒素（N_2O），水蒸気（H_2O）などのガス分子は，C=O, C-H, N-O, H-O などの結合が伸び縮みしたり（伸縮振動），角度が変わったり（変角振動）するときに，双極子モーメントという量が変化するため，赤外線が吸収される．従って，大気中にこれらのガスが含まれていると，地球から放射される赤外線をこれらの分子が吸収し，またこれらの分子からも赤外線が放射されることで，地表に熱がこもるような感じになる（図 17.2b）．地表の上に毛布があって熱がこもっているようなイメージである．そこで，これら赤外線を吸収するガスを，温室効果ガスと呼ぶ．

これらの大気中の温室効果ガスは可視光領域では吸収があまりないため，太陽放射は殆どそのまま地表を暖める．しかし，温室効果ガスは，地表からの赤外線を吸収し，また地表へ放射するため，地表を暖めることになる（図 17.2b）．

そこで，この温室効果を取り入れてエネルギーの収支の式を立ててみる（渡部, 2018 を改変）．地表温度を T_s とし，大気温度を T_a とすると，まず地表では，太陽放射（$\frac{1}{4}(1-A)S$）に，温室効果ガスを含む大気からの放射（σT_a^4）が加わったものが，地球放射（σT_s^4）とつりあうので，以下のようになる．

$\frac{1}{4}(1-A)S + \sigma T_a^4 = \sigma T_s^4$（地表でのエネルギーのつりあい）　(17.4)

また，大気においては，太陽放射は吸収せず，地表からの地球放射（σT_s^4）と，大気からの地表への放射（σT_a^4）と上空への放射（σT_a^4）の和とがつりあっているので，以下のようになる．

$\sigma T_s^4 = 2\sigma T_a^4$（大気でのエネルギーのつりあい）　(17.5)

(17.4) と (17.5) 式から，T_a を消去して T_s だけを残すと，

$\frac{1}{4}(1-A)S = \frac{1}{2}\sigma T_s^4$　(17.6)

これと (17.3) 式 $\frac{1}{4}(1-A)S = \sigma T_e^4$ を比較すると，

$\frac{1}{2}\sigma T_s^4 = \sigma T_e^4$ すなわち $T_s^4 = 2T_e^4$，$T_s = \sqrt[4]{2}\ T_e$　(17.7)

この式に，T_e = 255 K（－18 ℃)を入れると，T_s = 303 K（+30 ℃)となる．つまり，温室効果を多めに見積もった簡略化したモデルではあるが，温室効果ガスによる地球放射の吸収・放射を考慮すると，地表温度は大きく上がるということである（図 17.2b)．

世界気象機関（WMO）によると，2022年の温室効果ガスの世界平均濃度は，二酸化炭素（CO_2）は417.9 ppm（ppmは100万分の1)，メタン（CH_4）は1923 ppb（ppbは10億分の1)，一酸化二窒素（N_2O）は35.8 ppbであり，産業革命前の1750年頃と比べ，CO_2は150%，CH_4は264%，N_2Oは124%それぞれ増加したという．そこで，これらの温室効果ガスが人類活動によって増えたことが，地球温暖化の主な要因ではないかと言われている．

17. 3.　気候フィードバック

気候が変動すると，それを増幅したり，抑制したりする効果が働くが，これらを総称して気候フィードバックという（渡部, 2018)．

(1)　プランク・フィードバック

17.2で見てきた温室効果によって，地表温度 T_e が高くなると，それに応じてステファン－ボルツマンの法則(17.2)により地球放射 R が増え，より多くのエネルギーが宇宙へ逃げることになり，地表温度は元に戻ろうとする．これはプランク・フィードバック（負のフィードバック）と呼ばれる．人間に体温調節機能があるのと同じようなものである．

(2)　氷・アルベド・フィードバック

太陽放射の一部は，雪氷および雲などの反射率の高い物質により反射される（アルベド A)．地表温度 T_e が高くなると，雪氷が融けるため，地球のアルベド A が小さくなるので，地表がより暖められることになり，さらに地表温度が上昇するという正のフィードバックが起こる．

(3)　水蒸気・フィードバック

地表温度 T_e が上がると，海水からより多くの水蒸気が蒸発し大気中の水蒸気量が増える．温室効果ガスの中で最も強い温室効果を持つのは水蒸気なので，水蒸気が増えると地表温度 T_e はさらに上がることになる（正のフィードバック）．地表温度 T_e が 1℃上がると，水蒸気・フィードバックによって，地表温度上昇を 1.7℃まで増幅するとされる．

(4)　雲・フィードバック

雲は，白いためにアルベド A を大きくし，地表温度 T_e を下げる負のフィードバックがあるが，地球放射（赤外線）を吸収する温室効果も大きく正のフィードバックもある．雲のアルベド A は高さによって変化しないが，高層雲は温室効果が大きいため地球を暖める方に働き，低層雲は温室効果が小さいため地球を冷やす方に働く．従って，高層雲と低層雲の比率の違いで，温室効果と冷却効果の大小関係が変わる．現在の気候では，低層雲の方が多いので，正味の効果は 15－20 W/m^2 の冷却であると考えられている．

17. 4.　気候の予測

第 16 章で述べた天気予報あるいは気象予測は，現在の気温や風速，気圧などの観測値を初期値として，これらから計算を始めるので，初期値問題と呼ばれる．

それに対して，地球温暖化の予測を含む気候変動の予測は，将来にわたる温室効果ガスの濃度の変化がこうなるだろうという仮定の上で，気候の変化を計算していく．この場合，温室効果ガスの濃度が気候システムにとっての境界条件であり，温暖化予測はこの境界値を変えて計算していくため，境界値問題と呼ばれる（渡部, 2018）．従って，地球温暖化の予測を含む気候変動の予測というのは，本当の意味での予測ではなく，もし境界値がこうだったらこうなるだろうという予想をするということである．しかも，その予測には様々な不確実性が含まれているのである．

マスメディアなどで報道される地球温暖化予測の多くは，数十年後は数度ほども気温が上がって，とんでもないことになるというような言い方をしているが，我々は，「ある仮定に基づけば，そのような可能性もある」と冷静に受け止めるべきである．

17. 5.　地球温暖化・寒冷化の影響

もし地球温暖化が進むと，どのような影響が出るのであろうか？　温暖化によって，乾燥地域ではより乾燥して干ばつになりやすくなる．従って，水不足になる人口は全球気温が上がるほど増える．また，現在の気温や水温に適応している生態系では，サンゴの白化や絶滅のリスクが増加する．

食料生産については，気温上昇によって，低緯度地域では生産性が低下すると見られるが，中高緯度地域ではいくつかの穀物などについて生産性が向上すると考えられる．しかし，気温上昇が 3 ℃を超えると悪影響がまさるとされる．

国連環境計画によると，現在世界人口の半数以上が海岸線から 60 km 以内に住んでおり，気温上昇により海面が上昇すると，沿岸域の消失の他，洪水や暴風雨による沿岸域の損害が増加する．

気温上昇により，感染症を媒介する昆虫が増え，感染症が増加したり，熱波などの異常気象によって死亡率が増加したり，様々な健康への影響が予想されている（渡部, 2018）．

しかし，一方で，地球の温暖寒冷をまず決めているのは，太陽活動とそれによって地球が受ける熱量の変動であった（図 3.3, 4.1）．このようなミランコビッチ・サイクルによって，地球は間氷期という 1－3 万年程度の短い温暖な時期と，5－10 万年程度の長い寒冷な時期を，約 10 万年周期で繰り返してきた．現在は，短い間氷期にいるわけだが，あと 1 万年程度，あるいはそれより先に，地球が寒冷化する可能性もある．

もし将来地球が寒冷化した場合，これまでの例では，現在よりも最大 5℃気温が下がる可能性があり，詳しい影響評価はわからないが，食料生産などは減少し，様々な悪影響が考えられる．

従って，地球温暖化のみならず，長期的には地球寒冷化の可能性もあるので，多様な視点と対策が必要である．

17. 6.　二酸化炭素の地下貯留 (CCS)

大気中に増え続けている二酸化炭素（CO_2）が，地球温暖化の主要な犯人だとされていることは，まだ科学的には証明されているわけではないが，国際連合および世界各国は二酸化炭素排出削減規制を行っており，その有効な手段として，二酸化炭素の地下貯留（carbon dioxide capture and storage または carbon dioxide capture and sequestration または carbon dioxide control and sequestration: CCS）が検討されている．

二酸化炭素の地下貯留（CCS）とは，二酸化炭素（CO_2）の大規模な排出源から出るCO_2を回収し，陸域または海域の地下の地層中の上を不透水層に覆われた帯水層（地下水）中，または油田やガス田中に，陸上または海上施設から圧力をかけて注入（圧入）し，帯水層中に貯留することである（図17.3）．水にCO_2を注入すると，炭酸イオン（主にHCO_3^-）の形となり，それが地層中のCa^{2+}, Mg^{2+}などと反応して$CaCO_3$, $MgCO_3$などの炭酸塩鉱物となることが期待されている．

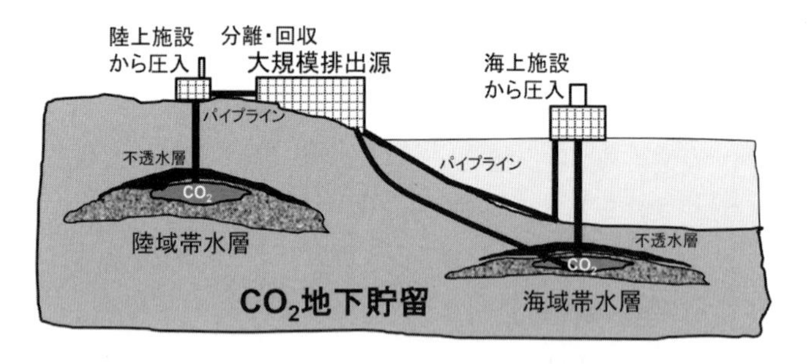

図 17.3.　CO_2地下貯留（CCS）の概念図．大規模CO_2排出源からCO_2を分離・回収し，陸域または海域の地下帯水層へ圧入する．

日本では資源エネルギー庁の監督のもと，独立行政法人エネルギー・金属鉱物資源機構（JOGMEC）がCCSの事業化に取り組んでおり，2023年度に，以下の7件の地域（国内貯留5件，海外貯留2件）を選定し，2030年までにCCS事業を開始し，合計で年間約1,300万トンのCO_2を貯留することを目標としている．

1）苫小牧地域では，同地の製油所，発電所から排出されるCO_2について，油ガス田または帯水層中に，約150万トン／年の貯留をめざす．

2）日本海側東北地方（青森，秋田，山形）では，海域帯水層中に，約200万トン／年の貯留をめざす．鉄鋼，セメント産業などを対象に，複数のCO_2排出地域とCO_2貯留地域を船舶輸送で結ぶ．

3）東新潟地域では，新潟県の化学工場，製紙工場，発電所から排出されるCO_2について，新潟県内の既存油ガス田中に，約150万トン／年の貯留をめざす．

4）首都圏では，圏内の主要な臨海コンビナートの排ガスなどから排出されるCO_2について，海域帯水層中に約100万トン／年の貯留をめざす．

5）九州北部沖～西部沖では，瀬戸内を含む西日本広域の製油所，火力発電所から排出されるCO_2について，海域帯水層中に約300万トン／年の貯留をめざす．

6）マレーシア，マレー半島東海岸沖では，日本からのCO_2受入れに積極的なマレーシア国営石油会社との協力事業として，近畿・九州地域等の化学・石油精製を含む複数産業から排出されるCO_2について，海域油ガス田と帯水層に，約200万トン／年の貯留をめざす．

7）大洋州では，名古屋港，四日市港などの幅広い産業からのCO_2について，大洋州の海域油ガス田と帯水層に，約200万トン／年の貯留をめざす．

しかしながら，陸域または海域の地下の帯水層または油田やガス田中に圧入したCO_2が，炭酸塩鉱物などに変わるか，あるいは水中に溶存したままか，貯留されるかどうか，周辺に漏れ出さないかはよくわかっていない．さらには，本来は主に中性～弱アルカリ性である帯水層などの水が，CO_2の圧入によって弱酸性になると推定されるが，その生態系への影響などは殆どわかっていない．従って，これらの評価を適切に行うまで，実施は控えるべきだと著者は考えている．

第18章　大気圏の汚染

第16, 17章で述べた天気あるいは気象（weather）と気候（climate）は，いずれも大気の気温，風，湿度，雨などの状態の変化によるものであった．人類の産業活動に伴って，大気には様々な物質が放出され，それらが大気環境を汚染するようになった．以下では，大気圏の汚染を概観する．

18. 1.　酸性雨

化石燃料（石炭・石油・天然ガス）を燃焼すると，炭素が酸化してできるCO_2以外に，石炭・石油などに含まれている窒素と硫黄が酸化して，窒素酸化物（NO_x），硫黄酸化物（SO_x）などのガスが生成し，また燃え残った灰分の微粒子などが生成し，これらが大気に放出される．

大気中のCO_2が雨に溶け込むと炭酸となってpH = 5.6までの弱酸性となるが，さらに窒素酸化物（NO_x），硫黄酸化物（SO_x）などが雨に溶け込むと硝酸，硫酸となるため，pH = 5.6以下になることがある．このようなpH = 5.6以下の雨を酸性雨と呼ぶ（齋藤, 2020）（図18.1）．

ヨーロッパでは，石灰岩・大理石といった$CaCO_3$を主成分とする岩石が歴史的建造物や彫像などに使用されていることが多く，$CaCO_3$が酸性雨で次式のように溶解するため，酸性雨による歴史的建造物や彫像などの劣化が目につきやすい．

$$CaCO_3 + 2H^+ \rightarrow Ca^{2+} + H_2O + CO_2 \qquad (18.1)$$

またヨーロッパでは，森林が枯れるなどの被害も起こっている．

日本では，石灰岩・大理石の建造物が少なく，植物や土壌が酸性に比較的強く，被害があまり顕在化していないため，酸性雨が降っているとは感じにくい．しかしながら，環境省の酸性雨調査結果では，全国の2017－2021年の5年間の降水のpHの平均値は4.92であり，全国どこでもpHは5前後で，酸性雨となっている．

火山活動の盛んな日本においては，火山の噴火などで放出される火山ガス

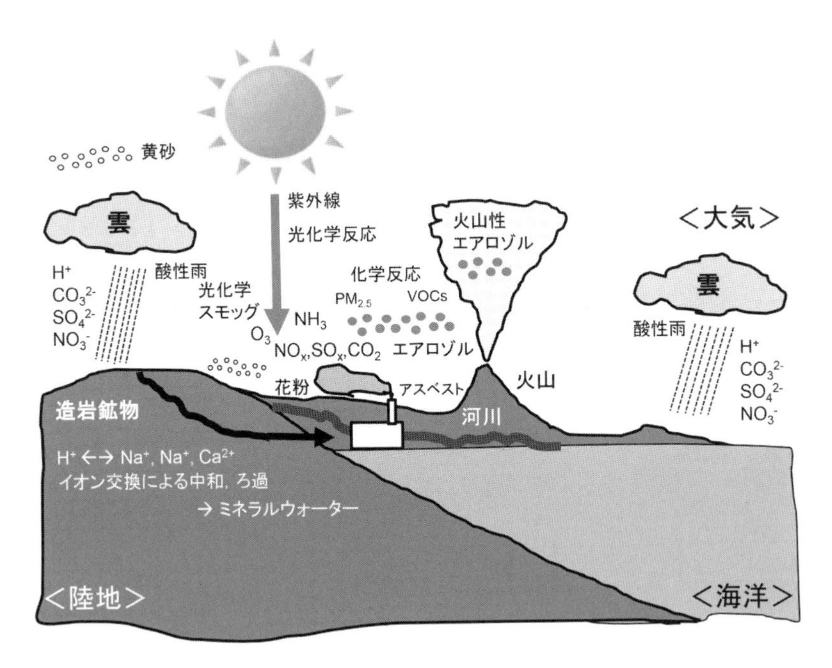

図18.1.　大気汚染に関与する現象や物質の模式図.

も酸性雨の原因となっている（図18.1）．例えば，2000年8－9月に三宅島火山が噴火した際は，二酸化硫黄（SO_2）が多量に放出され，横浜市ではそれまでの雨の平均pH = 4.8程度だったが，9－11月にはpH = 4.2程度まで雨が酸性化した．

このように酸性雨が常に降っているにもかかわらず，日本の河川水の平均pHは7程度と中性付近であり，地下水はpH = 6.8－8.0と中性～弱アルカリ性である（表8.2参照）．その主な原因は，酸性雨が土壌を経て主にケイ酸塩鉱物（図6.1参照）からなる岩石中に滞留している間に，造岩鉱物中のNa^+, K^+, Ca^{2+}などのアルカリ・アルカリ土類金属イオンとH^+イオンがイオン交換しているからだと考えられる．すなわち，岩石（地層）が酸性雨を中和してくれているのである（図18.1）．

また，岩石（地層）は，その微小間隙などが微粒子や汚れなどをトラップし，酸性雨などをろ過してくれている．いわゆるミネラルウォーターという天然飲料水は，このような地層でろ過され，イオン交換されて，Na^+, K^+, Ca^{2+}などのミネラル成分を溶かし込んだ，健康に良い飲料水ということができる（図18.1）．

この酸性雨の地層による中和とろ過は，地球の自浄作用の1例と言えよう．

18. 2.　光化学スモッグと四日市ぜんそく

大気中の窒素酸化物，特にNO_2は，太陽光中の紫外線（振動数ν）によって光化学反応を起こして，オゾンO_3が生成する．

$$NO_2 + O_2 + h\nu \rightarrow NO + O_3 \quad (h\text{: プランク定数}) \tag{18.2}$$

大気中に窒素酸化物と炭化水素（特に不飽和炭化水素）が共存する場合，紫外線による光化学反応で，オゾンの他，パーオキシアセチルナイトレート（PAN），二酸化窒素NO_2，過酸化物等の酸化性物質，ホルムアルデヒド，アクロレイン等の還元性物質，エアロゾル等が生成する．二酸化硫黄が存在するときは，硫酸ミストが生成する．光化学反応によって生成する酸化性物質のうち，二酸化窒素を除いたもの，すなわち主には光化学反応でできたオゾンを，光化学オキシダントと称し，光化学スモッグの指標としている（齋藤，2020）（図18.1）．

光化学オキシダントの健康への急性影響としては，眼の刺激（眼のチカチカ感，流涙等）症状や鼻，咽喉および呼吸気道の粘膜刺激（喉の痛み，いがらっぽい感じ，息苦しい等）症状が主体であり，喘息患者に対しては発作の誘発が見られることが知られている．これらの刺激症状は，一般的には軽度で一時的なものであり，通常特別な医学的処置は必要ないものと考えられている．

四日市ぜんそくは，三重県四日市市の四日市コンビナートから発生した二酸化硫黄が原因で，同市塩浜地区を中心とする四日市市南部地域・海蔵地区などの四日市市中部地域から南側の三重郡楠町（現：四日市市）にかけて発生し，1959年から1972年にかけて政治問題化した大気汚染による集団喘息（ぜんそく）障害で，水俣病，イタイイタイ病，新潟水俣病と合わせて，四大公害病の 1 つである.

四日市ぜんそくの原因は, 石油化学コンビナートで硫黄を含む原油を燃焼した際に発生した硫黄酸化物であるとされ, 脱硫装置の設置と, より硫黄分の少ない原油への切り替えで, 被害は改善された.

18. 3.　オゾンホール

大気中の酸素 O_2 も太陽光中紫外線との光化学反応でオゾン O_3 を生成し, これが成層圏にオゾン層を作っている（図 9.1 参照）. このオゾン層が紫外線を吸収するため, 対流圏と地表には生命に有害な紫外線が降り注がない.

しかしながら, 1983 年以来, 主に南極上空のオゾン層に穴が開いたような状態（オゾンホール）が確認されている. その原因は, 冷蔵庫やエアコンなどの冷媒, 電子機器等の洗浄剤, 発泡剤, 噴霧剤などとして使用していたフロンやハロンが, 大気中に放出され, オゾン層に到達し, オゾン層を破壊したことであるとわかった. フロンやハロンが紫外線によって分解されて生成した塩素ラジカルが触媒となって, オゾンが分解されると考えられている.

1987 年のモントリオール議定書により, オゾン層破壊物質の削減・廃止が進められ, 2003 年に最大だったオゾンホールは, その後着実に小さくなってきている.

18. 4.　エアロゾル

大気の中に微粒子が多数浮かんだ状態をエアロゾルと呼び, 1900 年代のイギリス・ロンドンにおける都市大気汚染の際に使用され始めた. 微粒子のサイズは 10 nm 程度から 1 mm 程度まであり, 起源や組成も様々である（図 18.1）.

大気中の微粒子で数 μm 程度の大きめのものを粗大粒子と呼び, 大気に巻き上げられた土壌, 海塩粒子や花粉などからなる. 一方で, 数 μm 以下の小さめのものを微小粒子と呼び, Suspended Particulate Matter（SPM）と呼ぶこともある. さらに, 粒子直径が 10, 2.5 μm 以下のものは, PM に下付き文字で 10 や 2.5 をつけて, それぞれ PM_{10}, $PM_{2.5}$ と呼ぶ. これらの微小粒子は,主に化石燃料などの燃焼や大気中の無機・有機化合物同士や光化学反応などで２次的に生成したものからなる（図 18.1）．

花粉のうち，スギ花粉やヒノキ花粉などは，鼻や目の粘膜に接触し，アレルギー反応を起こし，くしゃみ，鼻水，鼻づまり，目のかゆみなどの花粉症を引き起こす．

黄砂は，中国北部とモンゴル国にあるゴビ砂漠・タクラマカン砂漠・黄土高原などの砂塵が上空に巻き上げられ，春を中心に東アジアなどの広範囲に飛散し，地上に降り注ぐものである（図 18.1）．建物や野外の洗濯物・車が汚れたり，人間や家畜が砂塵を吸い込んで健康に悪影響が出たりする．

花粉も黄砂も，その表面に様々な無機・有機化合物が吸着し，また一部は反応すると考えられており，それが花粉症や健康被害の原因となる可能性があるが，よくわかっていない．

18. 5.　アスベスト（石綿）

大気中微粒子の中には，かつて耐熱・耐燃焼性の建築資材として広く使用されていたアスベスト（石綿）もある．アスベスト（石綿）は，天然に産する鉱物のうち繊維状になったもので，角閃石族（図 6.1f 参照）（アモサイト，クロシドライト，アンソフィライト，トレモライト，アクチノライト）または蛇紋石族（図 6.1g 参照）（クリソタイル）の６種がある．これらの繊維１本の直径は 20 − 350 nm 程度であり，空中に飛散したアスベストを長期間大量に吸収すると，肺の奥深くに侵入し，肺胞に突き刺さって肺がんや中皮腫の原因となることがある．日本では 2006 年から 2011 年にかけて順次使用が禁止され，現在ではもう生産されていない．

アスベストが肺胞に突き刺さってから肺がんや中皮腫になるのに 30 年ほどかかると推定されており，どのようなメカニズムでこれらに至るかはまだわかっていない．アスベスト表面が正に帯電し，Fe^{2+} と OH を持っていることが原因ではないか，と著者は考えている．実際，著者らの予備的な実験では，正に帯電した鉱物表面で，側鎖が負に帯電したポリペプチドがねじれる可能性を見出している（Ikuno, 2020）．すなわちアスベストの横に接しているタンパク質がねじれることで，いわゆるタンパク質のねじれで起こるフォールディング病の一種の可能性がある．

18. 6.　$PM_{2.5}$

上記エアロゾルの中で，特に近年問題になっているのが，粒子直径が 2.5 μm 以下の $PM_{2.5}$ である．非常に小さいため，呼吸によって体内に入り，気管支や肺に吸着して健康被害を起こすおそれがある（図 18.1）．日本では，2009 年に，1 日の平均値が 35 μg/m^3 以下でかつ 1 年平均値が 15 μg/m^3 以下という環境基準値が決められた．1 日の平均値が 70 μg/m^3 を超えると予想されるときは，注意喚起が出される．2013 年 1 月中旬，北京で約 900 μg/m^3 という高濃度となり，1 月下旬に日本にも偏西風によって飛来したため，大きな話題となった．

$PM_{2.5}$ は，太陽放射を吸収あるいは反射することでアルベドを下げ，雲の核となる（雲粒核）ほか，上記のように人体などへの影響も懸念されている．$PM_{2.5}$ に有毒化合物（ヒ素 As，鉛 Pb など），発がん性物質，内分泌かく乱物質が含まれていたり，表面電荷を持つ鉱物微粒子に様々な有機化合物などが吸着したり，また表面で反応したりすることが，生体に影響すると考えられるが，よくわかっていない．

以下には，著者らが 2015 年 2－3 月に，大阪府環境農林水産研究所との共同研究で行った $PM_{2.5}$ の分析結果の概略を解説する（Tomizawa, 2017）．

大阪府環境農林水産研究所（大阪府大阪市森ノ宮）屋上で捕集した $PM_{2.5}$ の質量濃度（μg/m^3）の 2015 年 3 月 19 日から 23 日までの 5 日間のデータを図 18.2a に示す．1 日の平均値の環境基準値 35 μg/m^3 および注意喚起値 70 μg/m^3 を横線で示している．3 月 21 日と 22 日の多くの時間帯で環境基準値を超えているが，注意喚起値までは達していないことがわかる．

大阪府環境農林水産研究所が 21, 22, 23 日の 24 時間分の $PM_{2.5}$ を集めて化学分析を行った結果の一部を図 18.2b, c, d に示す．鉛，ヒ素は石炭層に濃集する傾向があり，石炭は有機高分子で硫黄が含まれているため，石炭燃焼起源とされる鉛 Pb，硫酸 SO_4^{2-}，ヒ素 As が，3 月 22 日の $PM_{2.5}$ 中に多い（図

18.2b）．石油中には，そのもととなっている植物プランクトンなどの光合成色素クロロフィルが変化したポルフィリンという有機分子があり，その中心にバナジウムVやニッケルNiが入り，金属ポルフィリン化合物となっていることが多い．そこで$PM_{2.5}$中のバナジウムやニッケルは石油燃焼起源とされる．これらも3月22日の$PM_{2.5}$中に多い（図18.2c）．鉄Fe，マンガンMn，銅Cuは鉄鉱石に含まれることが多く，鉄鋼を作る際に鉄鉱石を高温で融かすことで放出されるため，鉄鋼業起源の$PM_{2.5}$となるとされ，3月22日の$PM_{2.5}$中に多い（図18.2d）．3月22日には，黄砂も観測されていることから，これらの石炭燃焼起源，石油燃焼起源，鉄鋼業起源の物質が3月22日の$PM_{2.5}$中に多いのは，黄砂にこれらが付着して飛来した可能性を示唆する．

著者らは，3月22日の$PM_{2.5}$を電子顕微鏡用の銅メッシュに炭素グリッドのついた試料ホルダーに捕集して，電子顕微鏡で観察と元素分析を行った（図18.2e）．分析装置付きの走査型電子顕微鏡（SEM-EDS）の低倍率の画像では，

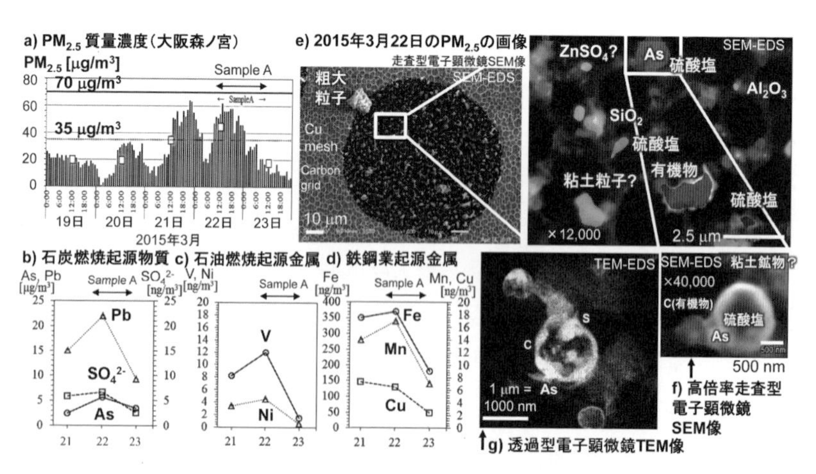

図18.2.　大阪府環境農林水産研究所（大阪市森ノ宮）屋上で捕集した$PM_{2.5}$のa）2015年3月19日から23日までの5日間の1時間ごとの質量濃度（$\mu g/m^3$），b）石炭燃焼起源物質の質量濃度，c）石油燃焼起源金属の質量濃度，d）鉄鋼業起源金属の質量濃度，e）3月22日の$PM_{2.5}$の走査型電子顕微鏡SEM画像，f）e）のAsを含む球状微粒子の高倍率SEM画像，g）e）のAsを含む球状微粒子の透過型電子顕微鏡TEM画像．

10 μm以上もある粗大粒子も左上に見えるが，多くは2.5 μm以下の微粒子である．シリカSiO_2，アルミナAl_2O_3，粘土粒子，硫酸塩，有機物などの様々な微粒子が確認できる．これらの多くは，砂や土の粒子であり，この日は黄砂が観測されたことから，主に黄砂の微粒子だと考えられる．

その中で，ヒ素Asが検出された球状微粒子があったので，高倍率で観察および分析をしてみると，主に炭素Cからなる球状体の表面を硫酸塩と思われる物質が覆っており，左下部にヒ素Asが確認できた（図18.2f）．同じ試料を分析装置付き透過型電子顕微鏡（TEM-EDS）で観察・分析してみたが，やはり主に炭素Cからなる球状微粒子（直径約1 μm）の表面の一部に硫黄Sが付着しており，左下部にヒ素Asが検出された（図18.2g）．ヒ素と硫酸は石炭燃焼起源とされ，3月22日の$PM_{2.5}$全体の化学分析でも検出されていることから（図18.2b），直径約1 μmの球状微粒子は，石炭火力発電または鉄鋼業（鉄鉱石と石炭を高温処理）などで石炭の燃焼によって放出された燃え残りの有機物微粒子だと考えられる（図18.2f, g）．石炭に含まれていた硫黄Sが酸化して硫酸SO_4^{2-}の塩となり，ヒ素Asの化学形態は不明であるが，石炭内に含まれていた金属硫化物の不純物であったヒ素Asが酸化して，亜ヒ酸（As_2O_3）となっていると考えられる．亜ヒ酸は毒性が大きく，発がん性物質でもある．

このように，$PM_{2.5}$は人体などへの影響も懸念されているが，どのような微粒子にどのような物質が吸着し，またどのような物質が表面などで反応してどのような物質に変わるか，また人体の健康にどのような影響を及ぼすかは，まだまだ不明のことが多く，さらなる研究が必要である．

18. 7.　大気汚染物質広域監視システム「そらまめくん」と大気汚染予測システムVENUS

環境省と国立環境研究所は，大気汚染物質広域監視システムで，日本全国の観測ステーションでのデータを収集しており，ホームページ上で公開している（「そらまめくん」https://soramame.env.go.jp）．例えば，大阪府吹田市には，垂水（垂水町3-32-5），北消防署（藤白台1-1-50）の2カ所の一般局と，吹田市簡易裁判所（寿町 1-5-5）の 1 カ所の自排局（自動車排出ガス測定局）があり，各局で観測されたデータを 1 時間ごとに 1 週間分表示でき，ダウンロードもできる．

また，$PM_{2.5}$ やオゾンについては，6 日後くらいまでの予測が，国立環境研究所の環境展望台の大気汚染予測システム VENUS で表示できる（https://venus.nies.go.jp）．

第19章　水圏の汚染

地球表層の水圏は，人間活動によって様々な汚染を起こしている．工業からの排水や生活排水は，河川水に流入し，さらに地下水や湖沼水，海水に流入し，これらの水圏は有害重金属，有害有機物，マイクロプラスチックなどで汚染されている．窒素Nやリン P などの栄養塩が流入すると，湖や海の沿岸地域の水が富栄養化し，植物プランクトンなどの光合成が活発化して繁殖し，赤潮や青潮などが発生して悪影響が起きる．海水の汚染の原因には，河川からの上記のような物質の流入の他，タンカーからの石油の流出，船の塗料（有機スズなど），各種廃棄物の投棄なども原因となる（齋藤, 2020）．

ここでは，まず水の汚染の指標が様々ある中で，代表的な3つを解説する．

19. 1.　水汚染指標：化学的酸素要求量 (COD)，生物学的酸素要求量 (BOD) と亜硝酸

化学的酸素要求量（Chemical Oxygen Demand: COD）とは，酸素によって酸化される有機物の量を消費した酸素の量で表すもので，活性な反応性に富む有機物の量の指標であり，いわば，活性な有機物による汚れである．COD の測定は，水中の有機物等汚染源となる物質を，過マンガン酸カリウム等の酸化剤で酸化するときに消費される酸素量を mg/L または mg/kg = ppm で表したものである．海域の環境基準は A 類型 2 mg/L 以下，B 類型 3 mg/L 以下，C 類型 8 mg/L 以下と定められている．

河川の水質についての環境基準値は，生物学的酸素要求量（Biological Oxygen Demand: BOD）が指標となっている．BOD とは，水中の有機物の量を，その酸化分解のために微生物が必要とする酸素の量で表したものである．BOD が 0 mg/L できれいな水，1 mg/L 以下できれいな渓流（ヤマメ，イワナなどがすむ），1－2 mg/L で雨水程度，2－5 mg/L で少し汚れている（3mg/L 以下でサケやアユがすめる），5－10 mg/L で汚れている（汚れに強いコイやフナなどがすめる），10 mg/L 以上で大変汚れている（下水や汚水）

とされる．これらはCODでもほぼ同等のランク分けとなっている．ただし，BODは測定が煩雑で時間がかかるため，以下の亜硝酸を代替指標とすることがある．

亜硝酸（亜硝酸態窒素）は，タンパク質を微生物がアンモニアNH_3に分解し，それが微生物によって酸化されて亜硝酸NO_2^-になることから，微生物活動の大きさに対応しており，微生物による水の汚れの指標である．

化学的酸素要求量（COD），生物学的酸素要求量（BOD）と亜硝酸（NO_2^-）は，いずれも簡単な水質検査キットが市販されており，小学生や市民が測定することができる（パックテスト：共立理化学研究所，https://kyoritsu-lab.co.jp）．

19. 2.　河川水の水質検査：北海道札幌市豊平川の例

上記パックテストを使用した水質検査の例を1つ紹介しよう．著者が1998年に北海道大学理学部地球科学科3年生2名と行った，札幌市内を流れる豊平川の上流から下流までの9カ所（図19.1a）でのCOD測定結果を図19.1bに示す．上流側2点では，COD = 5±2 mg/L = ppmで少し汚れているが，サケ科学館付近で0ときれいで，これは支流が合流したため薄まっているからだと考えられる．その後は中流域で再びCOD = 5±2 mg/Lで少し汚れ，下流の3点では，COD = 10±3 mg/Lで汚れており，ぎりぎり汚水かどうか

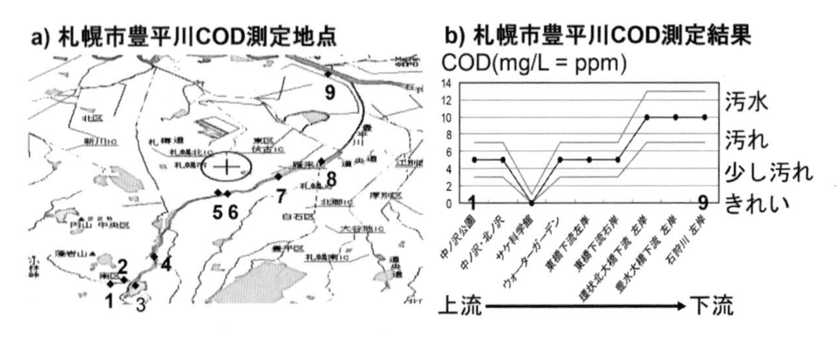

図19.1.　札幌市豊平川流域のa）COD測定地点9カ所の位置とb）COD測定結果．

という程度になっている．このCOD測定結果は，中流から下流にかけて札幌市街地を豊平川が流れていることから，生活排水などが流入して汚れたと考えられる．

河川の水質に関する環境基準値BODは，上記のような1－10 mg/Lの数値が汚れの指標となっており，CODもほぼ同様の指標となっている．2021年の札幌市内のBOD値は，一番大きいところでも6 mg/L以下で，豊平川下流でも3 mg/L以下となってきており，最近20年間で水質は改善されてきているようである（札幌市ホームページより）．

19. 3.　海域の汚染：三重県英虞湾の例

海域の水質の汚染例として，三重県英虞（あご）湾を紹介しよう．英虞湾は，真珠の養殖で有名であるが，1980年代より表層海水および底泥のCOD値が増加して汚れが目立ってきて（図19.2b），1998－2000年の底泥のCODが多くの場所で環境基準値の30 mg/gを超えてしまい（図19.2a），真珠の養

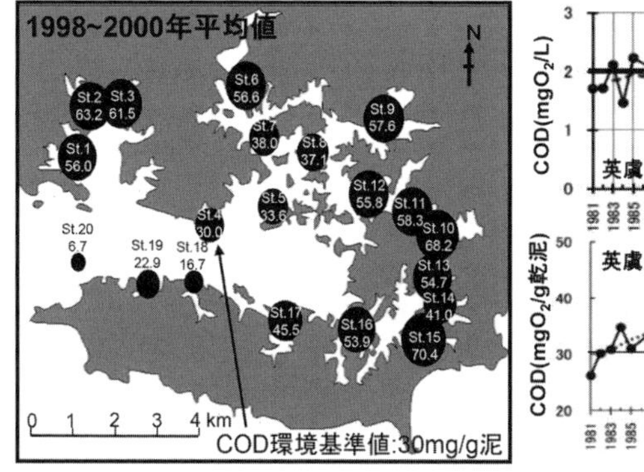

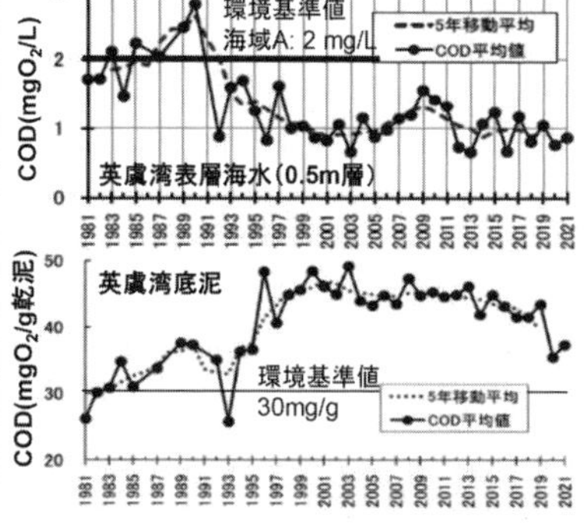

図19.2.　a) 三重県英虞湾底質（海底土）の1998－2000年の各地点での化学的酸素要求量COD（有機物による汚れの指標）(mg/g) の平均値の分布．円の大きさがCODの大きさに対応している．湾の外に近い3地点以外は皆環境基準値30 mg/g以上である．b) 英虞湾表層海水（上）および底泥（下）の化学的酸素要求量COD値の年変動（三重県水産研究所, 2021を改変）．

殖にも支障が出てきてしまった．著者らは，三重県産業支援センターからの依頼で，2004－2006年に，英虞湾底泥の汚染原因の解明を試みた（Nakaya et al., 2019）．

2004年7月に，英虞湾の中央部（タコノボリ），湾奥部（タテガミ）の2地点で海底土をサンプリングし，それぞれ深さ方向に3つに分け，深度0－3 cm，3－6 cm，6－9 cmの3試料とし，合計6試料の底泥から間隙水を抽出し，CODなどの測定を行った．得られた間隙水は褐色であり，腐植物質と呼ばれる不定形有機高分子があると推定された．3次元蛍光測定でも，310 nm励起で430 nm発光の蛍光が見られ，フミン酸様物質（腐植物質の1つ）の蛍光の特徴に近かった．

そこで紫外可視光吸収スペクトルを測定し，腐植物質の濃度の指標とされている254 nmの吸光度（UV_{254}）を求めた．それを全溶存炭素濃度TOC（Total Organic Carbon）で割って規格化した．また，この地域の堆積速度の文献値（百島ほか, 2008）を用いて海底土の深さを年代へ変換した．このようにして求めたUV_{254}/TOCと年代のタコノボリでのデータを図19.3aに示す．深さと共に，すなわち年代と共に，海底土間隙水中の腐植物質が増えたことがわかる．このデータは3点しかないが，1次反応だと仮定して指数関数で近似して，1次反応速度定数を求めた（詳細は第Ⅴ編36.2反応速度論を参照）．これを平均気温15±15 ℃として図19.3cに誤差バー付きでプロットしている．半増期は18±9.8年に相当する．

次に，有機物による汚れの指標とされる化学的酸素要求量CODを測定し，TOCで規格化したものを，年代に対して2カ所ともプロットすると，図19.3bのようになった．CODも深さすなわち年代と共に増加している．COD/TOCのデータも1次反応だと仮定して指数関数で近似し1次反応速度定数を求めると，UV_{254}よりも少し速く，半増期は4±1.6年にあたる（図19.3c）．

以上の結果から，英虞湾海底土間隙水中には腐植様物質が存在し，それがCODとも相関していることから，この腐植様物質ができたことが汚染の原因であるということがわかった．さらに，この腐植様物質すなわち汚染物質は，少なくとも2004年までの約20年間，時間と共に増加している途中であり，生成が続いていると考えられた．実際，英虞湾底泥の COD は，1981－2001 年の約 20 年間で増加している（図 19.2b）．

では，なぜ腐植様物質が時間と共にどんどん生成しているのだろうか？　英虞湾海底土間隙水の 3 次元蛍光測定では，腐植様物質以外に，アミノ酸もしくはタンパク質様物質も検出されたので，海底土に何か生物の遺骸か何かがあるのではないかと疑われた．

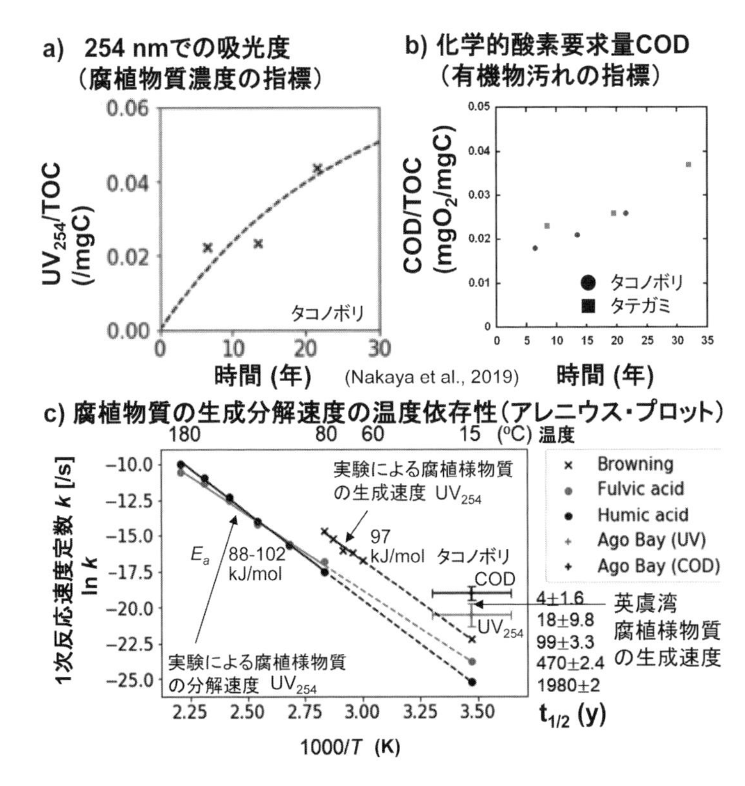

図 19.3.　三重県英虞湾海底土中の腐植物質．a）海底土間隙水中の 254 nm での吸光度（腐植物質濃度の指標）の深さによる変化を時間変化に換算した図，b）海底土間隙水の化学的酸素要求量 COD の時間変化，c）英虞湾海底土間隙水中腐植様物質の生成速度を a）および b）で見積もった範囲を誤差バーで，横には半増期または半減期（年）を示している．比較のため，実験による腐植様物質の生成速度および分解速度も示してある（Nakaya et al., 2019）．

そこで，英虞湾現地の関係者に色々聞いてみたところ，養殖アコヤガイから真珠を取り出した後の貝肉は，従来陸に運んで焼却処分していたが，1990年頃から作業負荷を減らすため，養殖場において高圧洗浄水で洗浄して，貝肉を海に捨てることになったとのこと．なんと，英虞湾海底土を汚していたのは，養殖業者が自ら海底に捨てたアコヤガイの貝肉だったのだ！

海底に積もった貝肉中のタンパク質またはアミノ酸のアミノ基と糖のカルボニル基によるメイラード反応（褐変反応）などによって，腐植様物質が生成し，海底土の汚染が進行していると考えられた．

では，腐植物質ができる反応の速さはどのくらいなのだろうか？　また，腐植物質の分解速度はどのくらいなのだろうか？　もし腐植物質の分解速度が生成速度よりも速ければ，腐植物質は自然環境に残りにくいが，分解速度が生成速度よりも遅ければ，腐植物質は自然環境に残存できることになる．しかし，文献を調べても，腐植物質の生成と分解の反応速度論的研究は見つからなかった．そこで，著者らは自分たちで実験をしてこれらのデータを得ることにした．

詳細は省略するが，アミノ酸グリシンと糖リボースの混合水溶液（それぞれ0.1 mol/L）を60－80 ℃で0－144時間加熱すると，溶液はだんだん褐色に変化し腐植物質が生成していった．そこで，腐植物質濃度の指標とされる254 nmでの吸光度の変化を用いて，腐植物質生成の1次反応速度定数を求め，図19.3c（Browning）にアレニウス・プロットした（Nakaya et al., 2019）.

一方で，腐植物質の標準物質2種（フミン酸とフルボ酸）の溶液を，テフロン容器内で80－180 ℃で0－600時間加熱して，やはり254 nmでの吸光度の変化を用いて，腐植物質減少の1次反応速度定数を求めた．得られた1次反応速度定数kの温度依存性を，図19.3cにアレニウス・プロットした（Nakaya et al., 2019）.

この模擬実験による腐植物質の生成速度と分解速度を比べてみると，直線の傾きすなわち活性化エネルギーE_aはいずれも100 kJ/mol程度で，生成速度の方が分解速度よりも速い（図19.3c）．従って，腐植物質は自然環境中に残る可能性がある．

一方，図19.3aなどから見積もった英虞湾海底土中の腐植様物質の生成速度は，誤差範囲が大きいが，半増期が約10年程度となっている（図19.3c）．実際の英虞湾海底土のCOD平均値の年変動（図19.2b）を見ると，1981－2001年の20年間で，約25から約45 mg/g程度に増えており，上記の見積もりに近い．

単純なアミノ酸と糖の実験からの低温側への外挿では，腐植物質の生成には100年以上かかると推定されるが，実際にはもっと速いということになる．今後は，より実際的なタンパク質や糖を用いた実験や，より多くの自然界での測定例が必要だが，このような研究を継続していけば，環境汚染物質生成速度を予測していくことができる．

英虞湾の表層海水のCOD値は，1980年代は増加傾向にあったが，1990年以降は減少に転じて，最近は1 mg/L前後のきれいな水となっている（図19.2b）．一方，底泥のCODの平均値は，1981年から2001年くらいまでは25から45 mg/gくらいまで増加したが，その後はほぼ同じ程度で，最近はやや減少傾向となっているものの，依然として環境基準値30 mg/gは超えている（図19.2b）．

著者らが2006年に，1981－2001年頃の底泥の汚れの増加の原因は，養殖場での高圧洗浄によってアコヤガイの貝肉を海底に落としたことにあるのではないかと報告した頃から，三重県水産研究所と真珠養殖関係者などが，貝掃除の際の洗浄廃水処理や，真珠採取後の貝肉の陸上処理に尽力された（渥美, 2019）ことで，上記のように，それ以降の底泥の汚れの進行が抑制されてきたと考えられる．

19.4. 地下水（＋土壌）の汚染

地下水の汚染は，しばしば土壌の汚染を伴うことが多いので，一部は土壌汚染も含んでいる．地下水を汚染する物質は，病原性微生物など（細菌，原虫，ウイルスなど），重金属類（カドミウム，鉛，クロム，水銀，ヒ素，セレン，フッ素，ホウ素など），揮発性有機化合物（Volatile Organic Compounds: VOC）（トルエン，ベンゼン，フロン類，テトラクロロエチレンなど），残留性有機汚染物質（農薬，ダイオキシンなど），油類（ガソリン，重油，ジェット燃料など），硝酸性窒素，パーソナルケア製品（Pharmaceuticals and Personal Care Products: PPCPs，処方薬，販売薬，動物用医薬品，化粧品，日焼け止め，芳香剤，診断用医薬品，機能強化食品など），放射性物質（トリチウム ^{3}H，ストロンチウム ^{90}Sr，セシウム ^{137}Cs，ヨウ素 ^{131}I，キセノン ^{133}Xe，ラドン ^{222}Rn など）など多種多様であり，発生源と汚染の経緯や状況も様々である（田瀬, 2012）．以下には，その中で，代表的なものだけ例示する．

19. 4. 1.　重金属（鉱山排水，カドミウム，水銀）

稼働中あるいは休廃止の鉱山からの排水などに，有害な重金属が含まれていることが，世界的に多く報告されている．

例えば，栃木県足尾町にあった足尾銅山は，主に銅を採掘していたが，1878 年頃から渡良瀬川のアユの大量死が発生し，1885 年には付近の木が枯れているとされ，1890 年頃からは稲の立ち枯れなど田畑への被害も見られるようになった．1973 年に足尾銅山が閉山し，1980 年代に精錬所操業が終わるまで，重金属を含む排水が流出したと考えられている．1972 年に住民などが最終的な訴えを起こし，1974 年に調停がされ，「足尾鉱毒事件」と呼ばれている．日本初の公害に関する事件とされる．

カドミウムは，合金，顔料，蓄電池などに利用されている重金属であるが，人間には毒性があり，嘔吐，めまい，腎不全，骨軟化などの症状が出る．それはカドミウム Cd^{2+} がカルシウム Ca^{2+} と同じ原子価(2+)と近いイオン半径を持つため，カルシウムリン酸塩とコラーゲンの複合体である骨中のカルシウムなどを置き換えてしまうからだと考えられる．

例としては，岐阜県神岡鉱山の閃亜鉛鉱(Zn, Fe)S の精錬過程で出た排水中に，閃亜鉛鉱中に含まれていた微量成分であるカドミウム Cd が溶出し，それが神通川に流出していた件が挙げられる，下流域の富山県富山市を中心に，1910－1970 年代に，農作業をし，カドミウムを含有する米などの農作物を食べていた中高年の女性を中心に被害が出て，骨軟化で体が痛いため，痛い痛いと泣き叫ぶことから「イタイイタイ病」と呼ばれるようになった．1968 年に日本政府によって公害病の第1号に認定された.

水銀は，体温計，蛍光灯，肥料，医薬品，農薬などに使用されるが，人間には，腎障害，知覚・運動・言語障害などを引き起こす.

熊本県水俣湾周辺の化学工場などから海や河川に排出されたメチル水銀化合物（有機水銀）に汚染された海産物を，周辺住民が長期間日常的に食べたことで水銀中毒が集団発生した. 1968年に日本政府によって公害病と認定され，「水俣病」と呼ばれている.

19.4.2. 有機塩素化合物（テトラクロロエチレンなど）

テトラクロロエチレン C_2Cl_4 は，様々な有機化合物（汚れ）をよく溶かすため，ドライクリーニング，化学繊維，金属，半導体の洗浄などに使用された有機塩素化合物の液体である. 人間にとっては，中枢神経を麻痺させ，めまい，頭痛，眠気，吐き気，言語障害，歩行困難，意識不明などの症状を起こす.

テトラクロロエチレンは，当初有害な物質ではないと考えられていたため，ドライクリーニングや工場の洗浄剤として広く使用され，廃棄の規制のない時代に，洗浄後地下に浸透してしまったと考えられる. その後，全国各地で，地下水を飲用していた住民などからの苦情で，地下水の汚染が判明していった.

例えば，神奈川県秦野市では，1989年に，東西約6 km，南北約4 kmの秦野盆地の扇状地一帯の地下水と湧水に，テトラクロロエチレンによる汚染が確認され，131社の事業所のうち45社で汚染が認められた. 汚染対策として，掘削除去や土壌ガス吸引を各事業所で行い，秦野市は揚水曝気法により浄化処理した水を下流の帯水層に戻した. 回収した汚染物質の総量は，17700 kgを超えた. 2012年1月には，テトラクロロエチレンの環境基準値0.01 mg/L以下を達成した（鈴木ほか, 2019）.

19.5. 上水と下水の処理

我々の日常生活に欠かせない水は上水道と下水道である. 特に上水道は，

河川などから取水した水から，これまでに述べてきた様々な汚れや化学物質などを取り除く処理を行って，水道水として供給している．そこで，まず上水道の浄水場での処理を概観しよう．

19. 5. 1. 浄水場での水処理

日本の浄水場で作られる水道水は，国が定めた水質基準項目の基準値に適合するように様々な処理をされ，きれいな水になっている．以下に，大阪府吹田市の浄水場で行われている水処理工程の例を紹介する（吹田市ホームページより：https://www.city.suita.osaka.jp/kurashi/1018513/1018539/1008862.html）（図 19.4a）．

まず河川からの水（ここでは淀川の表流水）を取水口から着水井に取り込む．ここに凝集剤を注入して，混和池で撹拌し，フロック形成池で，凝集体に汚れなどを吸着させる．汚れなどを吸着した凝集体を沈殿池で沈殿させ，沈殿物を排出する（排泥）．沈殿を取り除いた上澄み液は，オゾン接触池の底部からオゾンを含む空気の泡を分散させて水と反応させ，カビ臭などのにお

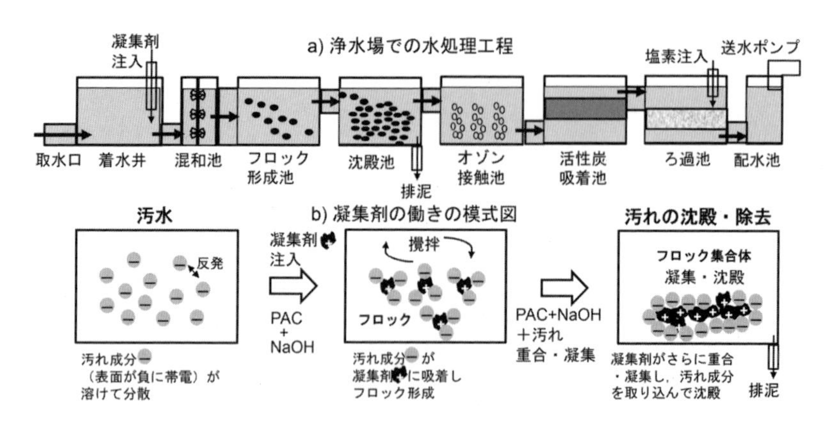

図 19.4. a) 浄水場での水処理工程（大阪府吹田市の例）と，b) 汚れを沈殿除去する凝集剤の働き．代表的な凝集剤であるポリ塩化アルミニウム(PAC) と NaOH を汚水に加え，汚れを吸着させ，重合・凝集が進んで汚れを含む凝集体（フロック）が沈殿し，除去される．

いや有色成分を酸化分解して取り除き，殺菌する．その後，活性炭吸着池で，粒状活性炭層に汚れなどを吸着させ，また活性炭層中の微生物による汚れ分解作用で，カビ臭などを取り除く．さらに，無煙炭＋砂＋砂利などからなる層でろ過し，微小混入物を取り除く．また，塩素（次亜塩素酸ナトリウムなど）を注入して殺菌する．こうして浄化された水を配水池からポンプで配水している（図19.4a）．

19.5.2. 水処理凝集剤の働き

水処理工程の最初の方で汚れを取り除くために使用している凝集剤について，少し解説する．最もよく使用されている凝集剤の1つに，ポリ塩化アルミニウム（Poly Aluminium Chloride: PAC）がある．PACは，Alの水酸化物に塩化物イオンが加わった重合物で，表面が正に帯電しているものが多いとされている．このPACを水に加えると，水中に懸濁している汚れ粒子のうち，負に帯電しているものを吸着して表面が中和され，お互いに反発しなくなる（図19.4b）．このPACにNaOHを加えると，Al水酸化物の重合が進み，より複雑な高分子に成長していくと考えられている．そのため，表面が中和され高分子化したPACがどんどん汚れをつかまえながら凝集していく．このようにしてできた凝集体をフロックと呼ぶ．

しかし，このようなPAC凝集体がどのような化学構造で，どのようにしてできていくのか，そしてどのような汚れがどのように取り込まれているのかは，複雑でよくわかっていない．そこで，著者らはまず，PACにNaOHを加えた水溶液を赤外分光法で解析して，凝集体の重合構造のモデルを作成した（中嶋ほか, 2023）（図19.5）．

詳細は省くが，塩基度と呼ばれるAlに対するOHの数の比率の異なる3つのPAC溶液（$AlCl_3$，B50，B70）にNaOHを加えて塩基度を増加させた水溶液の赤外スペクトルを測定し，Al-O-Hによる1170, 1070, 990, 940 cm^{-1}の吸収ピーク4つが，それぞれAl-O-Alという酸素架橋数nのQ^n種としてQ^6，Q^5，Q^4，Q^3という重合種に対応していると考えた（図19.5a, b）．そして，ピーク高さ比990/940, 1070/940, 1170/940 cm^{-1}の塩基度の増加に対する増加，すなわち重合度増加を，Q^6，Q^5，Q^4，Q^3 の数の比で再現してみた．図 19.5c のように，x, y, z 方向に 5, 3, 4 個 Al が O を介してつながった 5×3×4 と表示する重合体 Al_{60} を出発単位として，これが y, x, z 方向に 1, 2, 3, 4 個連結した重合体において（図 19.5e, f, g），Q^6，Q^5，Q^4，Q^3 の数の比から，ピーク高さ比 990/940, 1070/940, 1170/940 cm^{-1} の連結による増加を調べたところ，3 つの PAC 溶液（$AlCl_3$，B50，B70）の赤外分光測定結果をよく再現した．従って，図 19.4b の PAC のような凝集剤の NaOH 添加による重合過程は，図 19.5 のような酸素架橋 Q^n 種の連結過程で理解できる可能性がある．

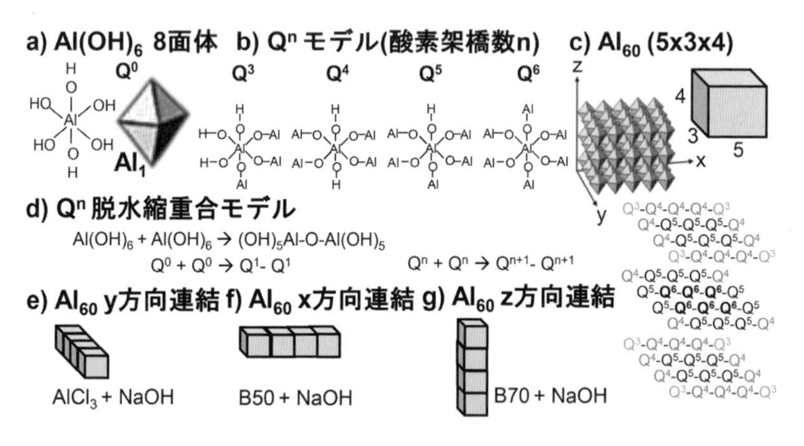

図 19.5.　代表的な水処理凝集剤ポリ塩化アルミニウム(PAC) の重合構造モデル．a) $Al(OH)_6$ の 8 面体，b) 酸素架橋種 Q^3，Q^4，Q^5，Q^6 の構造，c) 重合基本単位 Al_{60}（5×3×4）と酸素架橋種 Q^n の配列，d) Q^n 脱水縮重合モデル，e) Al_{60} の y 方向 4 連結，f) Al_{60} の x 方向 4 連結，g) Al_{60} の z 方向 4 連結．

これは，複雑多岐にわたる凝集剤が汚れを取り込んでフロックと呼ばれる凝集体へ重合していく過程のより具体的な理解につながると期待され，このようなモデルに基づいて，どのような汚れがどのように取り込まれているかを，今後研究していくべきである．

19.5.3. 下水場での水処理

家庭や工場などから出る下水は，下水道で下水処理場に送られ，図19.6のような処理をして，河川などへ放流される．まず，沈殿池で固体粒子などを沈殿させて除去し，好気性微生物を含む活性汚泥を用いて，空気を注入して活性化させて，有機物を分解除去する．最後に消毒剤を注入して，消毒，滅菌して，河川などへ放流する．処理水中に窒素やリンが多い場合は，これらを除去する高度処理が加えられる．

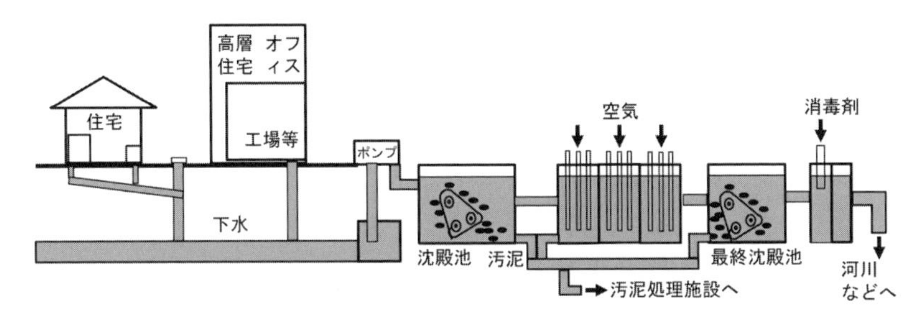

図19.6.　下水処理場での水処理工程（大阪府吹田市の例）．

第20章　土壌・岩石圏の汚染

我々の足元にある地中すなわち土壌と岩石圏にも，様々な環境汚染が広がっている．これらは第18, 19章で述べた大気や水の汚染に伴っていることが多い．以下には，土壌・岩石圏の汚染について，その代表的な例として，主に各種廃棄物処理問題に伴ったものを紹介する．

20. 1.　農地の残留農薬とダイオキシン類：九州水田土壌の例

現代農業では，数十年前から，作業の効率と生産性の向上のため，農薬を使用してきたが，それらが土壌中に残留している．2000年の九州水田土壌のダイオキシン分析例（その濃度は最も有毒な2,3,7,8-TCDDの毒性に換算した当量濃度TEQで表される）では，表土から30 cmまでの平均当量TEQ濃度が53 pgTEQ/g，深度90 cmで0.22 pgTEQ/gであり，環境基準値1000 pgTEQ/g以下ではあるが，様々なダイオキシン類が検出された（森泉ほか, 2002）（図20.1）．この水田では1970－80年代に除草剤クロルニトロフェンCNPが使用されており，その不純物として，ダイオキシン類の一種1,3,6,8-TCDDが含まれていた可能性がある．しかしながら，この水田土壌では，それ以外にも多くのダイオキシン類が検出された．

日本の水田土壌は，表土は微生物の働きで還元的で，鉄とマンガンが還元されてFe^{2+}, Mn^{2+}となって溶出し下部へ浸透し，地下15－20 cm程度の酸化的なところで酸化物，水酸化物（MnO_2, $Fe(OH)_3$）となって沈殿する（図20.1）．この鉄集積層には，塩素数の多いダイオキシン類（ポリ塩化ジベンゾダイオキシンPCDD）が多く，最も有毒な塩素数が4個の2,3,7,8-TCDDよりは毒性は低いが，塩素数が5個の1,2,3,7,8-P_5CDD，塩素数が7個の1,2,3,4,6,7,8-H_7CDD，塩素数が8個の1,2,3,4,5,6,7,8-O_8CDDなどが検出されている．これらは，残留農薬の不純物としては確認されておらず，起源が不明である（森泉ほか, 2002）（図20.1）．

ダイオキシン類がどのような化合物とどのように反応するのか詳細はわかっ

ていないが，1つの可能性として，鉄，マンガンなどを触媒として，20－30年の間に，ダイオキシン類が構造変化や塩素置換などを起こした可能性があるのではないかと推察される．後に述べる自然環境中での有機無機相互作用でダイオキシン類が形を変える可能性があるということである（図20.1）．

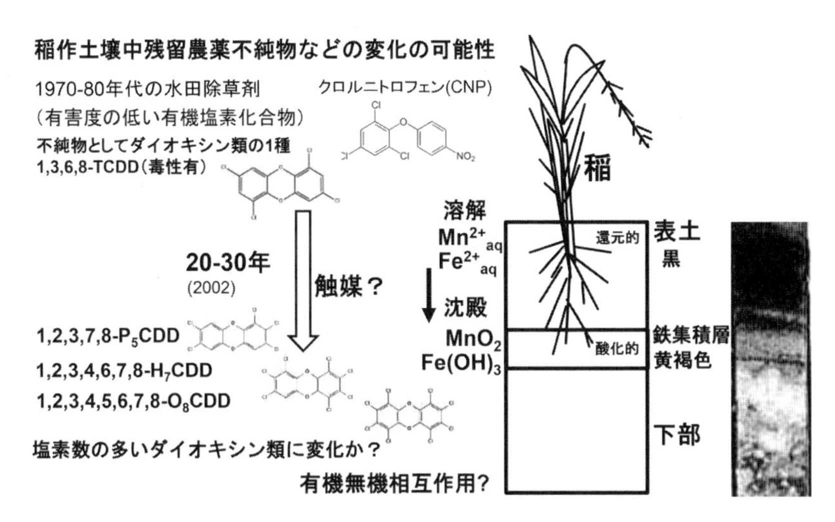

図20.1.　九州稲作（水田）土壌中の有機塩素化合物（ダイオキシン類）の分析結果（森泉ほか，2002）．1970－80年代に使用した除草剤CNPの不純物として含まれていたダイオキシン類が，より塩素数の多いものに変化している．鉄集積層の鉄水酸化物，マンガン酸化物等が触媒となって，ダイオキシン類の構造変化，塩素置換などが起きた（有機無機相互作用）可能性がある．

20.2.　一般ごみの分別と焼却処理：大阪府吹田市の例

一般家庭から出るごみは，各地方自治体それぞれの分別方法に基づいて分別されて収集され，ごみ処理場に集められ，焼却処理などがされ，残った焼却灰や不燃物などは最終処分場に埋立処分される（図20.2）．

ここでは，大阪府吹田市のごみの分別と焼却処理の例で解説する．吹田市のごみは，①燃焼ごみ，資源ごみ（②新聞，③雑誌類，④段ボール，⑤古布類，⑥かん，⑦びん，⑧牛乳パック，⑨ペットボトル），⑩大型複雑ごみ，⑪小型複雑ごみ，⑫有害危険ごみ，の12種に分別して収集されている．資源ご

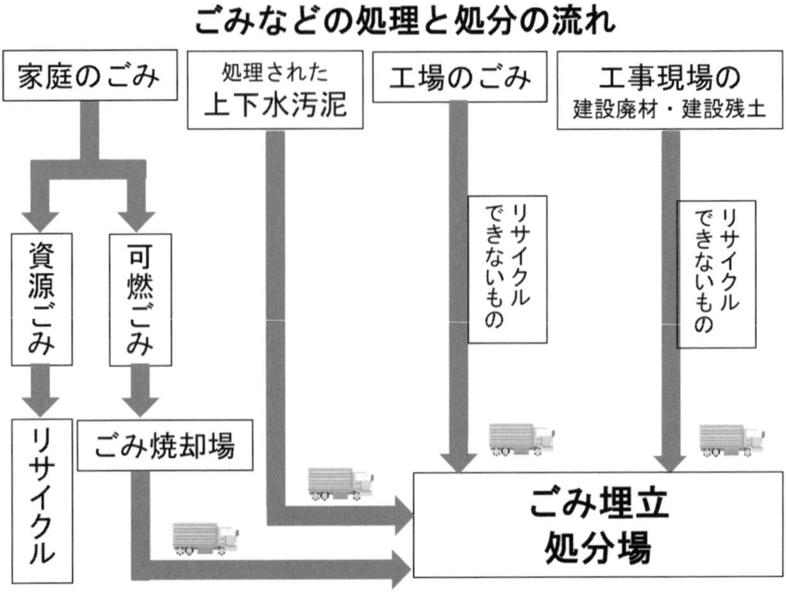

ごみなどの処理と処分の流れ

家庭のごみ
処理された上下水汚泥
工場のごみ
工事現場の建設廃材・建設残土
資源ごみ
可燃ごみ
リサイクルできないもの
リサイクルできないもの
リサイクル
ごみ焼却場
ごみ埋立処分場

図 20.2.　日本におけるごみなどの処理と処分の流れの模式図.

みなどは，その後それぞれをリサイクルするしくみに回される．大型，小型複雑ごみ，および有害危険ごみは，その後それぞれの処理過程を経て，最終的には，ごみ処分場に埋め立てられる．燃焼ごみは，ごみ焼却施設で焼却されるが，燃焼灰などはごみ処分場に埋め立てられる．ごみ処分場については後述するが，近畿 2 府 4 県（大阪，京都，兵庫，滋賀，奈良，和歌山）のごみは，大阪湾最終処分場に埋め立てられる（図 20.2）．

ごみの分別方式，ごみの焼却施設の詳細，ごみ処分場の詳細などは，地方自治体ごとに異なっており，統一されていないのが現状である．これらの日本全体あるいは世界レベルでの合理的な標準化などが望まれる．

20. 3.　一般ごみ焼却処理によるダイオキシン汚染：大阪府豊能郡の例

大阪府の一番北端にある豊能郡の豊能町と能勢町が共同で設立した豊能郡

美化センターは，1988年から1日あたり約50トンのごみ焼却を行っていたが，1997年に排出ガスのダイオキシン濃度が環境基準値（1000 pgTEQ/g）を大幅に超過していることが発覚したため，運転を休止した．その後の調査で，周囲の土壌が高濃度（最大8500 pgTEQ/g）のダイオキシンに汚染されていることがわかり，国内最大のダイオキシン汚染被害に発展した．その後の調査結果では，ごみ焼却施設屋上の冷却塔から飛散した霧状の水蒸気や水滴が原因であり，汚染された冷却水を循環するうちにダイオキシンが濃縮されたと考えられた（Takeda and Takaoka, 2013）．

1999年には汚染された焼却炉の解体が開始され，汚染物はドラム缶4659本に及び，一部は処理されたが，一部が未処理で残ったままとなっている．また周辺土壌の汚染除去も行われたが，2006年の時点では約3%がまだ残存しているとされた（Takeda and Takaoka, 2013）．

ダイオキシン類は，ごみ焼却過程で，塩素を含むプラスチックや食品トレイなどの800 ℃以下の温度での燃焼によって生成すると考えられている．日本全体で，ごみ焼却施設などから大気へ排出されたダイオキシン類の濃度は，1997年には8000 gTEQ/年であったが，その後の焼却施設の改良などによって，2008年には219 gTEQ/年まで減少した（Takeda and Takaoka, 2013）．ごみを800 ℃以上で完全燃焼させ，生成したダイオキシン類を活性炭で吸着し，フィルターでろ過してから大気へ放出し，処理した固化物は管理型最終処分場に埋立処分するなどの対策が講じられている．

20.4. 一般ごみの処分：ごみ処分場

20.2で述べた地方自治体ごとのごみ処理方法に従って，焼却処理などの後に残った焼却灰や不燃物などは，ごみ最終処分場に埋設処分されることになる．以下には，北海道札幌市，東京都，大阪府の最終処分場の例を紹介する．

20.4.1. 北海道札幌市の例

北海道札幌市は，1998年時点で，札幌市をとりかこむグリーンベルトと呼ばれる周辺地域の8つのごみ処分場に，焼却処理などの後に残った焼却灰や不燃物などを埋設処分する計画であった．著者は北海道大学に勤務していた際に，研究室の学生と共に，山本処分場を見学させていただいた．この山本処分場のごみ処分場の構造の模式図を図 20.3 に示す．

土えん堤という土壁を 3 層に盛り土して，その内側に，ごみの層を厚さ 1.5 m で埋めていく，覆土した後，さらに厚さ 1.5 m のごみ層を埋めていく．このごみ層を 6 層まで埋めていき，合計約 9 m のごみの地層を形成する（図 20.3）．ごみ層の最下部には，遮水シートが保護砂と共に敷いてあり，上部から雨水などが浸透してごみから溶出したものを含む汚水を集水槽へ集め，汚水処理場へポンプで送る．また，ごみ層からは様々なガスが発生するので，それらを上へ逃がすガス抜き管が設置されている（図 20.3）．

1998 年当時は，本来焼却灰などのみのはずの部分に可燃ごみも多く混じった分別の悪いごみ層であり，厚さ 1.5 m のごみ層 1 層分は，約 1 年で一杯になり，山本処分場全体は，あと 13 年で一杯になると説明された．また，見学時は 3 月で外気温 2.1 ℃のとき，ごみ層下の汚水の温度は 19.6 ℃，pH = 6.86 であった．つまりごみ層内では発熱反応が起きていると推察された．

札幌市ホームページに公開されている資料によると，2022 年度に山本処分場に埋め立てられた家庭ごみは 6619 トン，事業ごみは 385 トン，焼却灰およ

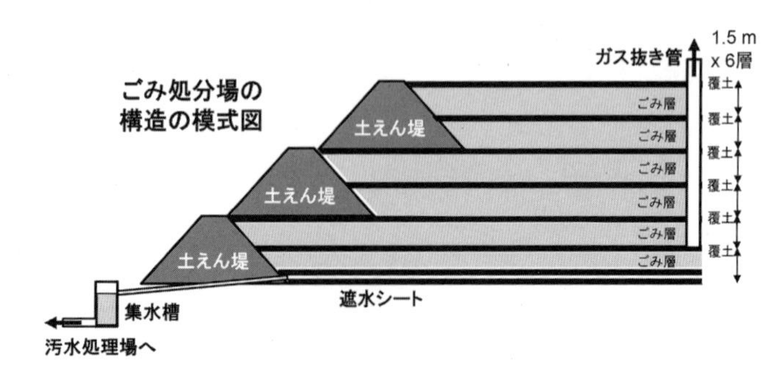

図 20.3.　ごみ最終埋設処分場の構造例（北海道札幌市山本処分場の模式断面図）．土えん堤 3 段の内側に，厚さ 1.5 m のごみ層を 6 層積み上げ，ガス抜き管を設置して発生したガスを抜き，下部に置いた遮水シートから集めた汚水を汚水処理場へポンプで送る．

び不燃残さは26257トンで，合計33262トンである．山本処分場の埋立容量は1.23×10^7 m^{2}であるが，2022年度末時点での埋立済容量は1.01×10^7 m^{2}であり，残余容量2.24×10^6 m^{2}となっている．

札幌市ホームページによると，札幌市全体の家庭ごみと事業ごみの排出量は，2013年度に，それぞれ21.7万トン，40.7万トン，合計62.4万トンだったが，2022年度は，それぞれ18.9万トン，38.1万トン，合計57.0万トンへと減ってきており，著者が1998年に見学に行ったときに比べると，ごみの減量，分別など様々な対策が進んで，ごみの処分量が減少し，最終処分場の寿命ものびてきたようである．しかしながら，ごみ処分場の容量は有限であり，さらなる努力が必要である．

20. 4. 2.　東京都の例

著者は東京大学に勤務していた1994年に，東京都中央防波堤処分場（東京湾羽田空港北）を見学させていただいた．東京23区の家庭から出るごみの最終処分場である．処分場の概略は，20.4.1で述べた札幌市山本処分場と同様である（図20.3）が，東京都のホームページによると，現在のごみ1層は3 mの厚さで，積み上げ方は少し異なるようである．このときの案内の方に，ごみ層の下部の温度（おそらく汚水の温度）を質問したところ，約50 ℃と説明された．

10年後の2004年，東京工業大学に勤務していた際に，再度見学に行った．同じ案内の方だったので，ごみ層の下部の温度を質問したところ，約70 ℃と説明された．1994年ですでに高温だったが，2004年にはさらに20 ℃も上昇したことになる．これらの正式記録は見つけられなかったが，もしこれらの温度が本当であれば，1998年の札幌市山本処分場同様，ごみ層内では発熱反応が起きていると推察された．実際，ごみ層内でのメタンガスの発生は確認されている．有害な化学物質などが生成される可能性もあるのではないかと懸念される．

東京都のホームページによると，東京23区の中央防波堤処分場とその南側の新海面処分場に埋め立てられたごみの量は，1989年に約300万トンだったが，年々減少して，2022年は約30万トンになっている．著者が見学した中央防波堤外側埋立処分場では，1977年から2021年までの45年間に約5526万トンのごみを埋め立てたとされている．

20.4.3.　近畿2府4県（大阪湾）の例

約2000万人が住む近畿2府4県（大阪，京都，兵庫，滋賀，奈良，和歌山）から排出されるごみは，大阪湾フェニックス計画の中で大阪湾にある4つの最終処分場（神戸沖，尼崎沖，大阪沖，泉大津沖）に埋め立てられている（図20.4b）．処分場の概略は，図20.3同様である．このうち，尼崎沖および泉大津沖処分場はすでに埋立処分が終了しており，埋立地上に太陽光発電施設，港湾施設，中古車展示場，緑地などが作られ，利用されている．

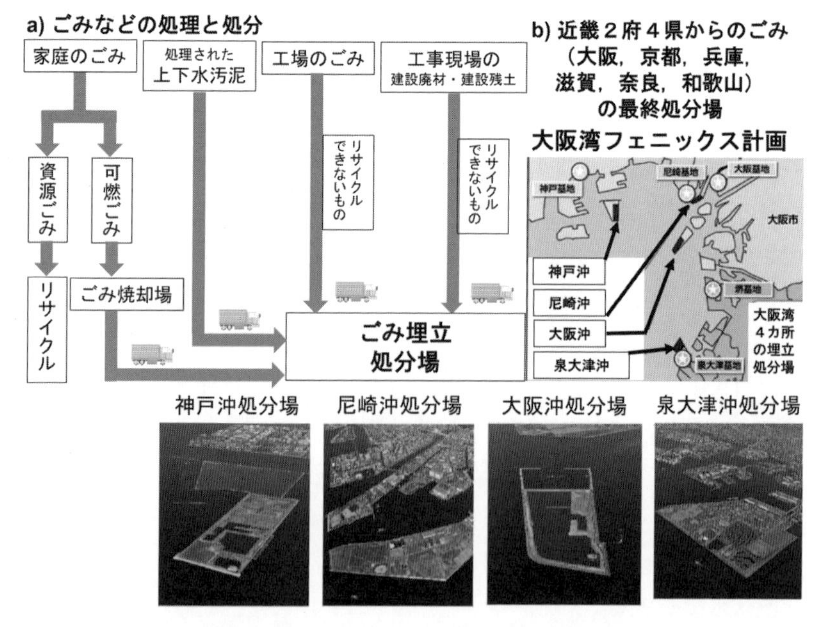

図20.4.　a）ごみの処理と処分の流れ，b）近畿2府4県（大阪，京都，兵庫，滋賀，奈良，和歌山）から排出されるごみの4つの最終処分場（大阪湾神戸沖，尼崎沖，大阪沖，泉大津沖）（大阪湾フェニックス計画資料による）．

大阪沖処分場は，東西約1500 m，南北約700 mの95 ha（ヘクタール）の区画に，一般廃棄物590万m^3＋産業廃棄物（安定型＋管理型）530万m^3＋陸上残土280万m^3 = 合計1400万m^3のごみ埋立容量があるとされ（図20.4b），2009年10月から受入れが開始されている．著者は大阪大学に勤務していた2016年に，研究室の学生有志と大阪沖処分場を見学させていただいた．札幌処分場，東京都中央防波堤処分場に比べて，整然とした処分場で，においもせず煙も出ていず，船からごみを積んだトラックがおりてきては，ごみを置いていく様子を観察できた．案内の方に，ごみ層の地下の温度を聞いたところ，すでに処分し終わった泉大津処分場地下の温度データがあったそうで，外気温とほぼ同じだということだった．従って，ここではごみ層中の化学反応のリスクは低いかもしれない．札幌市，東京都に比べて，よりごみの分別，減量やリサイクルなどの技術が進んだこともあるが，近畿2府4県が交代で管理業務を担っているとのことで，管理・監視体制がしっかりしているとの印象を受けた．

20. 5.　産業廃棄物の処理・処分

事業体，工場，建設・解体現場などから出る産業廃棄物のうち，安定型産業廃棄物と陸上残土は，上記の一般ごみや上水汚泥と同様に，最終処分場の安定型区域で埋設処分される．一方，有害なものも含まれる管理型産業廃棄物と管理を要する陸上残土は，事前審査の後，下水汚泥と共に，管理型区域に埋設処分される（図20.4a）．排水は，下水処理と同様に，生物処理，凝集沈殿処理，滅菌処理などを行った後，放流されている．

20. 6.　放射性廃棄物の処理・処分

原子力発電では，原料であるウラン鉱石中のウランUは殆ど^{238}Uで，^{235}Uは0.7%しかないので，まず^{235}Uを4%程度まで濃縮し，^{235}Uが中性子を捕獲して核分裂する反応をゆっくり起こさせ，その際に発生する熱で水を沸騰させ，その蒸気でタービンを回して発電する．

ウラン燃料は3－4年使用できるが，原子力発電後には，放射性物質を多数

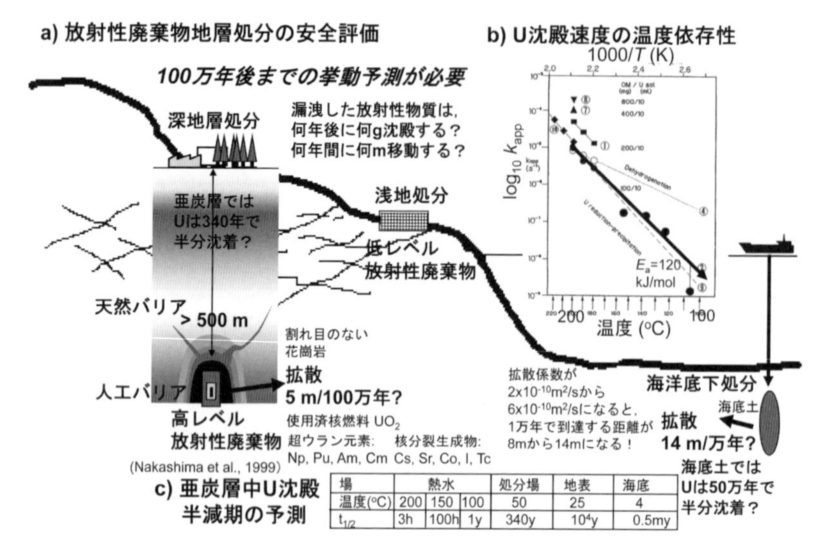

場	熱水			処分場	地表	海底
温度(°C)	200	150	100	50	25	4
$t_{1/2}$	3h	100h	1y	340y	10^4y	0.5my

図 20.5.　a）放射性廃棄物地層処分の安全評価の模式図と拡散距離・ウラン（U）沈殿半減期の予測，b）U 沈殿速度の温度依存性（アレニウス・プロット），c） b）のデータを用いた U 沈殿半減期の予測（Nakashima et al., 1999）.

含んだ使用済核燃料ができる．日本では，この使用済核燃料を化学的に処理して，燃え残りのウランと新たにできたプルトニウムを取り出し，混合酸化物燃料（MOX 燃料）として再利用する方針である．これらを取り出した後の廃液を，ガラス材料と共に融かし合わせてガラス固化体の形にしたものが高レベル放射性廃棄物である．

このガラス固化体 1 本は，直径約 40 cm，高さ約 1.3 m（容量約 140 L），重さ約 500 kg（0.5 t）で，放射性壊変のために発熱して 200 ℃以上の高温であり，貯蔵管理施設（青森県六ケ所村）で 100 ℃くらいになるまで 50 年程度保管することになっている．日本ではすでに 2020 年 3 月時点で約 2500 本のガラス固化体を貯蔵管理中であり，原子力発電所などで保管されている使用済核燃料 19000 t をすべて再処理してガラス固化体とすると，合計約 26000 本ができるとされる（原子力発電環境整備機構 NUMO のホームページにある資料による）.

この高レベル放射性廃棄物ガラス固化体の中には，ウランよりも原子量の小さい核分裂生成物として，セシウム137(^{137}Cs)(半減期約30年)，ストロンチウム90(^{90}Sr)（半減期約29年)，テクネチウム99(^{99}Tc)（半減期約21万年）などが含まれている．また，ウランよりも原子量の大きいアメリシウム243(^{243}Am)（半減期約7400年)，ネプツニウム237(^{237}Np)（半減期約214万年）などが含まれている．ガラス固化体の放射能は，まず半減期の短い核種が減衰し，1000年後には製造直後の約1/3000に，1万年後には約1/10000に，10万年後には約1/30000になり，その後は半減期の長い核種の放射能が大部分となり，ゆっくりと減衰する．それらの放射能が自然放射能レベルまで減衰するには，数十万～百万年くらいの長期間が必要である．

そこで，このような高い放射能を長期間持つ核のごみである高レベル放射性廃棄物をどこにどのように処分したら良いかというのが世界的な課題となっている．1）宇宙処分という核廃棄物を宇宙に打ち出すという案が検討されたが，まだ人類はロケットなどを宇宙に安全に打ち上げる技術を確立できていないので，宇宙処分は無理とされている．2）南極などの氷床に置けば，核廃棄物の発する熱によって氷の中を沈んでいき，下の岩盤の上まで沈んでくれることを期待する氷床処分が検討されたが，氷床の特性などの解明が不十分で，将来人類は南極などの地層中から資源を採掘する可能性があるため採用されず，南極条約で禁止となった．3）長期間安定な深海底下に処分する海洋底下処分は，ロンドン条約により放射性物質の海洋投棄が世界的に禁止されているため無理とされた．4）そこで，多くの国では，深い地層の中に処分する深地層処分（図20.5a）が実現可能な方法とされており，フィンランドやスウェーデンなどは，すでに使用済核燃料をそのまま処分する候補地を選定している（それぞれオルキルオト，フォルスマルク)．しかし，5）人類による長期管理をする方法もある．

20.7. 高レベル放射性廃棄物処分の安全評価（未来予測）

著者は，日本原子力研究所に勤めていた頃に，最初は経済協力開発機構(OECD)の国際プロジェクトで海洋底下処分の安全評価を行っていた．中央海嶺からも沈み込み帯からも遠い安定な海洋底の水平な場所では，海底下の地下水の流れが小さいと期待され，放射性核種の漏洩は，36.1 で説明する圧力勾配による移流ではなく，濃度勾配による拡散によって主に起こると期待される．

そこで，著者らは 36.1.2 で解説する土中の放射性核種の拡散係数 D を用いて時間 t における拡散距離　$x = 2\sqrt{Dt}$ を計算した．拡散係数を粘土中の 2×10^{-10} m^2/s とすると，1 万年で到達する距離が 8 m となるが，もう少し粗い粒子のシルト質の海底土であれば 6×10^{-10} m^2/s となり，1 万年で到達する距離が 14 m となる（図 20.5）．

当時，海洋底下処分では，核廃棄物はロケットのような入れ物に入れて，船から海底下へ落下させることを検討しており，海底下 10 m 程度までもぐってくれることを期待していた．上記の予測で，1 万年での拡散到達距離が 8 m か 14 m かの違いは，海底土中にとどまるか，それとも海水へ出てしまうかという大きな差となってしまう．精密な拡散係数の予測が重要であることがわかるだろう（図 20.5）．

前述のように，世界各国では深地層処分が実現可能な方法とされているが，その場合は，主に岩石でできている地層中を放射性核種が拡散で移動する場合に，何年で何 m 拡散するかの予測が必要である．もし，割れ目がなく間隙率が 1% 程度と小さい花崗岩質岩石中に，放射性廃棄物を埋設する場合，著者らの研究に基づくと，有効拡散係数は 1×10^{-11} m^2/s 程度となり，100 万年で到達する距離が 5 m となる（図 20.5a）．

著者らはまた，使用済核燃料中に一番多いウランが，亜炭などの炭質物を含む地層に拡散あるいは移流によって運搬されてきた場合，どのくらいの時間で沈殿するかを，36.2 で解説する反応速度論で予測してみた（Nakashima et al, 1999）．220 − 100 ℃の温度範囲で実験を行って，みかけの 1 次反応速度定数 k_{app} を測定し，その温度依存性をアレニウス・プロットすると図 20.5b のようになった．この図中の直線の傾きが活性化エネルギー E_a に対応し．ここでは E_a = 120 kJ/mol である．そこで，これを 100 ℃より低温側へ外挿して，1 次反応速度定数 k_{app} から半減期 $t_{1/2} = 0.693 / k_{app}$ を算出して，図 20.5c

に示した．

ウランの沈殿半減期 $t_{1/2}$ は，200 ℃で3時間と速いが，150 ℃で100時間，100℃で1年となる．世界の主要なウラン鉱山の中には，亜炭層中にあるものが多く，その生成温度は200－100 ℃のいわゆる熱水環境とされるものが多い．このような条件ではウラン鉱石 UO_2 の沈殿はかなり速いので，ウラン鉱石が多く生成し，採掘しても採算が取れる鉱山となると考えられる（図20.5c）．

しかし，深地層中に使用済核燃料が処分される場合，例えば地下深部で温度が50 ℃の亜炭などの炭質物を含む地層にウランが漏洩してきた場合，その沈殿半減期 $t_{1/2}$ は340年となる．さらに，地表近くの25℃の炭質層まで漏れ出してきたとすると，その沈殿半減期 $t_{1/2}$ は1万年となる．もし還元的な有機物を含む4℃の海底土中であれば，50万年かかることになる（図20.5c）．

放射性廃棄物処分の安全評価には，このような100万年後くらいまでの放射性核種の移流，拡散による広がりや吸着沈殿反応等の精密な長期予測（図20.5）が必要であり，あらゆる条件を想定した定量的な数値を実験的に得る必要があるが，まだまだ不足しており，精密な予測評価は極めて困難である．

割れ目がなく地下水の流れがなく，拡散だけで放射性核種が広がる状況のあるような安定な地層がある国では，放射性廃棄物の地層処分は可能かもしれないが，地震や火山といった地殻変動の多い日本では難しいのではないかと懸念される．著者は，日本では，原子力発電所の敷地内に放射線防護対策をして放射性廃棄物を管理し続けるべきではないかと考えている．

20. 8.　土壌・岩石圏汚染の今後

これまで述べてきた土壌・岩石圏の汚染は，大気や水の汚染とも関係しており，個々の事例それぞれの定量評価はもちろん必要であるが，それらを全体として評価し，また今後の予測をする必要がある（図20.6）．特に，人類活動によって人工的に自然環境中に排出された様々な汚染物質が，今後どこにどれくらい広がり，またどのような物質に変わるかを予測する必要がある．

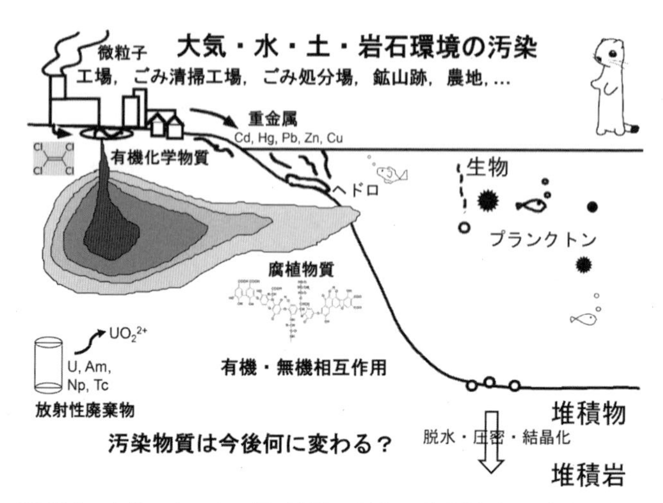

図 20.6.　大気・水・土・岩石環境の汚染の模式断面図．右上に心配そうに見ているオコジョをおいた．

第21章　都市環境（インフラ）の劣化

これまで述べてきた自然環境に加えて，我々の多くが暮らしている都市環境についても，その劣化を評価しなければならない．都市環境は，1戸建住宅，アパートやマンションなどの集合住宅，公園，道路，橋，鉄道，駅，空港，港湾，海岸，河川，上下水道，ごみ処理施設，ごみ処分場など，様々なものから成り立っている．このような都市環境の施設を総称して，インフラストラクチャー（Infrastructure）と呼び，インフラと略称されている．日本語では，社会資本，社会基盤，基盤施設などの訳語も使われている（香坂，2007）．

これらのインフラの中で，いわゆる建設されている構造物の殆どは，コンクリートと鉄筋でできている．鉄筋コンクリート建築物の多くは，耐用年数約50年と言われており，ビルなどは約50年で解体され，建て替えられるものが多い．

しかしながら，インフラの老朽化が現在加速度的に進行しており，特に，高度経済成長期以降に整備された道路，橋，トンネル，河川，下水道，港湾などについて，建設後50年以上経過する施設の割合が急速に高くなってきている．2020年3月時点では，道路・橋は約30%，トンネルは約22%，河川管理施設は約10%，下水道管は約5%，港湾施設は約21%が，建設後50年以上経過しており，約20年後の2040年3月には，その割合は，道路・橋は約75%，トンネルは約53%，河川管理施設は約38%，下水道管は約35%，港湾施設は約66%と大幅に増える（国土交通省のホームページによる）．

施設の機能や性能に不具合が生じ，緊急または早期に修繕などの措置を行うべき施設が，すでに膨大な数と費用になっている．国土交通省は，これらの施設の機能や性能に不具合が生じてから対策を行う「事後保全」から，不具合が発生する前に対策を行う「予防保全」へ転換し，維持管理・更新費の縮減を図るべきだとしている．

そこで，インフラの劣化を早期に検出し，また劣化速度を予測し，早めに修繕や補修をすることが必要で，インフラの劣化検出技術および劣化予測技術の開発・高度化が求められている．

以下には，インフラの中心的な物質であるコンクリートの劣化に関する著者らの研究を紹介する．

21.1. コンクリートの自然環境での劣化

現代文明の構造物の多くはコンクリートでできている．コンクリートの起源は古代ローマ帝国にさかのぼるようである．石灰石や，粘土，石膏などを混ぜて焼成したポルトランドセメントに水を加えて練ったセメントペースト，それに5 mm以下の細かい砕石（細骨材という）と水を加えたモルタル，それに5 mm以上の粗い砕石（粗骨材という）と水を加えたものが，現代のコンクリートである（岩瀬・岩瀬, 2010）（図21.1）．耐用年数は50年くらいと言われる．

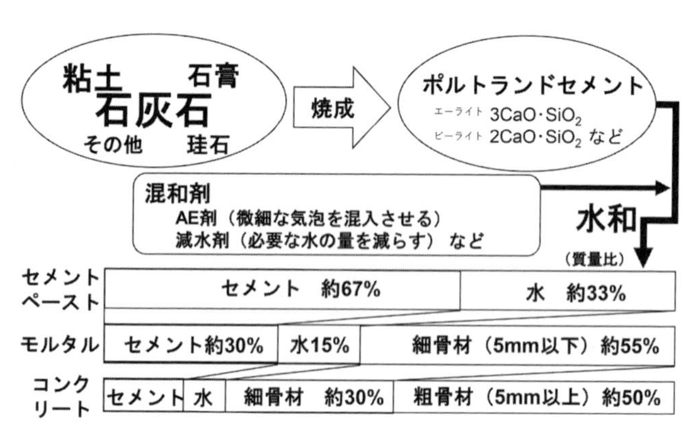

図21.1. セメント，モルタル，コンクリートの構成物質．

このコンクリートの中に鉄筋を加えて強度を増した鉄筋コンクリートが，現代のインフラストラクチャー（構造物）を支えている．しかし繰り返しになるが，その耐用年数が50年くらいのため，鉄筋コンクリートでできたビルなどは，50年程度で取り壊されて多量のがれき（産業廃棄物）を生む．高度成長期に次々に作られた橋や道路などが，今後どんどん耐用年数を迎えていくため，より効率的な検査と補修が必要である．

コンクリートの施工や養生に関する文献などは多くあるが，コンクリートの自然環境中での劣化に関する文献は驚くほど少ない．コンクリートは，その原料は岩石であり，人工岩石というべきものである．そこで，自然環境でのコンクリートの劣化の評価と予測が必要である．

以下に，著者らのコンクリートの自然劣化の解析結果を紹介する（田端，2020）．解析に使用したコンクリート・ブロックは，大阪府八尾市の民家の屋外および軒下，すなわち風雨にさらされる場所に置かれていたものである．しかも当該ブロック購入時のレシートが保管されていて，1970, 2002, 2010, 2019 年の 4 つの時期のものがあることがわかり，経年劣化の比較を行うことができた（図 21.2a）．

4 つのコンクリート・ブロックから 10 mm 角程度の試料片を取り，表面を研磨して平らにした後，走査型電子顕微鏡に蛍光 X 線分析法を組み合わせた SEM-EDS 法を用いて，化学組成を半定量分析した（図 21.2b）．その測定結果を，Si に対する原子比（モル比）として規格化して調べたところ，セメント原料部分においても，セメント水和物部分においても，Ca/Si 比が材齢（経過年数）に対してほぼ直線的に減少していることがわかった（図 21.2b）．

セメント原料部分の主成分は，エーライト（C_3S: $3CaO \cdot SiO_2$）やビーライト（C_2S: $2CaO \cdot SiO_2$）などのカルシウムケイ酸塩であり（図 21.1 参照），ここから Ca^{2+} が溶脱していくと考えられる．セメント水和物部分は，Calcium Silicate Hydrate (CSH)，$Ca(OH)_2$ (portlandite)，$CaCO_3$ (calcite) などからなり，ここからも Ca^{2+} が溶脱していくと考えられる．Ca^{2+} の溶脱が進むと，空隙率が大きくなる傾向も見えており，コンクリートがもろくなっていく可能性がある．その詳細はまだわかっていないが，コンクリートの自然環境中での長期劣化では，Ca^{2+} の溶脱が指標となると考えられる．

コンクリート・ブロック塀や建物の外壁などで，よく白いしみのようなものが見られるが，それらの多くは $CaCO_3$ (calcite) であり，コンクリートから溶脱した Ca^{2+} が，大気中から雨水などに溶解した CO_2 が炭酸イオンになっ

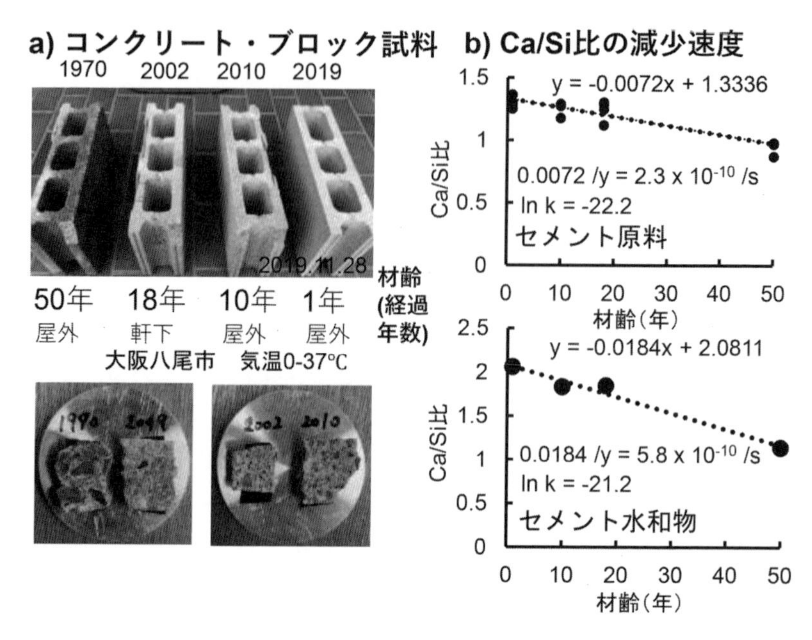

図 21.2.　コンクリート・ブロックの自然環境での経年変化の解析．a) コンクリート・ブロック試料の写真，b) SEM-EDS 分析による，セメント原料部およびセメント水和物部分の Ca/Si 比の経年変化．

たものと結合して沈殿したと考えられ，Ca^{2+} の溶脱がコンクリート劣化の，少なくとも 1 つの指標であると期待される．

著者らは，現在，ポータブル分光測色計および近赤外分光計によって上記のコンクリート試料を非破壊計測し，色変化や水の吸収帯などを調べているが，水酸化鉄による黄褐色，および Calcium Silicate Hydrate (CSH) による 2210 nm 吸収帯面積が経年増加する傾向が見られており，今後このような研究を継続していけば，コンクリートの自然環境での経年劣化を非破壊検査する手法が開発できるのではないかと考えている．

第22章　人口と食糧

これまで自然環境および現代の都市環境を見てきたが，我々人類の人口と食糧についても簡潔にまとめてみる．

22.1.　世界の人口

人類（ホモ・サピエンス）は700万年前に誕生したとされているが，西暦1年頃の世界の人口は約1億人と推定されている．その後，1000年頃には，約2億人と推定されており，1900年には約16億5000万人まで増えた（齋藤，2020）．1950年には25億人を突破し，2000年には約61億人となった．2011年には70億人を突破し，2022年には80億人を超えた（世界人口白書，2023）（図22.1a）．今後の世界人口予測は様々あるが，国際連合の予測では，2050年に約100億人に達するとしている（図22.1a）．

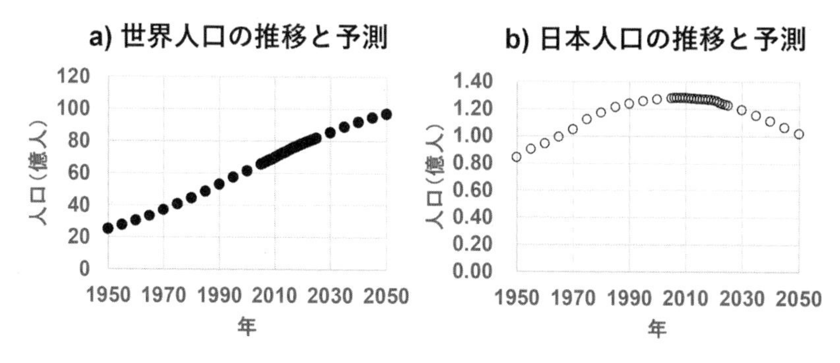

図22.1.　1950年から2050年まで100年間のa）世界の人口の推移と予測とb）日本の人口の推移と予測．国際連合の2022年の資料に基づいた日本の総務省統計局のデータをもとに作成．

日本の人口は，1950年には約8000万人であったが，2005年に約1.3億人に達した後は，徐々に減少し始めており，2050年には約1億人に減少すると予測されている（図22.1b）．

世界人口が爆発的に増加した要因は，1733年から始まったとされる産業革命であると考えられている．石炭利用によるエネルギー革命とそれに伴う社会構造，産業の変化により，工業生産が増大し，貿易による食料の流通が拡大したこと，医療の発達により死亡率が低下したこと，化学肥料・農業機械の利用による農作物の生産が増加したことなどが要因だと考えられる（齋藤，2020）．

22. 2.　世界の食糧

世界の食糧生産・消費状況を，最も重要ないわゆる主食である穀物（小麦，粗粒穀物（とうもろこし，大麦等），米の合計）で見てみる．農林水産省が米国農務省のデータをもとに作成したデータをグラフ化したのが図22.2である（米国農務省の資料に基づく農林水産省のデータ，2020）．2000年から2019年までの20年間で，世界全体の穀物生産量と消費量はいずれも約20億トンから約27億トンへと約1.35倍に増加しており，各年度末の在庫量も4－8億トンある（図22.2）．

22.1で述べた世界の人口は，2000年の約61億人から，2019年の約78億人へと約1.28倍に増加しているが（図22.1a），穀物生産・消費量は，この人口

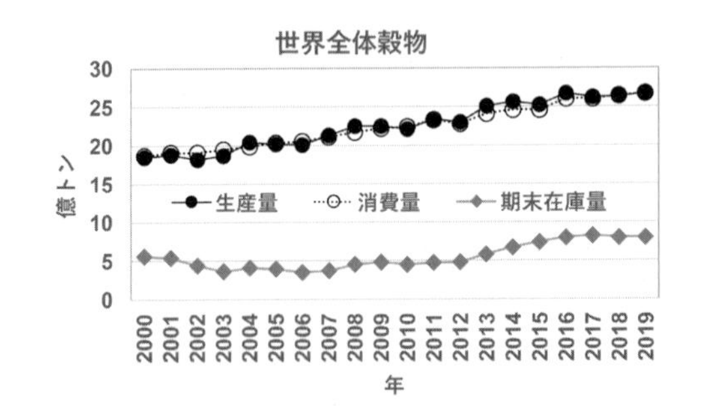

図22.2.　2000年から2019年まで20年間の世界全体の穀物（小麦，とうもろこし，大麦，米等の合計）の生産量，消費量と各年度末の在庫量の推移（米国農務省の資料に基づく農林水産省のデータ，2020）．

増加率をやや上回っている．2019年の穀物消費量約27億トンを，2019年の世界人口約78億人で割ると，1人あたりの1年間の穀物消費量は0.346トン，すなわち346 kgとなる．2019年の日本人1人あたりの1年間の穀物消費量は140.3 kgとされており（米国農務省の資料に基づく農林水産省のデータ，2020），一応十分まかなえているように見える．しかし，日本のように食糧が十分供給されている地域以外に，飢餓に苦しんでいる地域もあることを忘れてはならない．

上記のように，食糧生産が増加し続けているのは，化学肥料・農業機械の利用による農作物の生産の増加が継続しているためだと考えられる．ここで特に注目すべきは，穀物の生産には，三大栄養素（窒素N，リンP，カリウムK）の中でも最も大切な栄養素である窒素Nが必要だが，地球大気中の窒素ガスN_2を植物である穀物は直接取り込むことができないことである．

ドイツのハーバーとボッシュは，空気中の窒素ガスN_2と，水の電気分解で得た水素ガスH_2を，触媒存在下で高温高圧で反応させてアンモニアNH_3を合成することに成功した．このアンモニアNH_3から硝安（硝酸アンモニウム，NH_4NO_3），硝石（硝酸カリウム，KNO_3）のような化学肥料を作ることができるようになり，作物を実らせることができるようになったのである（齋藤, 2020）．

第23章　感染症（パンデミック）

自然環境および現代の都市環境，そして世界の人口と食糧を見てきたが，我々人類の生存を脅かす病気（疾病）の中で，感染症について簡潔にまとめてみる．他にも，人類は，戦争やテロ（政治的暴力），核兵器，生物化学兵器，薬物など様々な脅威を抱えているが，ここでは自然との関わりが少ない人為的なものは取り扱わない．

23.1.　地球規模での感染症

地球規模で世界的に流行する感染症をパンデミックと呼ぶが，これまで以下のようなパンデミックがあった（山本, 2011；詫摩, 2020；松浦, 2022）（図23.1）．

5世紀と14世紀にヨーロッパで流行したペスト（黒死病）は，ペスト菌が原因とされ，5世紀にはヨーロッパ人口が半減し，14世紀はヨーロッパ人口の約1/3にあたる約2500万人もの死者を出したとされる．その後も2回ペストが流行した．

日本では，奈良時代に，天然痘ウイルスが原因で天然痘による「天平の疫病」が発生し，当時の人口の3割程度の約200万人が死亡した．

16世紀には，天然痘が南北アメリカ大陸で流行し，先住民族の人口が1/10に減少した．特にメキシコでは800万人もの死者が出て，アステカ帝国が滅亡し，スペインの新大陸制覇の一因になったとされる．

19世紀以降7回流行したコレラは，コレラ菌による感染症で，アジア，ヨーロッパ，北アメリカ，ロシア，アフリカなど世界各地で順次流行した．

1918－1919年に流行したスペイン・インフルエンザ（スペイン風邪）は，H1N1型インフルエンザ・ウイルスによるもので，アメリカで発生し，第一次世界大戦中ということもありアメリカ軍からヨーロッパに広まり，5000万人程度の死者が出たとされる．

1981年からはエイズが蔓延し，これまでに3200万人が死亡している．

1997年に香港で流行した新型インフルエンザ（H5N1型鳥インフルエンザ・ウイルス起源）は幸い世界規模にならずに済んだが，2003年頃から東南アジアで流行し，130人が死亡している．

2019年から流行しているSARS-CoV-2新型コロナウイルスによる新型肺炎COVID-19は，2023年4月までに世界で6億人以上の感染者と682万人以上の死者が出ている．

これらの感染症の中では，麻疹と天然痘による死者が突出して多く，それぞれ2億人，3−5億人となっている（図23.1）．

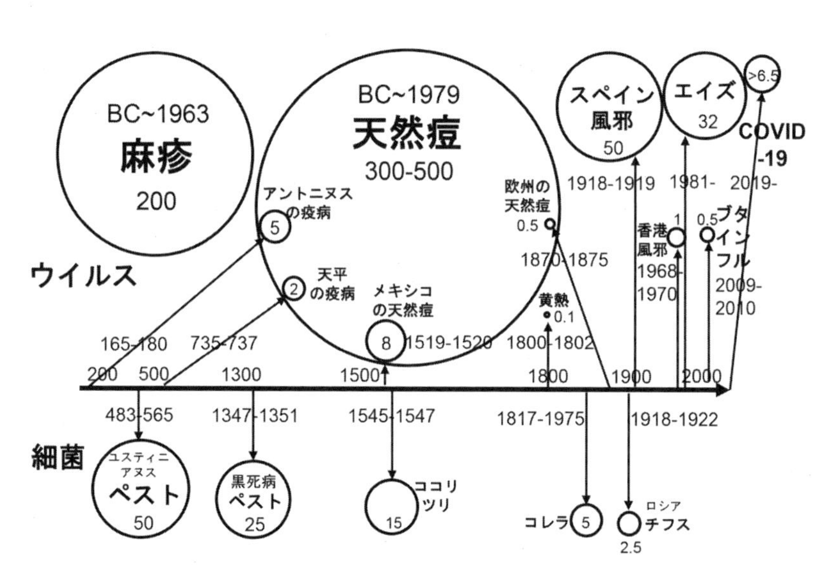

図23.1.　人類と感染症の歴史．上がウイルスによる感染症，下が細菌による感染症．中央の線が西暦年，数字は継続年と死者数（百万人）．丸の大きさは死者数に比例する（松浦, 2022を改変）．

23. 2.　感染症への対策（ワクチン）

これらの感染症は，ウイルス，細菌，寄生虫などの病原性微生物（図23.1）が，空気，食べ物，水，動物，昆虫，ヒトなどを介して，ヒトの体内に侵入し繁殖するために発生して，様々な症状を引き起こす疾患（病気）である．

このような感染症に対して，病原体から無毒化あるいは弱毒化した抗原そのもの，あるいは病原体をもとにデザインされたmRNAやDNAの遺伝子配列を化学合成した遺伝子ワクチン，もしくは遺伝子組み換え技術によって大量発現されたタンパク質（遺伝子組み換えワクチン）などのワクチンが開発されてきた．これらのワクチンを投与することで，体内の病原体に対する抗体産生を促し，感染症に対する免疫を獲得し，病原体が侵入しても疾病にかからないか，あるいは軽症で済むように予防する．

18世紀にジェンナーが天然痘ワクチンを開発し，19世紀のコッホやパスツールらによる微生物学の進展に伴い，炭疽，結核，狂犬病のワクチンが開発された．世界保健機関（WHO）は1980年に天然痘の根絶を宣言し，20世紀中に感染症を地球上から根絶できると楽観していた．しかしながら，その期待は大きく裏切られ，人類はSARS, MERS, そして新型コロナなどの新興感染症の脅威にさらされている．新興感染症の多くは人獣共通感染症と呼ばれ，野生動物や家畜からヒトに感染する．さらに，地球規模での人の往来の拡大，地球温暖化による熱帯感染症の北上，抗生物質の乱用による耐性菌の出現など，人為的な要因も加わって，今後も感染症への警戒と対策を続けなくてはならない（松浦, 2022）．

第Ⅳ編 自然環境を定量化する科学

これまで自然環境のしくみおよびその健康と病気を概観してきたが，これからは，これらを定量的に記述する自然科学を簡潔に述べていく．各章の内容の詳細は，とてもこの本に書き切れるようなものではないので，それぞれの教科書や専門書を参照されたい．それぞれの学問分野がどのような対象をどこまで表せるのか，またどのような限界があるのかを中心に，科学技術の発展の歴史も交えながら，自然環境医学に必要な学問体系を概観することにしたい．その上で，自然環境のしくみを理解して，その健康を守るために必要な科学技術とは何かを考えていきたい．

第24章 宇宙・地球科学

古くは，月も太陽もすべての天体が地球の周りを回っているという天動説が信じられていた．1543年コペルニクスが，地球は太陽の周りを回っており，月は地球の周りを回っているという地動説を唱えた．17世紀にケプラーが惑星の動きを表すケプラーの法則を示し，ニュートンが地上での物体の運動と天体の運動を統一的に説明できる3つの運動の法則（慣性の法則，運動の法則，作用と反作用の法則）と万有引力の法則を発見した（ニュートン, 1687）．りんごが木から落ちる落下運動や，地球の周りの月の公転運動，太陽の周りの惑星の公転運動などが，これらの法則で表せることがわかった（原, 2014；端山, 2022）．その結果，地動説が広く認められた．

1912年にウェーゲナーは，大西洋をはさんだ北アメリカ大陸・南アメリカ大陸とヨーロッパ・アフリカ大陸の海岸線が似ており，両岸で発掘された古生物の化石も一致することなどから，かつて地球上にはパンゲア大陸と呼ばれる１つの超大陸のみが存在し，これが中生代末より分離・移動し，現在のような大陸の分布になったとする大陸移動説を提案した．その後1960年代になって，海洋底が拡大し，海洋地殻（プレート）が移動していることなどが発見され，複数の地球科学者が1968年にプレート・テクトニクス理論を完成させた（端山, 2022）.

著者は，1976年に理学部地学科の学生として地学関係の各種講義を受けたが，当時の教員たちからプレート・テクトニクス理論を教えられたことはなかった．まだできたばかりの理論を教えていいのか教員たちも戸惑いがあったのだろう．上記の天動説から地動説への転換のような大きな概念や価値観の変化をパラダイムシフトと呼ぶが，著者が体験したパラダイムシフトは，プレート・テクトニクスである．現在では，地震発生，火山噴火など様々な現象がプレート・テクトニクス理論をもとに説明されていることはすでに本書第Ⅱ，Ⅲ編でも述べた．

一方で，宇宙については，20世紀前半までは「宇宙は不変で定常的」という定常宇宙論が支配的だった．1948年にガモフは高温高密度の宇宙がかつて存在していたことの痕跡として，宇宙マイクロ波背景放射（CMB）が存在すると主張した．このCMBが1964年になって発見されたことにより，定常宇宙論の説得力が急速に衰えた．その後もビッグバン理論を高い精度で支持する観測結果が得られるようになり，現在では膨張宇宙論（ビッグバン理論）が広く受け入れられ，ビッグバン膨張の開始は，138億年前と計算されている（福江, 2018）．このビッグバン理論に基づく宇宙の未来は，ビッグバンと同じような高温高密度状態（ビッグクランチ）で終わるか，あるいは低温低密度となって死んでいくか，など様々な予測があるようだが，よくわかっていない（福江, 2018）.

第25章　物理学

ニュートンが見つけた，りんごが木から落ちるなどの地上での物体の運動や，地球の周りの月の公転運動，太陽の周りの惑星の公転運動などの天体の運動を統一的に説明できる3つの運動の法則と万有引力の法則などをニュートン力学と呼ぶが（ニュートン, 1687），これがいわゆる物理学という自然科学の基礎学問分野の根幹となって「力学」あるいは「古典力学」と呼ばれ，主に地上での物体の運動を数式で表す法則として，中学・高校・大学初年で必ず習うものとなっている（原, 2014；端山, 2022）.

しかしながら，例えば，固体の氷が融けて液体の水になり，さらに加熱すると気体の水蒸気になる，というような物質の状態変化は，ニュートン力学では表すことができない．そこで，分子の熱運動のエネルギーなど熱の関与する現象を定量的に表す熱力学という分野が作られた．熱や物質の輸送現象やそれに伴う力学的な仕事について，系の巨視的（マクロ）な性質から扱い，アボガドロ定数個程度の分子の集団からなる物質の巨視的な性質を巨視的な物理量（エネルギー，温度，エントロピー，圧力，体積，物質量または分子数，化学ポテンシャルなど）を用いて記述する（原, 2014；中嶋, 2023）.

しかしながら，この熱力学は，分子の集団としてのふるまいを表すことはできたが，分子レベルの小さな（ミクロ）実体は考えないものであった．統計力学は，系の微視的（ミクロ）な物理法則をもとに，巨視的（マクロ）な性質を導き出すための学問であり，統計物理学，統計熱力学とも呼ぶ．当初は，理想気体の温度や圧力などの熱力学的な性質を気体分子運動論の立場から説明してきたが，その後は，実在気体や，液体，固体やそれらの状態間の相転移，磁性体，ゴム弾性などの巨視的対象いわゆる物質の物理的性質（物性）が広く扱われている.

このような平衡状態の熱・統計力学に対して，平衡状態からの微小なずれを線形で表すことができない非線形開放系は，散逸構造とも呼ばれ，自己組織化に至ることがあるが，プリゴジンはこの散逸構造の理論で，1977年のノーベル化学賞を受けた．しかしながら，大気や水の循環など平衡状態に達していない非平衡状態の現象を表す非平衡統計力学は，まだ発展途上のようである．

流体（液体や気体）の性質や運動については，古くは古代ギリシャのアルキメデスが，「流体中の物体は，その物体が押しのけている流体の質量が及ぼす重力と同じ大きさで上向きの浮力を受ける」というアルキメデスの原理を発見した．17, 18 世紀には運動していない流体を表す流体静力学と，粘性のない流体の運動が定式化され，19 世紀には粘性流体，乱流などについての研究が進んだ（澤本, 2005）．しかしながら，流れを表す方程式の中に非線形の項が入ってくると解析的に解くことができないため，非線形の流れの挙動はよくわかっていない．これについては，第 28 章の複雑系科学の中で取り上げる．

電場と磁場を合わせて電磁場と呼ぶが，電磁場は電荷を帯びた物体に力を及ぼし，荷電粒子は電磁場に影響を与える．19 世紀に，このような電荷と電磁場の相互作用を定式化したのが，マクスウェルである（マクスウェルの方程式）．電場と磁場の波である電磁波の性質も含めた電磁気学という分野ができあがった（原, 2014）．

しかし，光電効果，黒体放射，コンプトン効果など電磁波は波であるという電磁気学では説明できない現象が次々に発見され，次に出てくる量子力学という分野が発展した．

19 世紀末に発見された光電効果とは，波長の短い紫外線や可視光線を金属に当てると，電子が飛び出してくるというものである．1905 年にアインシュタインは，振動数νの光は $E = h\nu$（h はプランク定数）というエネルギーを持つ粒子の流れであり，これが金属中の電子が飛び出すエネルギーになったと説明した．すなわち，光は波と粒子の両方の性質を持つということである．1924 年にド・ブロイは，すべての物質は粒子でも波であるという物質波という概念を提案した．1926 年には，シュレーディンガーがド・ブロイの電子の波が従う波動方程式を定式化して，シュレーディンガー方程式を作った．原子核の周りを電子が波のように取り巻いているミクロの描像ができあがり，ミクロの世界を記述する量子力学という分野ができた（原, 2014；端山, 2022；中嶋, 2022）.

第26章　化学

古代ギリシャでは，世界の根本は，水，空気，土，火からなるとする四元素説があり，近代まで信じられてきた．18世紀の半ばから二酸化炭素，水素，窒素，酸素などのガスが発見され，四元素説の限界が露呈してきた．ラヴォアジエは酸素，水素，窒素など33元素がこれ以上分割できない物質であると考え，様々な分析や実験によって，これらの物質は変化してもなくならないという「質量保存の法則」を確立した．ドルトンは1803年に，元素はそれぞれ特有の原子からなるという原子仮説を提唱し，それは原子の重さである原子量で区別できるとした．1811年アヴォガドロは，同種あるいは異種の原子が結合して分子を作り，分子が単位となって色々な化学反応が起こるとする分子説により，気体の反応を説明した．1869年に，元素を原子量の順に横に並べていき，8番目ごとに繰り返すと，化合性などの化学的性質の似た元素が縦に並ぶという「周期律」を，メンデレーエフとマイヤーがそれぞれ発見した．今日ではメンデレーエフの周期律の方が「周期表」として受け入れられている．このような規則性が原子にあるということは，原子の構造に何か規則性があるのではないかという想像が生まれた．19世紀末には放射能が発見され，原子が崩壊して放射線を出すことがわかり，原子核の周りに電子が波として存在する原子構造による量子力学につながっていった（端山, 2022）．

20世紀の初めに成立した量子力学に基づいて，水素からウランまでの自然界に存在する元素の物理化学的性質が，主にその最外殻の電子の数や配置などから説明できるようになった．原子同士が電子を共有する共有結合の作り方については，シュレーディンガー方程式の波動関数を重ね合わせる原子価結合法に始まり，ポーリングは1930年に結合前の準備として混成軌道を作ると考えたが，その後原子が結合してできた分子の電子軌道（分子軌道）を，原子の電子軌道（原子軌道）の線形結合として近似する分子軌道法が提案された（中嶋, 2022）．

分子軌道法で多数の原子核と電子からなる多体問題の波動方程式の解を求

めるのは，多くの計算を必要とするので，計算機（コンピュータ）の発展を待たねばならなかったが，現代では個人が持つパーソナルコンピュータ（PC）でも，大きくない分子であれば分子軌道計算ができるようになってきており，著者も利用している．分子中の電子の波動関数を分子軌道法で計算できると，分子中の電子のエネルギー状態（エネルギー準位）が決まるので，その分子の安定な構造，紫外可視光の吸収スペクトル，蛍光スペクトル，赤外吸収スペクトルなどが計算できるようになった．ただし，小さなPCでの粗い近似での分子軌道計算では，実際のスペクトルとは少しずれた吸収ピーク位置などが得られる．

密度汎関数法は，多体系のすべての物理量は空間的に変化する電子密度の汎関数（すなわち関数の関数）として表されるとし，物質の電子密度を計算し，原子，分子，凝集系などの多体電子系の電子状態を計算するために最もよく用いられる量子力学の手法である．1970年代には密度汎関数理論は固体物理の物性を調べるためによく用いられるようになったが，1990年代までは量子化学の計算には十分な精度が出ないと考えられていた．その後近似などが改善されることによって，今日では化学と固体物理学の両方の分野で広く利用される手法の1つとなっている．しかしながら，分子間相互作用や，電荷移動，反応速度論を理解するのに必要な分子のポテンシャルエネルギー面，半導体のバンドギャップなどの計算による再現は困難で，相互作用しあう分子や生体分子などへの適用は限られている（武次, 2015）．

遷移金属錯体は様々な色を呈するが，それを定量的に記述する方法として，中心金属と配位子の作る静電場（クーロン力）をもとにした結晶場理論が提案された．その後，中心金属のd軌道の電子と配位子の電子軌道から作る分子軌道法に基づく配位子場理論ができた（Tanabe and Sugano, 1954）．中心遷移金属の縮退していたd軌道5つが，配位子に囲まれることによってより安定な軌道と不安定な軌道に分裂する（配位子場分裂）ことで，その差のエネルギーに対応する波長の光が吸収されることを定量的に説明できるようになった（長谷川・伊藤, 2014；海崎, 2015；中嶋, 2022）．

物質の反応が平衡に達した平衡状態は，化学熱力学に基づいた化学平衡論で表すことができ，例えば海水や地下水中で安定な化学物質の化学形態を予測できる．著者が学部生・大学院生だった1970年代後半の頃は，先生や先輩たちが地球化学に化学平衡論を適用していた時代だった．しかし著者は，自然環境中の遷移金属やウランなどが鉱石として濃集したり環境を汚染したりする現象は必ずしも平衡状態とは限らず，ある物質中のこれらの金属の電子状態と配位状態を上記の量子力学に基づいた配位子場理論で考え，また反応の進行度合いを反応速度論的に考えるべきだと思った．ウランの地球化学を研究していた大学院修士学生の頃，研究室のセミナーで，これからは量子力学に基づいた物質の電子状態を考慮した重金属資源環境科学をやっていくべきだと発表して，先輩の若手教員の先生などから「地学に量子力学は必要ない」と言われたことを今でも鮮明に覚えている．その後の著者は，第Ⅴ編で説明するように，量子力学に基づいた可視・近赤外・赤外分光法などの計測手法を開発し，化学平衡論だけでなく化学反応速度論を活用して，自然環境における物質の変化を研究してきた．

化学反応速度論では，1884年にアレニウスが経験的に求めた化学反応速度（定数）の温度依存性の実験から求めた経験則であるアレニウスの式が今でも活用され，著者も使用しており，36.2で解説する．1935年にアイリングらによって提案された遷移状態理論（あるいは活性錯合体理論，絶対反応速度理論とも呼ばれる）では，アレニウスの式における頻度因子（前指数因子）と活性化エネルギーを，活性錯合体 $[AB]^{\ddagger}$ という反応物A, Bが合体したものと反応物との平衡状態の熱力学的記述で表すことができ，活性錯合体の活性化自由エネルギー $\Delta G^{\ddagger}$，活性化エンタルピー $\Delta H^{\ddagger}$，活性化エントロピー $\Delta S^{\ddagger}$ などの活性化パラメータで表した（中嶋, 2023）．これらは物理有機化学において反応機構（反応途中の遷移状態）を解明するために利用された．しかしながら，反応中間体の寿命が短い場合，低い活性化エネルギーの反応，高温の反応などでは遷移状態理論は破綻するとされ，主に統計力学に基づく複数の代替理論が提案されている（高塚・田中, 2014）．

第27章　生命科学

生物学は，古代ギリシャのアリストテレスが生物の観察と分類を行ったことに始まったとされる．17世紀にフックが顕微鏡を用いた観察で細胞を発見し，18世紀のフォン・リンネによる生物の系統的分類を経て，ダーウィンの進化論やメンデルの遺伝法則などから，生物学という学問分野が成立した．19世紀前半には，生物の基本単位は細胞であり，細胞の機能が重要であるとされ，20世紀には，分子レベルでのタンパク質，核酸などの生体高分子の研究がされ，1953年にワトソンとクリックがDNAの二重らせん構造を発見し，分子生物学が本格的に始まった．1958年にクリックは，遺伝情報が「DNA→（転写）→mRNA→（翻訳）→タンパク質」の順に伝達されるというセントラルドグマ（中心原理）と呼ばれる基本原理を提唱した（端山, 2022）．

1970年代にはDNAの塩基配列（遺伝子配列，ゲノム）を決定する（DNAシークエンシング）ことができるようになり，1980年代にはポリメラーゼ連鎖反応(PCR)が用いられるようになった．1990年にはヒトのゲノムを解明するヒトゲノム計画が始まり，2003年にヒトの全ゲノムがほぼ解読された．

近年は，生体分子の化学を調べる生化学や，生命システムを物理学，物理化学から理解しようとする生物物理学なども発展してきた．生物物理学では，複雑多岐な生命現象を，統計力学・熱力学，化学反応速度論で説明しようとすることが多い．しかしながら，個別の生体分子の構造や機能，反応などは理解できても，集団としての相互作用までの理解には至っていないことが多い（鳥谷部, 2022）．

著者は，生命の起源と進化を研究する過程で，上記のような様々な分野を勉強した．我々の知る地球型生命は，代謝をし，情報を伝達し，膜に囲まれており，生体高分子の集合体として液体の水中で機能している（図27.1）．水素結合は，タンパク質の立体構造を形成させ，DNA, RNAの塩基対により情報を伝達し，生体膜で水と細胞を隔てており，様々な反応の媒体である水の中でも水分子などをつないでおり，生命にとって本質的なものである（図

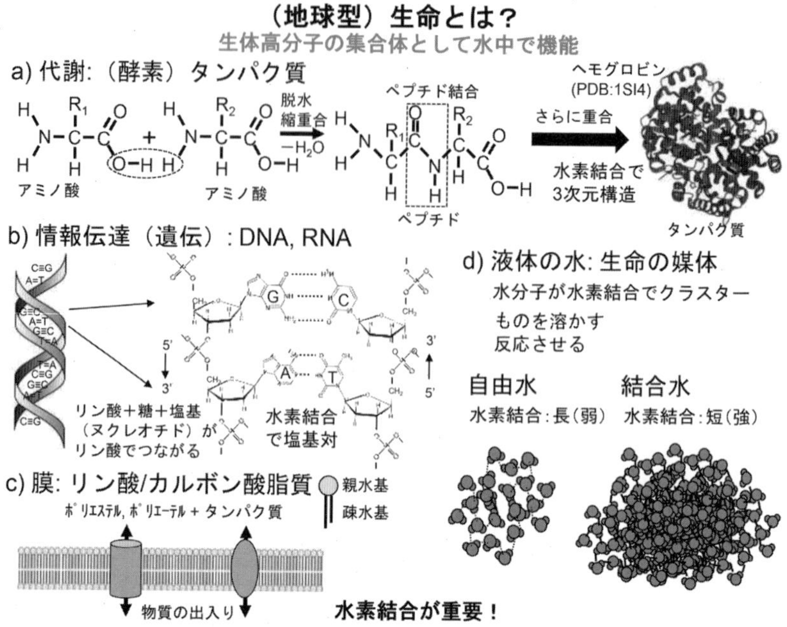

図 27.1.　地球型生命の定義．a) 代謝をになう酵素としてのタンパク質，b) 情報を伝達する DNA と RNA，c) 親水基（リン酸 / カルボン酸）と疎水基（脂質）からなる脂質 2 重層の生体膜，d) 生命の媒体としての液体の水（自由水と結合水）．生命は生体高分子の集合体として水中で機能しており，水素結合が重要である．

27.1）．

以下には，著者らが行ってきた生命起源の理論的，実験的検証をごく簡単に紹介する（Nakashima et al., 2001; 2018）．生命は，生体高分子の集合体として水の中で機能しているが，生体高分子をその構成単位の脱水縮重合でつなげる高分子化（ポリマー化）過程は自発的には起こらない（図 27.2）．熱力学では，高分子化反応のギブス自由エネルギーΔG_rがプラスであり，モノマーからポリマーへは自由エネルギーの山を登らなければならないので，生命は自発的には生じない．そこで著者は，水和しやすい無機物が自発的に水和して水和物になりやすいことを利用して，生体分子のポリマー化を無機物の水和と組み合わせることで実現できるのではないかと考えた（有機無機相互作用生命起源仮説：Nakashima et al., 2001; 2018）（図 27.2）.

著者らは，アミノ酸グリシン（Gly：モノマー）と無機塩類（$LiSO_4$, $BaCl_2$, LiCl, $SrCl_2$, $MgSO_4$）を用いて，上記の仮説の実験的検証を行った（Kitadai et al., 2011）．140℃で 20 日間加熱すると，例えば，$MgSO_4$ と Gly では，Gly の重合物（2~6 量体）が約 7% 生成した．また，著者らの予想通り，熱力学的により水和しやすい（ΔG_r がよりマイナスの）無機塩類でグリシン重合率が大きかった．従って，生命起源には諸説あるが，著者の熱力学的有機無機相互作用による生体高分子生成仮説は，実験的には証明できたと考えている．残念ながら，約 38 億年前頃の原始地球で原始生命が生まれた際の，生体高分子ができる過程の証拠は残されていない可能性が極めて高く，この仮説が真理だと証明することは困難である．

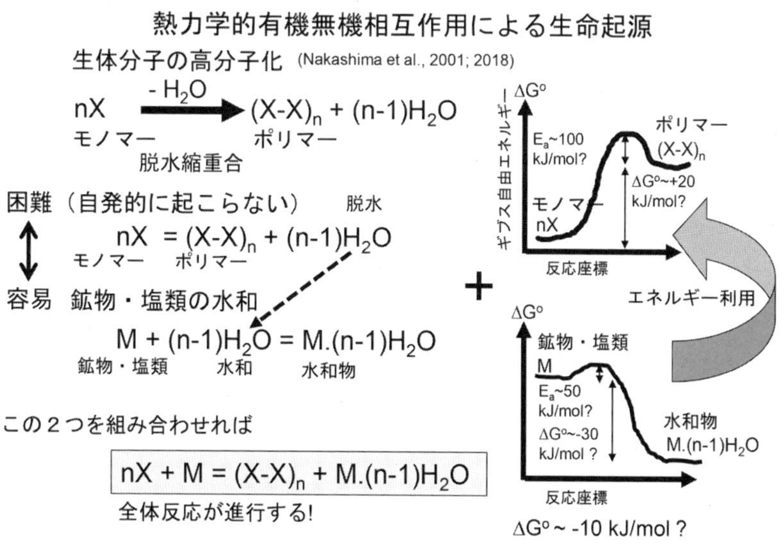

図 27.2.　生命の起源に関する熱力学的有機無機相互作用仮説（Nakashima et al., 2001; 2018）．生体分子の高分子化は脱水縮重合によるが，この過程は自発的には起こらない．そこで，水和しやすい鉱物・塩類の水和過程を組み合わせれば，鉱物存在下で生体高分子が生成する可能性がある．

上記のようにアミノ酸からタンパク質を作り，また，ヌクレオチドからRNA，DNAを作り，脂質から生体膜を作り，これらを水溶液に入れて混ぜると生命ができるかというと，様々な試みがあるものの，まだ生命の発生を人工的に起こすことはできていない．従って，生命というしくみを成り立たせるには，生体分子集団としての挙動において何かが必要であり，まだ生命の謎は解けていない．著者は，水中での生体分子間の水素結合相互作用の程度が鍵ではないかと考えている．

第28章　複雑系科学

これまで紹介してきた宇宙・地球科学，物理学，化学，生命科学の発展において，多数の原子，分子，物質などが相互作用をしながら時間変化していくような現象は，どの学問分野においても取り扱いが困難であった．このような複雑な対象に対する科学を複雑系科学と呼び，しばしば構成要素を足し合わせることだけでは表現できない非線形性を持つため，非線形科学とも呼ばれる（蔵本, 2016）．以下に，複雑系科学の代表的なものをいくつか紹介する．

28. 1.　フラクタル

1967年，マンデルブロは「英国の海岸線の長さはどれだけあるのか？」という論文を出し，ある単位長さのコンパスを当てた回数に単位長さをかけると長さが出るはずだが，より大きな縮尺の地図でより小さな単位長さで測るとどんどん長い海岸線になってしまうことを述べた．

マンデルブロは1975, 1977年に「フラクタル」という概念を考案し，1982年（日本語訳は1984年）には『フラクタル幾何学』という本を出版し，海岸線やひび割れの形，樹木の枝分かれなどに見られる複雑な図形を数学的に理論化した（井庭・福原, 1998）．

地球科学や宇宙科学においては，その後すぐにこのフラクタル幾何学を用いた様々な現象の解析が始まった．著者も1990年頃から，フラクタル幾何学を用いて，岩石の組織・割れ目と物質移動・流動を解析してみた．ここでは，著者らの研究例を簡単に紹介する（中嶋, 1995；Nakashima, 1995）．

岩石の代表として墓石によく使用されている花崗岩（御影石）を取り上げ，その組織をフラクタル幾何学で解析した．茨城県稲田花崗岩は，主に石英（灰色透明），長石（白），黒雲母（黒）というケイ酸塩鉱物の数mm程度の結晶が粒界で緻密に接してできている（図28.1a）．この花崗岩組織の画像に対して，長さsを一辺とする正方形のボックスで格子を作り，あるサイズsのボックスの格子の中で花崗岩組織（結晶外形，粒界など）が含まれているボックスの数をNとし，sを0.1－10 mmで変化させてNを求め，log N－log（1/s）のグラフを作成した．データは直線上に並び，その近似直線の傾きは1.54±0.08であった．これがフラクタル次元Dと呼ばれる（図28.1b）．

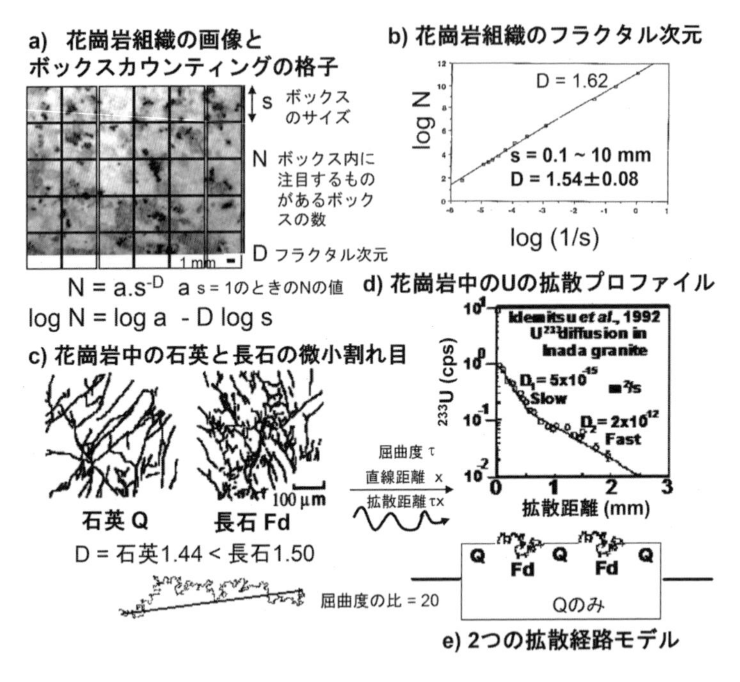

図28.1.　花崗岩組織と微小割れ目のフラクタル解析（中嶋, 1995；Nakashima, 1995）．a）稲田花崗岩組織画像とボックスカウンティングの格子，b）稲田花崗岩組織のフラクタル次元を求めたグラフ，c）稲田花崗岩中の石英と長石の微小割れ目の画像，d）稲田花崗岩中のウランの拡散プロファイルと2つの拡散係数，e）屈曲度の異なる2つの拡散経路のモデル．

我々が普段使用してきたユークリッド幾何学では，1次元が直線，2次元が平面，3次元が空間にあたるが，上記のようにフラクタル次元は1.54次元という中途半端な次元になる．花崗岩組織は，直線よりはぐねぐねしており，平面ほど面を埋め尽くしてはいないということである．

同じ稲田花崗岩薄片の顕微鏡画像で微小割れ目を抽出して描いた画像が図28.1cである．これに上記と同じボックスカウンティング法でフラクタル次元Dを求めたところ，石英で1.44，長石で1.50となり，長石の方が高い次元となった．長石中の微小割れ目は，石英中のそれよりもぐねぐねしていることになる（図28.1c）．

高レベル放射性廃棄物の深地層処分の安全評価として，稲田花崗岩中のウランの拡散実験が行われ，稲田花崗岩中のウラン拡散距離を調べると，速い拡散（拡散係数$D_2 = 2\times10^{-12}$ m^2/s）と遅い拡散（拡散係数$D_1 = 5\times10^{-15}$ m^2/s）があり，2つの拡散係数の比は400であった（Idemitsu et al., 1992）（図28.1d）．

上記の稲田花崗岩中の微小割れ目が石英中よりも長石中の方がぐねぐねしていることから，稲田花崗岩中には，主に石英中だけを通る高速拡散路と，長石中も通る低速拡散路の2つの拡散経路があると，著者は考えた．拡散係数は，拡散経路の屈曲度τの2乗に比例するとされているので，2つのウランの拡散係数の比400の平方根20が，屈曲度の比となる．これは長石中も通る道が，石英中の道よりも20倍曲がりくねっているということになる．つまり石英のみからなる高速道路と，長石という町中を通る街路の屈曲度の比が20倍だということである（図28.1e）．

このように，岩石組織，微小割れ目といった自然界の複雑な構造を，フラクタル幾何学は記述することができるという点では画期的であった（中嶋，1995；Nakashima, 1995）．しかしながら，著者はその後，フラクタル次元の物理的意味を定量的に理解したいと考え，複雑系物理学の勉強をし，その分野の専門家とも議論したが，残念ながら，2000年頃においては予言力のある定式化はできていなかった．

2003年にマンデルブロ氏が東京で教育者向け講演会をすることになり，著者はフランス語も英語もできるからということで通訳を頼まれた．著者は上記のようなフラクタル幾何学の限界と今後の展開について色々聞きたかったのだが，マンデルブロ氏にはそのようなことには答えてもらえず，この分野の研究を継続する気になれなかった．

しかしながら，フラクタルは，自然界の様々な構造や形を表現することに利用され，コンピュータグラフィックスで自然の形を再現することもでき，音楽，株価の変動などの経済など，多くの分野で活用されている（井庭・福原, 1998；臼田ほか, 1999）.

28. 2.　自己組織的臨界状態

28.1のフラクタルで出てきた両対数グラフで直線になる関係（図28.1b）を「べき乗分布」といい，「べき乗分布」を示す現象を「べき乗法則」または「パワー則（power law）」に従うという（井庭・福原, 1998）.

例えば，砂粒を積み上げた砂山に，さらに砂粒を落としていくと，なだれが起こって一定の高さと傾きを保つ．このときのなだれで崩れた砂粒の量となだれの頻度を両対数グラフにプロットすると直線になる．砂山の一定の高さと傾きは臨界状態とみることができ，砂山は常にこの臨界状態になろうとするので，自己組織的なふるまいだと言える（井庭・福原, 1998）.

また地震は，その規模（マグニチュード）と頻度がべき乗法則に従うことが知られている（グーテンベルク・リヒター則）．つまり小さな地震は頻繁に起こるが，大きな地震の頻度は小さいということである．地震発生帯におけるプレートもぐりこみによる歪みの蓄積は，上記の砂山と同様の自己組織的臨界状態にあるとみなされている（井庭・福原, 1998）.

その他にも，株価の変動，英文中の単語の出現頻度と出現順位の関係などが，べき乗法則に従い，多数の要素が相互作用をする系はこのような臨界状態になろうとする（自己組織化しようとする）と考えられる（井庭・福原, 1998）.

28. 3.　カオス

1961年ローレンツは，気象モデルにおける簡単な微分方程式の計算結果が，初期値がほんの少し違っただけで大きく変わっていることに気が付き，これを「バタフライ効果」と呼んだ．ブラジルで蝶（バタフライ）が羽ばたくと，アメリカで嵐が起こるということに例えたのである（井庭・福原, 1998）.

1970年代に数理生態学者のメイは，ある生物の親の世代の個体数x_nと子の

世代の個体数 x_{n+1} の間の関係式 $x_{n+1}=a\,x_n\ (1-x_n)$ において，定数 a の値によって，結果が全く変わることに気が付いた．n を増やしていくと子の世代の個体数 x_{n+1} が，$0<a\leqq 1$ のときは0に収束し，$1<a\leqq 2$ ではある一定値 $(a-1)/a$ に収束し，$2<a\leqq 3$ ではある一定値 $(a-1)/a$ に振動しながら収束し，$3<a\leqq 1+\sqrt{6}$ では2つのある一定値（周期点という）に振動しながら収束し，$1+\sqrt{6}<a\leqq 3.57$ では4周期となり，$3.57<a$ では全くランダムな状態（カオス）になった．

この状況をわかりやすくグラフにすると図28.2aのようになる．上記の関係式 $x_{n+1}=a\,x_n\ (1-x_n)$ の値の a の値による変化を，a の値を横軸に，$x_{n+1}=a\,x_n\ (1-x_n)$ の値（ロジスティック写像と呼ばれる）を縦軸にとった図を分岐図という．a の値が0から1までは x の値は0で，1を超えると x は1つの値に収束し（1周期という），3を超えると2つの値に収束し（2周期），その後4周期を少しはさんで，3.57を超えると揺れ動いてカオスになっている（井庭・福原, 1998）．

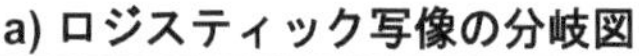

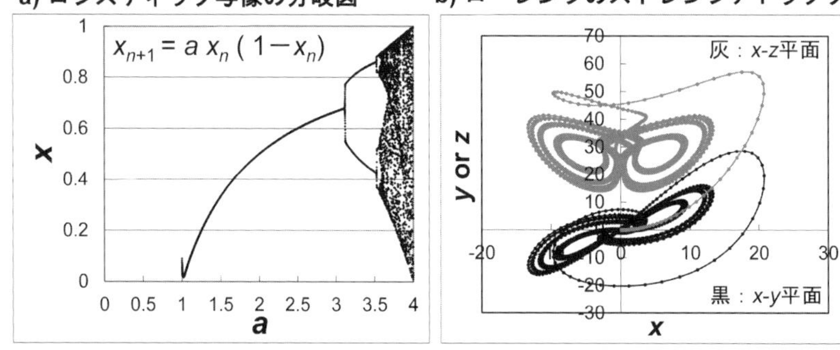

図28.2.　カオスの具体例．a) ロジスティック写像の分岐図，b) ローレンツのストレンジアトラクタ．

最初に紹介したローレンツの気象モデルの非線形微分方程式は，以下のようなものである．

$$\frac{dx}{dt} = -10x + 10y \tag{28.1}$$

$$\frac{dy}{dt} = 28x - y - xz \tag{28.2}$$

$$\frac{dz}{dt} = xy - \frac{8}{3}z \tag{28.3}$$

x, y, z という3次元空間での位置の時間 t による変化が，x, y, z によって上記のように表現されるということである．初期値を適当に与えて，これらの x, y, z の値を3次元空間に描いてみると，図28.2bのようになる．座標点は2つのリングを行ったり来たりしながら，2つのリングをつないだある範囲内にあるが，決して交わらず同じ場所は通らない．このような状態をストレンジアトラクタという（アトラクタとはある状態に収束していくことで，収束しないのでストレンジ（奇妙な）という）（井庭・福原, 1998）．このストレンジアトラクタの形が蝶の羽にも見えるので，最初に紹介した「バタフライ効果」につながることが感覚的に理解しやすい．

このような複雑な挙動を示すカオスは，パイやピザの生地あるいはうどんやそばをこねることに例えられる．すなわち，パイ生地などを押して引き延ばして折りたたむということを繰り返していく．もともと隣り合っていた2つの粒子はどんどん離れていく．このパイこね変換の引き延ばしによって誤差が拡大され，折りたたみによってその誤差が有限の範囲に収められているという感じである．このようなパイこね変換でできたストレンジアトラクタの軌道は，無限に折りたたまれ似たような構造が様々なスケールで重ね合わされているため，28.1で紹介した「フラクタル構造」となっている（井庭・福原, 1998）．すなわち，幾何学的な静的な形態としてはフラクタルであり，時間変化をするダイナミック（力学的）な系としてはカオスであるということである．

28. 4.　複雑系科学はどこへ行く？

以上のように，静的空間のフラクタルと動的空間のカオスの発見から始まった複雑系科学は，当初は複雑なものも意外と単純な規則から理解できるということで魅力的であったが，その後様々な構成要素が複雑な相互作用をする複雑系を表現しようとする方向に進展した．

特に，生命という複雑系に対して，その遺伝子情報の伝達，突然変異，進化，脳や神経回路のニューラルネットワーク，生命の起源，人工生命などを，主にコンピュータ・シミュレーションによって表現する分野が発展した．

さらに複雑系科学は，社会経済の複雑な相互作用から哲学に至る人文社会科学にまで進展してきた．狭義の「科学」は「自然科学」を指し，自然に属している様々な現象の法則性を明らかにするものであるとすれば，最近の複雑系科学はすでに科学ではなくなってきている可能性がある（井庭・福原，1998）．

著者も1990年代から2000年代初期にフラクタルとカオスを中心に複雑系科学を研究してみたものの，それ以上継続しなかったのは，著者のめざしている自然環境医学において，自然環境の未来予測と環境保全のための対処にどう複雑系科学を使えば良いか展望が見えなかったからである．自然界は多数の構成要素が相互作用をしている複雑な系なので，複雑系科学ではその複雑なままでの理解と表現をめざしているようであるが，自然環境の健康を守るには，足りない部分があってもいいから病気の推移予測ができる，すなわち単純化して予言力のある形にすることが求められているのではないだろうか．

例えば，28.2で，地震はその規模（マグニチュード）と頻度がべき乗法則に従う（グーテンベルク・リヒター則）ので，小さな地震は頻繁に起こるが大きな地震の頻度は小さく100年に1回などであるという統計的，確率的なことは理解できるが，いつどこで地震が起きるかという予測はできない．精密な地震予知は困難であるが，様々な観測を行って，また地震の発生機構の研究を進めて，少しでも予測の精度を改善していくしかないのではないか．

第29章　総合自然科学・総合理工学

以上，自然環境を定量的に表す科学として，宇宙・地球科学，物理学，化学，生命科学，複雑系科学を概観してきた．著者は，これらを統合した総合自然科学・総合理工学とでもいうべき総合的な科学技術が，自然環境の健康を守るために必要だと考えている．

現代科学は，より専門的に細分化され，ある特定の狭い分野を深く掘り下げた専門家が養成される環境が一般的であり，膨大で幅広い自然科学，理工学の分野をすべて学び，活用できるような，いわゆるジェネラリストの養成が可能な場は少ない．しかしながら，自然環境の成り立ちとしくみを理解し対処していくには，この分野はわからなくていいというものは何もなく，すべての分野が必要である．

著者は，これまで様々な大学や研究機関を渡り歩き，研究テーマもそれぞれの職場で要求される分野に取り組んできたので，自分の専門分野を限定することなく，あらゆる関連分野を自ら勉強しながら実践してきた．それは自然環境の健康を守り，「地球のお医者さん」になるには，この分野はわからないと言って逃げることはできないと考えているからである．とは言え，一人の人間が一度にすべての分野に通じることができるようになるはずもないので，著者自身も時間差で様々な分野を実践してきたわけで，ジェネラリストになるには時間がかかる．そこで，本書では，そのようなジェネラリストをめざす方々，あるいは自然環境の全体像をつかみたい方々のために，導入書となるような書物をめざしたわけである．総合自然科学・総合理工学の全体像は，これから読者の皆さんと一緒に作り上げていきたいと思うので，次の機会に書きたいと思う．以下の第Ⅴ編では，そのうち自然環境医学にとって最も大事だと考える手法だけを簡潔に述べる．

第Ⅴ編

自然環境のモニタリング・診断・修復

これまで自然環境のしくみおよびその健康と病気を概観し，これらを定量的に記述する自然科学を簡潔に網羅した．これからは，自然環境の現状とその時間変化（健康状態あるいは病状の推移）を調べ，すなわち診断していく手法を述べていく．そして，それらの自然環境状態の推移を模擬する実験とそれを用いた予測の例を示す．最後に，自然環境の修復についても述べる．

第30章　自然環境のリモートセンシング

まず，自然環境を遠隔（リモート）で観測する手法であるリモートセンシングを取り上げる．そのためには，対象となる場所がどこであり，その周りの環境はどのようなものかを明確にしなくてはいけない．そこで，最初に，対象地域を地球の中で位置づける全地球測位システム（Global Positioning System: GPS）と，その周辺の地図を表す地理情報システム（Geographic Information System: GIS）を概観する．次に，リモートセンシングに用いる電磁波，そしてそれを用いたリモートセンシングの概要を見ていく．

30.1. 全地球測位システム GPS

全地球測位システム（Global Positioning System: GPS）は，もともとアメリカ合衆国の軍事プロジェクトとして打ち上げた人工衛星（約2万km上空を周期12時間で周回している：2014年時点で32個）からの信号を，受信者がGPS受信機で受け取り，受信者が自身の現在位置を知るシステムである．この米国のGPSに続いて，EUのGalileo，ロシアのGLONASS，インドの

IRNSS，中国の北斗，日本のQZSS（準天頂衛星システム）などの運用が開始され，それらを総称してGNSS（Global Navigation Satellite System）と呼ぶ（井上ほか，2019）．

GPSはカーナビでお馴染みだが，殆どのスマートフォンにGPS受信機とマップ機能が搭載されており，カーナビだけでなく徒歩でも自転車でも現在地から目的地へのナビゲーションを行ってくれる．その際，測位地点の位置情報，すなわち緯度・経度だけでなく，標高，時刻も記録してくれている．移動に関わる方位と速度の時間変化などの情報も記録することができる．位置精度は，受信できた衛星数が多いなどの条件が良ければ数m以内だが，空が見えない条件などでは数十mあるいは数百mの誤差がある場合もある．自分が移動した経路の情報のログを取る機能のあるものもある．

著者はかつて，スマートフォンのナビが一般的ではなかった頃に，携帯できる小型カーナビと地図SDカードを購入し，自転車に取り付けてナビに使用したり，地質調査に利用したり，さらには外国出張の際にヨーロッパ地図SDカードも購入して，ドイツやスイスでの地方列車移動の際の位置確認などに利用した．現在では，いわゆるスマートウォッチにGPS機能が搭載され，ランニング，登山などにも利用できるようになっており，スマートフォンにデータを送ると移動の記録などが確認できる．中にはマリンレジャー用に魚群探知機，ソナーやレーダーなどを利用できるものもある．

30.2.　地理情報システムGIS

全地球測位システムGPSによって得られた位置とその移動情報を地図上に示し，また周辺環境の情報を表示するためには，その周辺の地図を表す地理情報システム（Geographic Information System: GIS）が必要である．GISシステムとそのデータについては，無償のものと有償のものがあるが，以下には無償で利用できる代表的なものだけ紹介しておく（長澤ほか，2007；井上ほか，2019）．

まず地形図を表示できるソフトウェアの代表としてカシミール3D（https://www.kashmir3d.com/）がある．国土地理院の無料地図サービス（地理院地図）の地図や空中写真から，有償の高機能モジュールまで使用できる．また，古地図，植生図や地質図などネットに公開されている無料の地図を使用することができる（https://www.kashmir3d.com/kash/usagemaps.html）．WEBブラウザを使用すれば，Google Mapなどで，目的の場所周辺の地図や衛星写真などが閲覧できる．

様々な機能を持ったGISソフトウェアQGISなどを統合したものの代表が，OSGeo4Wである（https://www.qgis.org/ja/site/forusers/alldownloads.html#osgeo4w-installer）．

このようなGISソフトウェアから利用できる無償のデータとして，国土地理院 基盤地図情報（https://www.gsi.go.jp/kiban/），国土数値情報（https://nlftp.mlit.go.jp/ksj/index.html），位置参照情報（https://nlftp.mlit.go.jp/isj/index.html），政府統計の総合窓口（e-Stat）（https://www.e-stat.go.jp/），法務省登記所備付地図データ（https://www.moj.go.jp/MINJI/minji05_00494.html），全国市区町村界データ（https://www.esrij.com/products/japan-shp/），地理院地図（https://maps.gsi.go.jp），ArcGIS Online 背景地図（http://www.arcgis.com/home/webmap/viewer.html）などがある（https://www.esrij.com/gis-guide/other-dataformat/free-gis-data/）．Conservation GIS-Consortium Japanのサイト（http://cgisj.jp/）で，これらのGISデータがダウンロードできる．その他の具体的なGISデータの自然環境調査などにおける使用例は，後で紹介する．

30. 3.　電磁波の分類

GPSとGISを用いて，自然環境を遠隔で観測するリモートセンシングには主に電磁波が利用される．電磁波は，電場の大きさの変動の波（図30.1aのx軸方向）と磁場の大きさの変動の波（図30.1aのy軸方向）が直行した状態で，z軸方向に進んでいく．この変動が元に戻るまでが1周期であり，その長さλ（ラムダ：m）が波長である（図30.1a）．

波長λが10^{-11} mから10 mまでの電磁波を，図30.1bに一覧表にした．波長の単位はこの分野でよく使われるμmとnmで表示している．その上には，これらの電磁波の慣用名が示してある．

γ線（ガンマ線：γ-ray）は，原子核のエネルギー準位が不安定な状態から，エネルギーを放出して安定化する遷移の際に発生する波長が約 10 pm よりも小さい放射線である．X 線（エックス線：X-ray）は，原子核に近い K 殻や L 殻などの内殻電子軌道の電子が遷移する際などに放出される，波長が 1 pm－10 nm 程度の電磁波である．これらの高エネルギー電磁波は，医療用あるいは宇宙観測用には使用されるが，地表 のリモートセンシングにはあまり使用されていない．

紫外線（Ultraviolet: UV）は，可視光線の紫色の外側（それで紫外線という）にある，波長が 10－380 nm の電磁波である．紫外線を，さらに UVA（380－315 nm），UVB（315－280 nm），UVC（280－10 nm）に分けることもある．これらの紫外線は太陽光にも含まれているが，UVA, UVB はオゾン層を通過し，地表に到達する．一方 UVC は，地球大気による吸収が著しく，地表にはあまり到達しない．地表に到達する紫外線の 99% が UVA である（図 30.1c）．

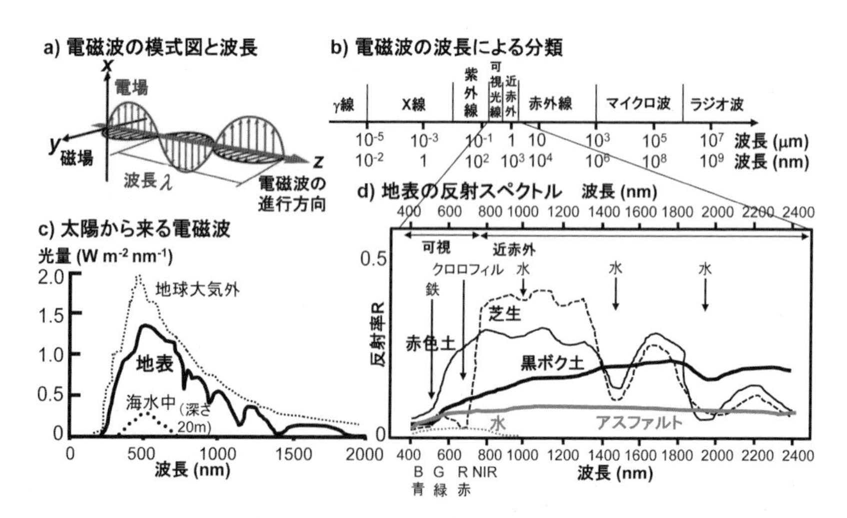

図 30.1.　a) 電磁波の模式図と波長，b) 電磁波の波長による分類，c) 太陽から来る電磁波のスペクトル，d) 地表の代表的な反射スペクトルの模式図（長澤ほか, 2007；井上ほか, 2019 などをもとに簡略化）．

可視光（Visible: Vis）は，ヒトの目に見える電磁波で，波長はおおよそ380－780 nmである．紫色（380－450 nm），青色B（450－485 nm），水色（485－500 nm），緑色G（500－565 nm），黄色（565－590 nm），橙色（590－625 nm），赤色R（625－780 nm）などに対応する．有機化合物では分子軌道の各エネルギー準位間の電子遷移による吸収の一部が紫外から可視領域に広がる（中嶋, 2023）．遷移金属の最外殻の原子価電子（3d軌道）のエネルギー準位が，配位子が近づいた際に配位子場分裂すると，可視光領域に吸収が見られることが多い（中嶋, 2022）．地表の可視光反射スペクトルでは，例えば赤色土では鉄の酸化物による500 nm付近の吸収により赤色となり，芝生など植物ではクロロフィルによる680 nm付近の吸収により緑色となる（図30.1d）．

波長が780－2500 nmの近赤外光（Near Infrared: NIR），2500 nm（2.5 μm）－1000 μm（4000－10 cm^{-1}）の赤外光（Infrared: IR）は，原子同士の結合が伸縮振動や変角振動をする分子振動に伴い吸収される基準振動（赤外領域）およびそれらの倍音または結合音（近赤外領域）である（中嶋, 2023）．地表の近赤外反射スペクトルでは，例えば，赤色土，黒ボク土，芝生などでは，水の吸収が970, 1450, 1950 nm付近に見られる（図30.1d）．

波長が1mmから1m程度の電磁波（周波数は300 GHz－0.3 GHz）はマイクロ波（Microwave）と呼ばれ，分子の回転などによって吸収される．例えば我々が日常的に使用している電子レンジ(Microwave oven)では，2.45 GHz(波長12 cm)のマイクロ波を食品などに照射し，その中に含まれる水分子を回転させ，その摩擦による熱で温めている．

波長が1mから100 km程度の電磁波をラジオ波（Radio wave）と呼び，周波数では300 MHz－3 kHzである．例えばNHKラジオの大阪での周波数は，ラジオ第一が666 kHz（0.666 MHz），ラジオ第二が828 kHz（0.828 MHz），NHK-FMが88.1 MHzである．

30.4. リモートセンシングに利用される電磁波とプラットフォーム

以上の中で，地表のリモートセンシングに利用されるのは，紫外線の一部（UVA, UVB）からマイクロ波までの，波長がおよそ300 nmから1 mまでの電磁波である（図 30.1b）（長澤ほか, 2007；井上ほか, 2019）.

太陽光のうち地表まで到達する波長領域（300－2000 nm）の紫外・可視・近赤外光が，地表から反射される反射スペクトルを利用している（図 30.1c, d，図 30.2a）．一方で，2500 nm（2.5 μm）－1000 μm（4000 －10 cm^{-1}）の赤外光（IR）は，（熱）赤外とも呼ばれ，地表からの放射が計測され（図 30.2b），その放射強度は温度が高いほど大きいため，海面温度などの指標となる．これらの可視から赤外までの波長領域で，気象衛星ひまわりなどによるリモートセンシングによく使用される波長帯（バンド）を表 30.1 にまとめ

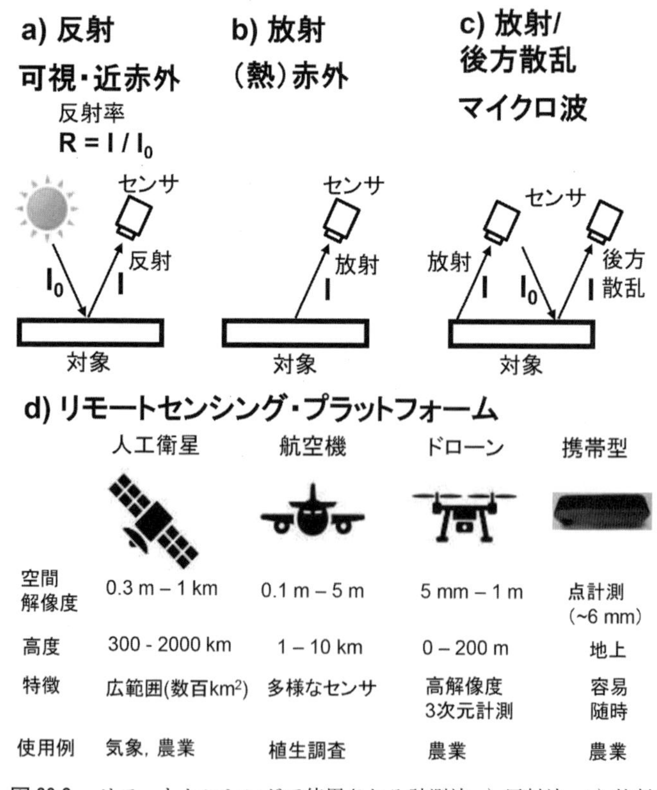

図 30.2.　リモートセンシングで使用される計測法 a) 反射法，b) 放射法，c) 放射 / 後方散乱法，d) リモートセンシング・プラットフォーム（長澤ほか, 2007；井上ほか, 2019 をもとに改変）.

表30.1. 気象衛星ひまわり8・9号の放射計における可視～赤外光のバンド名，略称，中心波長，解像度，用途.

バンド	略　称	中心波長 (μm)	解 像 度 (km)	用　　途
1	B	0.46	1.0	カラー合成雲画像
2	G	0.51	1.0	カラー合成雲画像
3	R	0.64	0.5	カラー合成雲画像
4		0.86	1.0	植生，エアロゾル
5		1.6	2.0	雲相判別
6		2.3	2.0	雲有効半径
7		3.9	2.0	霧，自然火災
8		6.2	2.0	中上層水蒸気量
9		7.0	2.0	中層水蒸気量
10		7.3	2.0	中下層水蒸気量
11		8.6	2.0	雲相判別
12		9.6	2.0	全オゾン量
13		10.4	2.0	雲画像，雲頂情報
14		11.2	2.0	雲画像，海面水温
15		12.3	2.0	雲画像，海面水温
16		13.3	2.0	雲頂高度

た（古川・大木, 2021）.

マイクロ波は，周波数（波長）によって様々なバンド名で呼ばれ，対象物質から放射される場合と，衛星や航空機などに搭載したレーダーから放射して後方散乱されたものを検出する場合があるが（図30.2c），雲，雪，植生，風，雨，土壌，地質，波浪など様々な対象ごとに周波数帯が異なる（表30.2）．波長数cm以上のマイクロ波は，降雨による散乱が小さく，大気の透過率もほぼ100%で，雲を透過して地表を観測できる（長澤ほか, 2007；井上ほか, 2019）.

このように様々な波長の電磁波を用いるリモートセンシングのセンサを搭載している機器をプラットフォームと呼び，主に，人工衛星，航空機，ドローン，携帯型がある（図30.2d）（長澤ほか, 2007；井上ほか, 2019）.

人工衛星は，高度300－2000 kmで地球の周りを周回し，主に可視・近赤外光のセンサで地表の可視・近赤外スペクトル（図30.1d）を計測する．高度

表 30.2.　マイクロ波のバンド名，波長，周波数と用途.

バンド	波長(cm)	周波数(GHz)	用　途
W	0.4	75.0	雲
Ka	1.13 - 0.75	26.5 - 40.0	雪
K	1.67 - 1.13	18.0 - 26.5	植生
Ku	2.4 - 1.67	12.5 - 18.0	風，氷，ジオイド
X	3.75 - 2.4	8.0 - 12.5	降雨
C	7.5 - 3.75	4.0 - 8.0	土壌水分
S	15 - 7.5	2.0 - 4.0	地質
L	30 - 15	1.0 - 2.0	波浪
P	130 - 30	0.23 - 1.0	
UHF	100 - 30	0.3 - 1.0	

とセンサの性能によって，空間解像度は0.3 m－1 kmで最大数百 km^2 の広範囲の地表の状況をモニタリングできる．主に，気象観測や農業における作物の生育状況の把握などに利用されている（図 30.2d）.

航空機は，高度 1－10 km から，多様なセンサで地表の可視・近赤外スペクトルや熱赤外画像，様々なマイクロ波を計測する．空間解像度は 0.1－5 m で植生調査などに利用されている（図 30.2d）.

ドローンは，高度 0－200 m から，地表の可視・近赤外スペクトル（図 30.1d）や熱赤外画像などを計測する．空間解像度は 5 mm－1 m と高く，高度を変化させながらの計測が可能なため，高解像度 3 次元計測が可能である（図 30.2d）.

携帯型センサは，地上で測定者が手に持ち対象に当てて計測し，地表の可視・近赤外スペクトル（図 30.1d）や熱赤外画像などを計測する．点計測であり，測定径は装置によって異なるが，例えば著者が使用している携帯型可視・近赤外分光計は，4－6 mm である．測定者が対象を随時容易に測定でき，農作物，土壌などの計測が可能である（図 30.2d）.

30. 5.　リモートセンシングによる気象災害と大気汚染の予測

現在の気象予測（予報）は，地上での観測，気球による高層気象観測に加えて，気象衛星ひまわり（表 30.1）や気象レーダーなどのリモートセンシングを利用して行われており，台風，集中豪雨，短時間の局地的豪雨，線状降水帯などの気象災害の予報も，その延長上で行われている（古川・大木, 2021）.

大気汚染に関しては，九州大学応用力学研究所気候変動科学分野が中心となり開発しているSPRINTARSというソフトウェアがある（https://sprintars.riam.kyushu-u.ac.jp/index.html）．対流圏に存在する自然起源・人為起源の主要エアロゾル（黒色炭素・有機物・硫酸塩・土壌粒子・海塩粒子，SPM，PM_{10}，$PM_{2.5}$などと呼ばれる）の輸送過程（発生・移流・拡散・化学反応・湿性沈着・乾性沈着・重力落下），エアロゾル・放射相互作用（エアロゾルによる太陽・地球放射の散乱・吸収）およびエアロゾル・雲相互作用（エアロゾルの雲に対する凝結核・氷晶核の機能）などを計算し，その移動予測をしている．その中でも，特に，黄砂，$PM_{2.5}$の週間予測の動画などを公開している．

30. 6.　リモートセンシングによる農業調査・自然環境調査

リモートセンシングを利用して様々な農業調査，例えば，水稲作付地の推移，水稲生育診断，トウモロコシの作況予測などが行われている（井上ほか, 2019）.

リモートセンシングも活用した自然環境調査としては，環境省生物多様性センターが，植生図，植物，動物，高山帯，森林・草原，里地里山，河川・湖沼・湿地，干潟・藻場・サンゴ礁・磯，海岸，生態系総合，身近な生き物調査などの緑の国勢調査ともいうべき調査結果を公開している（https://www.biodic.go.jp/ne_research.html）（長澤ほか, 2007）.

30. 7.　地理情報システムGISによる自然環境調査

地理情報システムGISを用いた自然環境調査については，国立環境研究所が，環境展望台というサイトの中で，環境GIS+というコーナーを設け，大気汚染常時監視，有害大気汚染物質調査，酸性雨調査，ダイオキシン類調査，自動車騒音常時監視結果，海洋環境モニタリング調査，星空観察，熱中症発生数（救急搬送）を公開しており，GISデータを年度ごとにダウンロードできる（https://tenbou.nies.go.jp/gisplus/）.

地質図については，独立行政法人産業技術総合研究所地質調査総合センターがデジタル化した数値地質図を地質図Naviとして公開している（https://gbank.gsj.jp/geonavi/）．その中に，火山，地震，活断層，地すべり地形，土壌，植生などの分布のデータも見ることができる．

例えば，上記の地質図Naviで大阪府周辺の地質図を表示し，その地質図上に様々なデータを重ね書きできるが，ここでは，活断層の分布を表示させてみると，図30.3のようになる．太い線が活断層である．その太い線をマウスでなぞると活断層の名前が表示される．吹田市周辺を拡大してみると，地下鉄御堂筋線に沿うように，南北に上町活動セグメント（上町断層）があり，その北側の延長上には佛念寺山活動セグメントがある．北側には，伊丹，川西，箕面，高槻活動セグメントが東西方向にある．

図30.3. 大阪府周辺の地質図と活断層分布．中央の黒四角領域の吹田市周辺を右に拡大している（Google Mapを背景とする独立行政法人産業技術総合研究所地質調査総合センターの地質図Naviを改変）．

第31章　地下探査

前章では全地球測位システムGPS，地理情報システムGISおよびリモートセンシングを取り上げ，主に地表状態の情報を見てきた．それに対して，地表面よりも下すなわち地下の情報も必要である．そこで，様々な地下探査（表31.1）の中で，特に重要な音波探査，電気探査，地中レーダー，放射能探査などの地下探査を概観する（公益社団法人物理探査学会, 2022）．

31. 1.　音波探査

地表を構成する地殻と呼ばれる地層（岩石の集合体）は，ハンマーなどでたたくと音が出るが，これは地殻物質が弾性体で伸び縮みし，弾性波（音波）を伝播するからである．波の進行方向に平行に振動する波を縦波（P波：Primary Wave）と呼び，波の進行方向に垂直に振動する波を横波（S波：Secondary Wave）と呼ぶ（図31.1a, b）．縦波（P波）は固体・液体・気体中を伝わるが，横波（S波）は液体や気体では振動に対する復元力がないため伝わらず，固体中のみを伝わる．これらの弾性波（音波）の波長λは図31.1bに示す通りだが，1秒間の波の数を周波数fと呼び，音速$V = f\lambda$である．地殻中の音速は，P波がV_p = 5−7 km/s，S波がV_s = ~3 km/s程度である（図31.1c, e）．

人工的に地表をたたいたり振動させたりするか，あるいは自然に地震が発生すると，その弾性波（ここでは地震波と呼ぶ）は地下の様々な方向に伝播する．地層そのものを振動させて伝播する実体波には，発生源から受信点に直接届く直接波，地層境界面で反射されてくる反射波，そして地層境界面で屈折して地層境界面に沿って進み，再度屈折して受信点に届く屈折波がある（図31.1d）．既述の通り横波（S波）は固体のみを伝わり，その速度V_sは密度の高い鉱物からなる緻密な岩石ほど大きい．縦波（P波）は固体・液体・気体を伝わるが，その速度V_pは，固体＞液体＞気体の順で小さくなる．

一方で，地表の表面を伝播する波を表面波（ラブ波とレイリー波）という．

表 31.1. 地下探査法の名称，利用する現象，検出対象と用途（公益社団法人物理探査学会, 2022 をもとに改変）.

地下探査法	名　称	能動／受動	利用する現象	検出対象	用　途
音波探査	微動探査	受動	音波（地震波）	音波速度	火山性・地熱微動など
	自然地震探査	受動			トモグラフィーによる地下音速構造
	表面波探査	能動			地下浅部のS波速度構造
	屈折法探査	能動			地下数百m程度までの速度構造
	反射法探査	能動		音波速度の差	地下数km程度までの速度構造
重力探査	重力探査	受動	重力	密度	地下の岩質と地質構造
磁気探査	磁気探査	受動	磁気	磁化率	地下の岩質と地質構造（火山，地雷）
電気探査	自然電位法探査	受動	電気	比抵抗	塩水の存在，地下水流動，酸化金属鉱床
	比抵抗法探査	能動			比抵抗構造，水，間隙
	強制分極法探査	能動			金属鉱物，粘土鉱物などの存在
電磁探査	MT 法探査	受動	電磁波（電磁誘導）	比抵抗	地下数～数十km程度までの比抵抗構造
	海底電磁法探査	受動／能動			海底下の比抵抗構造（資源・地震）
	空中電磁法探査	能動			広範囲の地下の比抵抗構造
	ループ・ループ法探査	能動			地下数十m程度までの比抵抗構造
	TEM 法探査	能動			地下の比抵抗構造（環境・防災・資源）
地中レーダー	地中レーダー	能動	電磁波（反射）	誘電率の差	地下浅部の構造（空洞，埋設管，遺跡）
放射能探査	放射能探査	受動	放射能	γ線強度	ウラン資源，断層，温泉，地下水，地すべり

ラブ波は，波の伝播方向と平行な方向に振動する表面波（水平動）でありSH波とも呼ばれる．レイリー波は，このSH波とS波の垂直方向の揺れSV波が干渉することで生じる表面波であり，SH波の揺れと垂直な面内でも振動する（上下動＋水平動）表面波である（図 31.1d）．上記の実体波と異なる表

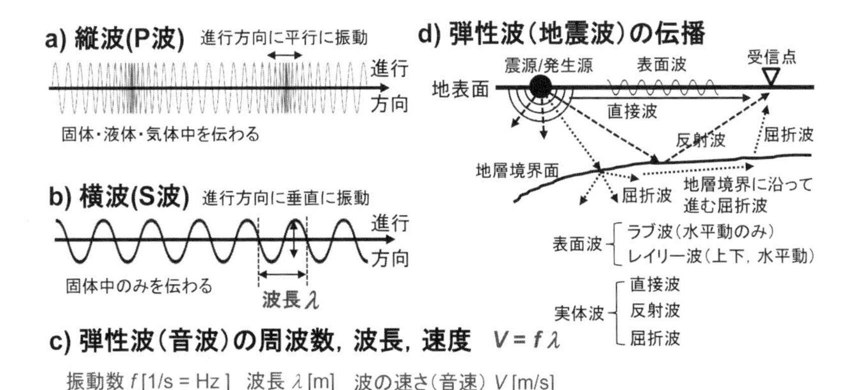

e) 1995年1月17日兵庫県南部地震の神戸での地震波形記録

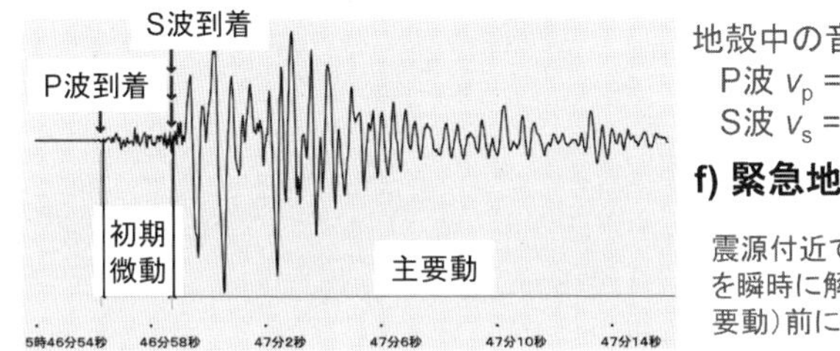

図 31.1.　弾性波（音波）とそれを用いた地下探査の原理. a) 縦波（P 波), b) 横波（S 波), c) 弾性波（音波）の周波数, 波長, 速度, d) 弾性波（地震波）の伝播の模式図（公益社団法人物理探査学会, 2022 を改変), e) 1995 年 1 月 17 日兵庫県南部地震の神戸での地震波形記録, f) 緊急地震速報の原理.

面波の特徴は，実体波よりゆっくり伝播し，速度が周期に強く依存し，距離に対する振幅の減衰が小さく，浅い地震で見られることである.

それぞれの詳しい音波あるいは地震波地下探査についてはここでは省略するが，人工あるいは自然地震による地震波の伝播を解析すると，縦波（P 波）速度 V_p と横波（S 波）速度 V_s の地下分布がある程度わかる．繰り返しになるが，横波（S 波）は固体のみを伝わり，その速度 V_s は密度の高い鉱物からなる緻密な岩石ほど大きい．一方，縦波（P 波）は固体・液体・気体を伝わるが，その速度 V_p は，固体＞液体＞気体の順で小さくなるので，岩石中に水や石油などの液体や空気あるいは天然ガスなどの気体が存在すると小さくなる．従って，地下を構成している地層がどのような岩石でできており，どこに液体や気体の存在が推定されるかがわかるので，石油・天然ガスの探査，断層面の推定などに利用することができる．

地震発生時には，1995年1月17日に起きた兵庫県南部地震の神戸での地震波形の記録の例のように（図31.1e），最初に速いP波（速さ $V_p = 5-7$ km/s）が到達し初期微動が起き，ついで遅いS波（速さ $V_s = \sim 3$ km/s）が到達し主要動となる．緊急地震速報は，震源付近でP波を検出したデータを瞬時に解析して，S波の到達を予測して警報を鳴らしている．しかしながら，震源に近いとP波とS波の到達間の時間が短いため地震の揺れの前に緊急地震速報が出ない場合もある．

31. 2.　電気探査

電気探査は，地下に流れる電流を調べる方法であり，自然電位法，比抵抗法，強制分極法などの様々な方法があるが（表31.1），ここでは最も重要な比抵抗法について紹介する（公益社団法人物理探査学会, 2022）．

地下に流れる電流 I（アンペア A）によって，地下には電位 E（ボルト V）の分布ができるが，それは地下を構成する物質の比抵抗 ρ が異なるからである．

電気抵抗 R（オーム Ω）は電流の流れにくさのことで，以下のように，かけた電位（電圧）E(V)を電流 I(A)で割ったものである．

$$R = E / I \quad (\text{電気抵抗 = 電位 / 電流}) \tag{31.1}$$

比抵抗 ρ（Ωm）は，物質の形状や大きさによらない抵抗値（電気抵抗率）のことで，物質の長さ l(m^2)と断面積 A(m^2)を用いて次式のように書ける．

$$\rho = RA / l \quad (\text{比抵抗 = 電気抵抗×断面積 / 長さ}) \tag{31.2}$$

自然の地下の物質の比抵抗 ρ は，最も電気の流れやすい石墨（グラファイト）で0.01 Ωm程度，海水で0.2 Ωm程度，土砂や堆積物で1－1 k Ωm，火成岩で1 k－数百 k Ωmと幅広い値となっており，すきま（間隙）が多く水を含むと比抵抗が小さい．

地下の比抵抗分布を調べる電気探査では，地下に入れた2つの電極A, Bを用いて，ここに電圧をかけて電流を流し，2つの電極の直線上の間に入れた

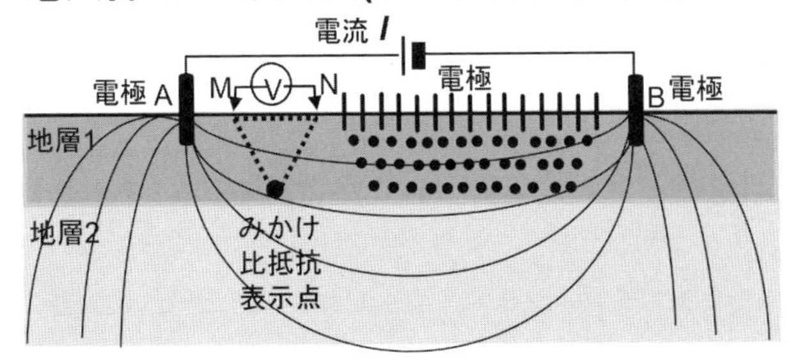

図 31.2. 電気探査の概念図．A, B, M, N の 4 電極または多数の電極を直線的に並べ，みかけの比抵抗値の地下分布を調べる（比抵抗トモグラフィー）（公益社団法人物理探査学会, 2022 をもとに改変）.

別の 2 つの電極 M, N の間の電位差を測定する（4 電極法）（図 31.2）．測定電極を多数配置して，測定電極を自動的に切り替えて測定すると，電極の並んだ直線下の地下断面の 2 次元的な比抵抗の分布を推定することができる（比抵抗トモグラフィーと呼ばれる）（図 31.2）.

このような地下の電気探査は，地下の異なる岩石種，地質構造などの情報を推定できるほか，断層や地下水脈，金属鉱床，地熱資源，化石燃料資源などの探査にも利用されている（公益社団法人物理探査学会, 2022）.

31. 3. 地中レーダー

10 MHz 以上の高い周波数の電波を地中に照射する地中レーダーは，地中における電波の反射・屈折・透過などを利用して，地下構造を調べている（公益社団法人物理探査学会, 2022）.

地中レーダーでは，10 MHz 以上の高い周波数の電波の伝播に対して，地下の物質の誘電率εによって応答が違うことを見ることになる．ここで，誘電率ε (F/m)とは，外部から電場を加えたとき物質がどのように分極するか（誘電分極のしかた）を示す係数であり，真空の誘電率を 1 として，それに対しての比である比誘電率で無次元化して使用されることが多い．水の比誘電率は80と大きいため，地中レーダーでは地下の水に関係した構造の違いを調べることができる．

31. 4.　放射能探査

岩石中には，カリウムK，トリウムTh，ウランUなどの天然放射性同位元素が微量に含まれており，これらが壊変する際に出す放射線のうち，ガンマ線の透過力が大きく，シンチレーションカウンタという検出器などで検出することができる．原子力発電の燃料となるウラン鉱石は放射能探査で見つけることができ，著者も卒業論文と修士論文の研究で，カナダ・サスカチェワン州北西部で放射線検出器を肩にかけてウラン探査を行った．

放射能探査は，断層破砕帯，温泉，地下水，地すべり調査などにも利用されている．また，岩石の種類によって放射性元素の含有量が異なり，例えば花崗岩中にはそれらが多く含まれるため，花崗岩地帯では自然放射線量が高くなっている．

第32章　非破壊検査

前章では地下を調べる探査方法を概観したが，これらの方法は同じ原理で材料やコンクリートなど様々な対象の非破壊検査に利用されている．以下には，その中の代表的な方法として，放射線検査，音波検査，電気検査，核磁気共鳴検査，レーダー検査，近赤外検査などを紹介する（加藤, 1995；魚本, 2008）．

32.1. 放射線検査

X線などの放射線は物質を透過し，その透過度は物質の密度が大きいほど小さいことから，人体を含めた様々な物質の非破壊検査に使用されている．健康診断や空港での保安検査でもお馴染みである．近年はコンピュータ技術を用いた3次元画像が得られるようになり，Computed Tomography（CT）と呼ばれ，X線を用いたものはX線CT像などと呼ばれる．最新の装置の空間分解能は，対象試料にもよるが最小1 μm程度まで到達している．

著者らは，岩石組織をX線CTで解析し，間隙や割れ目の分布や割れ目中の水の流れなどを可視化してきたが（池田ほか, 1997；廣野ほか, 2001；2002；Hirono et al, 2003），その後，コンクリートの劣化過程にも用いてみたので，その例を紹介する．

セメントに小石を加えて作成したモルタルに，凍結融解サイクルによる水の膨張収縮を0, 2, 4, 6サイクル行い，モルタル劣化を促進し，1軸圧縮強度を調べてみると，図32.1aのように，凍結融解サイクルが増えると強度が低下していくことがわかった．ただし，空気連行剤(AE)を加えると，モルタルの間隙に空気が入り，間隙の膨張を抑える効果があるため，AEありのモルタルは強度劣化がやや抑えられる．円筒状モルタルの外観写真でも，サイクルが増えると亀裂や割れ目が増えている（図32.1b）．これらのモルタル試料を円盤状に切り，X線CT画像をとったものが図32.1c, dである．黒い穴のように見えるのが間隙である．AEありの4サイクルでは，矢印で示した小

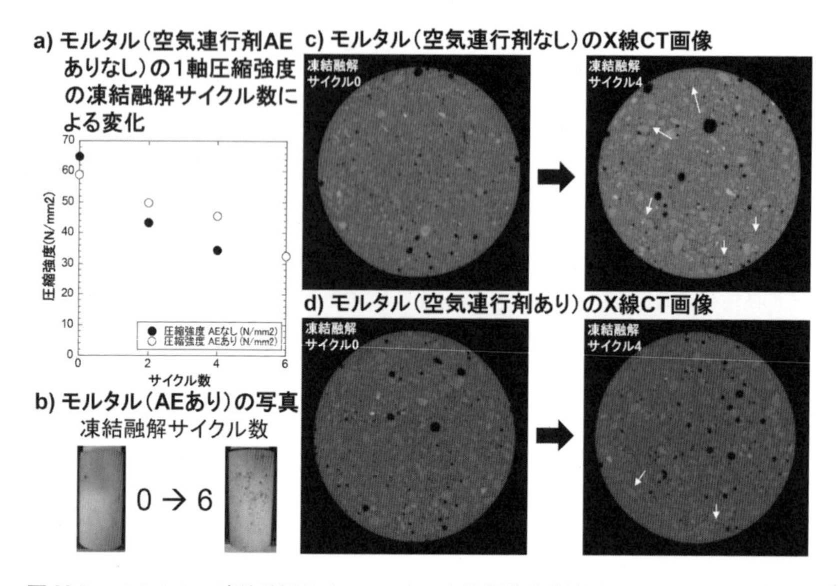

図 32.1. モルタルの凍結融解サイクルによる劣化促進試験結果．a) 1軸圧縮強度の凍結融解サイクル数による変化，b) モルタル（空気連行剤 AE あり）の外観写真（サイクル数0と6），c) モルタル（AE なし）の X 線 CT 画像（サイクル数0と4），d) モルタル（AE あり）の X 線 CT 画像（サイクル数0と4）．AE なしサイクル数6では試料が割れてしまい，1軸圧縮試験ができなかった（堀川・梅澤・中嶋，準備中）．

さな亀裂が2つ程度確認できるが，AE なしの4サイクルでは，亀裂が数個以上と増えている．このように外観だけでなく内部の亀裂なども X 線 CT では確認できる．

32. 2.　音波検査

31.1で音波による地下探査を解説したが，全く同じ原理で岩石やコンクリートなどの非破壊検査が行われている．トンネル，橋，道路などの構造物の検査は，まず目視，ついで打音検査が行われることが多い．この打音検査は，対象をハンマーなどでたたいて音を聞くわけであるが，その音を計測してフーリエ変換すると音の周波数特性を調べることができ，そのような市販装置もあり，トンネルや橋などで利用されている（魚本, 2008）．

32.1で紹介したモルタルの凍結融解による劣化試験において，P波速度V_pとS波速度V_sを計測した結果を図32.2に示す．V_pおよびV_sは，いずれも凍結融解サイクルが増えるにつれて減少しており，より密度が小さくなったと理解できる．実際に水銀圧入法による間隙率と間隙径分布を調べてみると，凍結融解サイクルが増えて劣化が進行するにつれて，モルタルの間隙率が増加し，間隙径も大きくなっている．

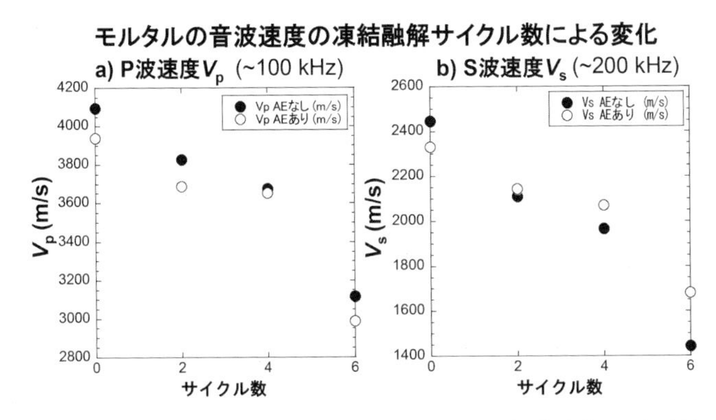

図32.2.　モルタルの凍結融解サイクルによる劣化促進試験での音波速度．a) P波速度V_pの凍結融解サイクル数による変化，b) S波速度V_sの凍結融解サイクル数による変化（堀川・梅澤・中嶋，準備中）．

32. 3.　電気検査

31.2で電気による地下探査を解説したが，全く同じ原理で岩石やコンクリートなどの非破壊検査が行われている．ここでは，32.1, 32.2で紹介したモルタルの凍結融解による劣化試験において，電気抵抗計測器を用いて比抵抗を計測した結果を紹介する（図32.3）．

この比抵抗計測では，周波数を掃引して比抵抗を計測した中で，100 Hzと10 kHzでの比抵抗を図32.3a, bにそれぞれ示す．100 Hzでの比抵抗は，空気連行剤(AE)なしでは凍結融解サイクルが増えるにつれて直線的に減少しているが，AEありではあまり比抵抗が変化していない．10 kHzでの比抵抗は，空気連行剤（AE）なしでは凍結融解サイクルが2回までに急激に減少しているが，その後はあまり変化せず，AEありでは殆ど比抵抗が変化していない．

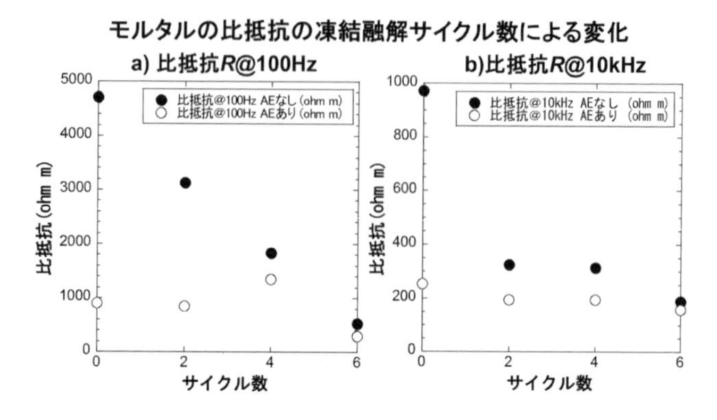

図 32.3.　モルタルの凍結融解サイクルによる劣化促進試験での比抵抗．a）100 Hzでの比抵抗の凍結融解サイクル数による変化，b）10 kHzでの比抵抗の凍結融解サイクル数による変化（堀川・梅澤・中嶋，準備中）．

比抵抗は水みちの連続性に関係していると考えられるため，AEありではモルタル中の亀裂などを介した水みちが連続しないが，AEなしでは水みちがつながっていったと推定される．モルタル中の水みちの連続性は，100 Hzでの比抵抗によく反映されているようである．

32. 4.　近赤外検査

第30章のリモートセンシングの中で紹介した可視・近赤外分光法は，地表には使用できたが地下探査には使用できなかった．しかし，地表の物質の非破壊検査には使用できる場合があり，第33章でも詳しく解説する．

ここでは，最近コンクリートの劣化の非破壊検査に利用され始めた近赤外分光検査について紹介する．まずコンクリートの化学的劣化として代表的な，塩害（塩化物化），中性化，硫酸劣化による近赤外スペクトル変化の例を図32.4aに示す（魚本，2008）．正常なものでも化学的に劣化したものでも共通に見られる吸収帯が1920 nm付近にあり，O–H伸縮振動とH–O–H変角振動の結合音によるもので，すなわち水分による吸収である．

コンクリートは本来ポートランドセメント（主にカルシウム酸化物）を主成分とし，それに細骨材（小石）と粗骨材（岩石片）と水を加えて作られ，水酸化カルシウム（ポートランダイト：$Ca(OH)_2$）の存在のため強アルカリ性である．近赤外スペクトルの1410 nm付近の吸収帯は，OH伸縮振動の倍音であり，主にこの$Ca(OH)_2$の存在による．この強アルカリ条件のおかげで，コンクリート中の鉄筋は表面が薄い不働態被膜（γ-$Fe_3O_4.nH_2O$とされる）に覆われて腐食が防がれている．

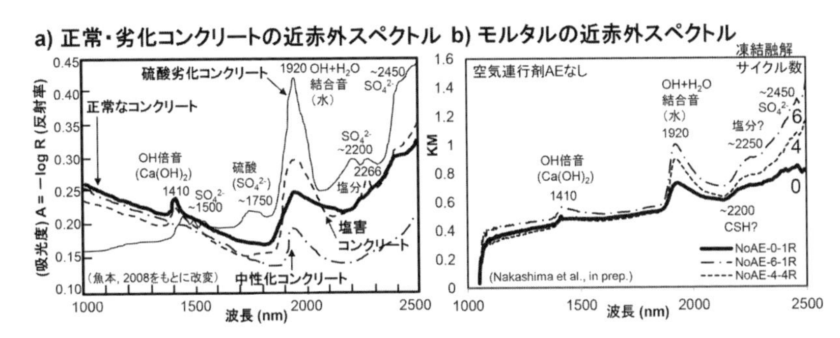

図32.4. a) 正常および化学的劣化コンクリートの近赤外スペクトル（魚本, 2008をもとに改変），b) モルタルの近赤外スペクトルの凍結融解サイクル数（0, 4, 6）による変化（堀川・梅澤・中嶋，準備中）．

しかしながら，塩分がコンクリートに浸透して来ると，塩害（塩化物化）が起こり，この不働態被膜が塩化物イオン（Cl^-）によって破壊され（鉄イオンが塩化物イオンと結合し溶解する），鉄筋が腐食してしまう．塩化物イオンが多い条件では，コンクリート中セメントの主成分アルミネート（C_3A: $3CaO.Al_2O_3$）が石膏（$CaSO_4.2H_2O$）などと反応して，エトリンガイト（$3CaO.Al_2O_3.3CaSO_4.32H_2O$）を経て，モノサルフェート水和物（$3CaO.Al_2O_3.CaSO_4.12H_2O$）を生成する．この硫酸イオンを塩化物イオンが置き換えたものがフリーデル氏塩（$Ca_2Al(OH)_6(Cl, OH) \cdot 2H_2O$）と呼ばれるものとなる．この塩化水酸化物が塩害コンクリートの2266 nm付近の吸収帯の原因と考えられている（魚本, 2008）（図32.4a）．

中性化コンクリートでは，下記の反応式のように，アルカリ性の原因である$Ca(OH)_2$がCO_2と反応して$CaCO_3$に変わるためとされる．

$$Ca(OH)_2 + CO_2 \rightarrow CaCO_3 + H_2O \tag{32.1}$$

中性化コンクリートでは1410 nm付近の$Ca(OH)_2$による吸収帯がほぼ消失している（図32.4a）．

硫酸化したコンクリートでは，1500, 1750, 2200, 2450 nm付近などにいくつかの吸収帯が見られ，これらは硫酸イオン（SO_4^{2-}）によると考えられる（図32.4a）．

このような化学的なコンクリートの劣化に対して，コンクリートから粗い骨材を抜いたモルタルでの凍結融解による劣化促進試験を比べてみる．これは，間隙水の凍結融解による膨張・収縮という物理的作用による機械的劣化と言えよう．著者らがモルタルを近赤外分光計測した結果を図32.4bに示す．空気連行剤(AE)なしで凍結融解サイクル数が0, 4, 6回のモルタルでは，いずれも同様に，1410 nm付近の$Ca(OH)_2$による吸収帯，1920 nm付近の水分による吸収帯が見られる．2450 nm付近には，硫酸イオン（SO_4^{2-}）による吸収も少し見られる．一方で，2200－2250 nmあたりにも吸収帯が見られる．これは，上述の塩化物による吸収帯が少し含まれているためである可能性があるが，主な原因は，セメントが水和熟成していく過程で生成するCalsium Silicate Hydrate(CSH)と呼ばれる数種の鉱物ではないかと思われる（図32.4b）．いずれにせよ，凍結融解サイクルによる近赤外スペクトル変化は顕著ではなく，化学的にはあまり変化しておらず，X線，音波および電気検査で見られたように亀裂や水みちが生成した物理的劣化と考えられる．

32. 5.　核磁気共鳴 (NMR) 検査

核磁気共鳴法(Nuclear Magnetic Resonance: NMR)（中嶋, 2023）の中でも，プロトン^{1}Hの核のスピンを用いた3次元イメージング(CT)は，人体内の脳や血管などの水の水素原子を画像として得るので，核磁気共鳴画像法

(Magnetic Resonance Imaging: MRI)とも呼ばれる.

著者らは，この方法を岩石内部の水の可視化に利用できるのではないかと考え，まず水入りめのう（多結晶石英集合体）を測定してみた(Nakashima et al., 1998)(図 32.5a)．水入りめのうは，数 cm 程度の石だが，振るとぴちゃぴちゃと音がするので，中に水が入っていると思われる．実際石を切ってみると，水が出てくる．しかし，これを切らずに中に水があることが ^{1}H-NMR-CT で見えるのではないかと思ったのである．実際の NMR-CT 画像は図 32.5b のようになり，多結晶石英（シリカ）（白）に囲まれた内側に，空気（濃い灰色）があり，その下にやや薄い灰色の部分が見え，これが液体の水である．

水入りめのう a) 外観写真　b) NMR-CT像

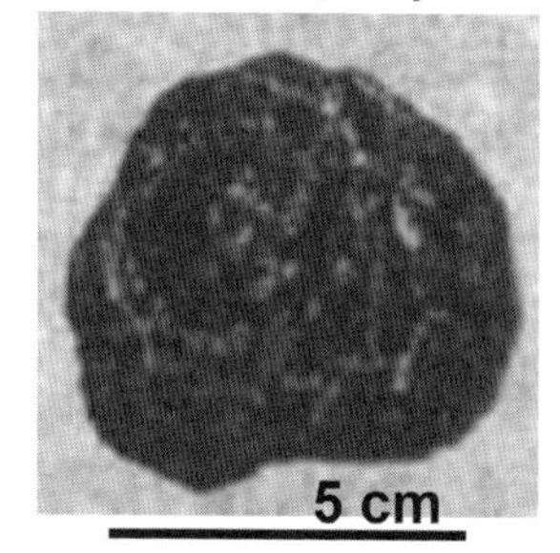

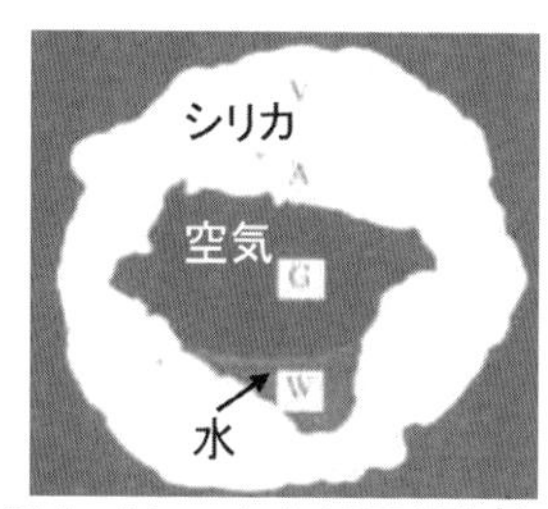

(Nakashima et al, 1998を改変)

図 32.5.　水入りめのう（多結晶石英集合体）の a) 外観写真と b) NMR-CT 像(Nakashima et al., 1998 を改変).

その後，^{1}H-NMR は第 31 章の地下探査技術としても，地下水や石油などの地下検層に利用されるようになり，間隙率，浸透率，拡散係数などの計測にも用いられている．最近では可搬型の装置開発も進み，コンクリートや漆喰（しっくい）中の水分の検出にも利用できる（中島, 2023；Nakashima, 2023).

第33章「自然環境の聴診器」の開発

第30, 31, 32章で，リモートセンシング，地下探査法，非破壊検査法といった自然環境の現状とその変化をモニタリングできる手法を概観してきたが，現在はこれらを我々が簡単に使えるような状況ではない．そこで，より手軽に誰でも使えるようなできるだけ単純な装置が必要だと著者は考えている．ここからは著者らが開発してきた「自然環境の聴診器」とでもいうべき計測器と，その利用例を紹介する．

33.1. 携帯型可視・近赤外分光計測器

まず，第30章で紹介したリモートセンシングに利用される電磁波のうち，最も我々に馴染みのある可視光（Vis）と近赤外光（NIR）を計測する聴診器を紹介する．

33.1.1. 分光測色計で地球の顔色をはかる

著者は，1987年頃から岩石や土の可視光反射スペクトルを測定し，それらの色を数値で表し，世界に先駆けて地球の色を定量的に評価する研究を始めた（中嶋, 1994a, b；中嶋, 1998；2002；2007）．いわば，地球の顔色をはかろうというわけである．最初に行った研究は，花崗岩の風化による色変化である（Nagano and Nakashima, 1989）．

頑強に見える岩石も，長い年月風雨にさらされると劣化していく（風化という）．例えば，花崗岩という岩石は，御影石とも呼ばれて，新鮮ならとても硬い岩石で，墓石などに利用されている．この花崗岩が風化していくと，ぼろぼろの真砂土となり，土砂崩れを引き起こす．兵庫県の六甲山は花崗岩でできた山であり，幾筋もの川沿いには多くの砂防ダムが設置されている．2014年8月には，広島県広島市安佐北区，安佐南区で，集中豪雨によって土石流が発生し，77名の方が亡くなった．このときの土石流が花崗岩の風化した真砂土であった．

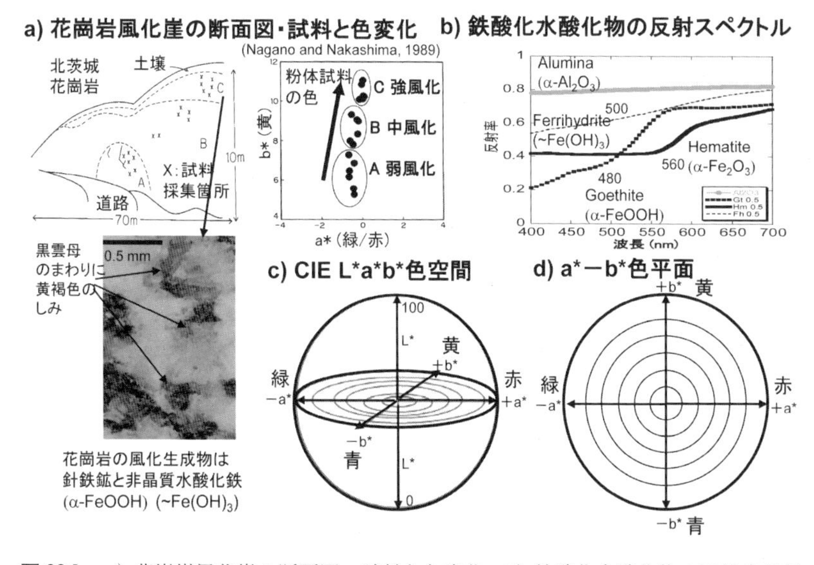

図 33.1. a) 花崗岩風化崖の断面図・試料と色変化，b) 鉄酸化水酸化物の可視光反射スペクトル，c) 国際照明委員会(CIE) 推奨の L*a*b* 色空間，d) a*-b* 色平面.

図 33.1a に北茨城の道路脇の花崗岩の崖で採取した花崗岩の写真を示す．黒いのが黒雲母，白いのが長石，灰色半透明が石英である．カラーでないのでわかりにくいが，黒い黒雲母の周りが灰色で，実際の色は黄褐色である．この岩石試料を粉にして，色測定器で色の数値 L*a*b* を測定して，a*-b* 図にプロットしてみると，主に b* 値（黄色味）が風化度と共に大きくなっている (Nagano and Nakashima, 1989)（図 33.1a）．可視光反射スペクトルを鉄酸化物・水酸化物標準物質のスペクトル（図 33.1b）と比較すると，480 nm 付近に吸収帯を持つ針鉄鉱（goethite: α-FeOOH）と 500 nm 付近に吸収帯を持つフェリハイドライト（ferrihydrite: $Fe(OH)_3$ に近い組成）があると考えられた（Nagano et al., 2002）．つまり花崗岩の風化では，水酸化鉄という鉄さびができている．それが黄褐色なので，風化と共に花崗岩の b* 値（黄色味）が増えることになる．

ここで出てきた色の数値化は，国際照明委員会（CIE）が物体の反射色を表す色彩工学的色空間として推奨している L*a*b* 色空間（CIELab 1976）（図33.1c）を用いている．400－700 nm 波長範囲を 10 nm おきに測定した反射スペクトルをもとに，まず色の 3 刺激値（CIE XYZ）を以下の式で求める．

$$X=k\int S(\lambda)R(\lambda)\bar{x}(\lambda),\ Y=k\int S(\lambda)R(\lambda)\bar{y}(\lambda),\ Z=k\int S(\lambda)R(\lambda)\bar{z}(\lambda) \qquad (33.1)$$

$S(\lambda)$ は光源のスペクトル，$R(\lambda)$ は試料の反射率，$\bar{x}(\lambda)$, $\bar{y}(\lambda)$, $\bar{z}(\lambda)$ は等色関数（ヒトの視覚感度），k は次の式で表される規格化係数である：
$k = 1/[\int S(\lambda)R(\lambda)\bar{x}(\lambda)]$．次に，L*, a*, b* 値を以下の式で計算する．

$$L^* = 116\left(\frac{Y}{Y_n}\right)^{\frac{1}{3}} - 16 \qquad (33.2)$$

$$a^* = 500\left[\left(\frac{X}{X_n}\right)^{\frac{1}{3}} - \left(\frac{Y}{Y_n}\right)^{\frac{1}{3}}\right] \qquad (33.3)$$

$$b^* = 200\left[\left(\frac{Y}{Y_n}\right)^{\frac{1}{3}} - \left(\frac{Z}{Z_n}\right)^{\frac{1}{3}}\right] \qquad (33.4)$$

X_n, Y_n, Z_n は標準白色板の 3 刺激値であり，次の条件を満たす：$X = X_n$, $Y = Y_n$, $Z = Z_n > 0.01$.

L* は明度で，0 で真黒，100 で真白，a* はプラスで赤，マイナスで緑，b* はプラスで黄，マイナスで青である．この色空間を L*=50 の面で切り取った a*-b* 断面を図 33.1d に示す．

花崗岩の可視光反射スペクトルの形状から色変化の原因物質を推定はできるが，可視光の吸収帯は図 33.1b のように幅広く広がっておりピークが明瞭でないため，特定が困難である．そこで，色を数値化する方が定量化しやすいと考えた．上記の花崗岩の風化度（劣化度）は，主に b* 値の増加で評価できるというわけである．また，鉄酸化物・水酸化物標準物質をアルミナに様々な含有量混ぜた粉体の色を測定し a*-b* 図上にプロットすると，鉱物種ごとに b*/a* 比，すなわち直線の傾きが異なり，鉱物種もある程度推定できることがわかった．

その後，可視光だけでなく近赤外光も同時に計測できる装置を，フィールドジオセンサと呼んで試作したが，回折格子 3 個，検出器 9 個を用いて複雑で重く（約 8 kg），あまり使いやすいとは言えない装置になってしまった（中嶋, 1994a；中嶋ほか, 1996).

その間に，工業製品や衣類，印刷物，車などの色を計測する携帯型の分光測色計（図33.2a, c）が市販されるようになったため，それを用いて野外の地層・土・岩石や，海底堆積物のボーリングコアなどを直接計測し評価した（中嶋, 1994a, b)．その中から，いくつかの具体例を紹介する．

海底下の土すなわち海底堆積物を掘削して柱状試料（コアと呼ぶ）を採取すると，深さ方向に色が様々に変化していることがしばしば見られる（図33.2a)．黒色は有機炭素やマンガン酸化物，赤褐色や黄褐色は3価鉄（Fe^{3+}）の酸化水酸化物，緑は2価鉄（Fe^{2+}）の鉱物あるいは光合成色素クロロフィル，白は$CaCO_3$やSiO_2などによる．これらの堆積物が堆積した際の化学成分の種類と量の変化が色の変化に対応し，過去の海底環境（古環境）の変動を推定できる（Nagao and Nakashima, 1991; 1992)．著者らは，世界で初め

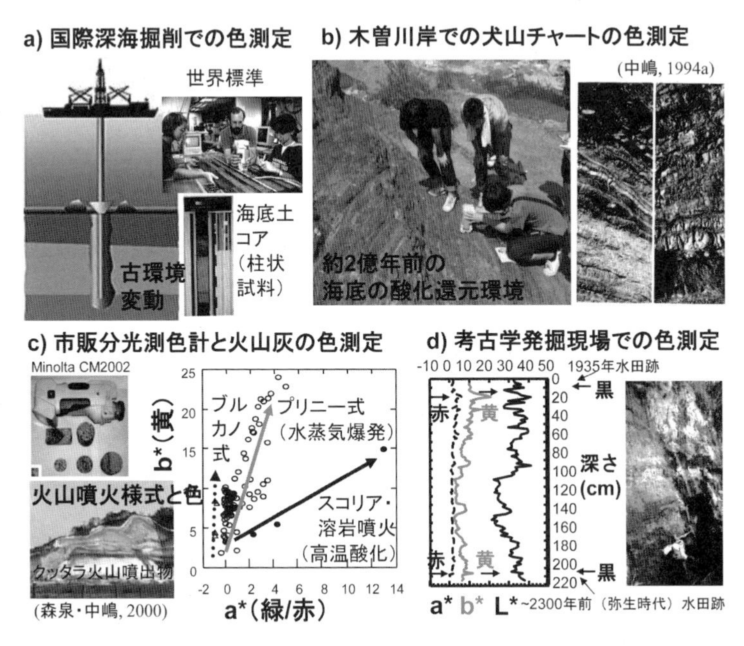

図33.2. a) 国際深海掘削での色測定，b) 木曽川岸での犬山チャートの色測定，c) 市販分光測色計と火山灰の色測定，d) 考古学発掘現場での色測定.

て海底土の色を用いて古環境変動を解析する手法を提案したため，著者はその後国際深海掘削計画（Ocean Drilling Program: ODP）の委員に推薦され，1995年頃からODPでの海底コア試料の記載には必ず分光測色計での色測定を行うことになり，これが結果的には世界標準となった（図33.2a）.

この方法はもちろん陸上に露出している地層（露頭という）の色測定でも用いることができる．例えば，岐阜県と愛知県の県境を流れる木曽川の川岸に露出している犬山チャートと呼ばれるシリカSiO_2を主成分とする岩石（地層）は，約2億年前の海底堆積物であるが，約1.5 mくらいの間に，下から上に，色が黒，緑から，オレンジ，紫，赤と大きく変化する（図33.2b）．ちょうどこの時期に，放散虫などの多くの生物種が絶滅したことが知られており，その原因は海洋無酸素事件とされている（磯崎, 1995）．すなわち海底付近の酸素の欠乏が生物の絶滅をもたらしたと考えられている．酸素が少ない環境では，生物の遺骸が海底に積もるとその中の有機成分が酸化されずに埋没し黒くなる．また，鉄分は還元的環境では2価鉄（Fe^{2+}）であり緑色系の色を呈する．その後，海底の酸素量が回復したと考えられており，有機物は酸化され残存しにくくなり（黒くならない），鉄分は酸化的環境では3価鉄（Fe^{3+}）となり，オレンジ（FeOOH），紫～赤（Fe_2O_3）など赤色系の色を呈する．つまり，約2億年前の海底の酸化還元環境の変化が色でわかるということである（中嶋, 1994a）.

火山が噴火すると火山灰，軽石，溶岩，スコリアなどの火山噴出物が放出され周辺に堆積し地層となる．北海道クッタラ火山噴出物の色を測定してa^*-b^*図にプロットしてみると，火山の噴火様式の違いが色に反映されることがわかった（図33.2c）（森泉・中嶋, 2000）．クッタラ火山では，3つの噴火様式の噴火が起きている．スコリア・溶岩噴火で出た噴出物の色は，a^*-b^*図ではb^*/a^*が1に近く，赤色系である．これはマグマが高温に加熱されて鉄分が赤鉄鉱（Fe_2O_3）となったためと考えられる．プリニー式噴火の噴出物は，b^*/a^*が5に近く，黄色系である．これは水蒸気を伴う爆発的噴火であり，鉄分が水和して水酸化鉄(FeOOH)となったためだと考えられる．ブルカノ式噴火の噴出物は，a^*がマイナスまたは0付近で，やや緑または黒色系であり，酸化も水和もあまりなく噴出したものと考えられる．その後も，伊豆高塚山スコリア丘（山野井ほか, 2004），桜島火山噴出物（Yamanoi et al., 2008），それらの実験室での再現加熱実験（山野井ほか, 2004；Yamanoi and Nakashima, 2005; Yamanoi et al., 2009; Moriizumi et al., 2009），流紋岩の風化（Yokoyama and Nakashima, 2005）などに分光測色法を用い，火山噴火における色の利用を開拓した．

20.1で紹介した水田土壌の残留農薬汚染の例で，日本の水田土壌の特徴は，表土は微生物の働きで還元的で，鉄とマンガンが還元されてFe^{2+}, Mn^{2+}となって溶出し下部へ浸透し，地下15－20 cm程度の酸化的なところで酸化物，水酸化物（MnO_2, $Fe(OH)_3$）となって沈殿するため，上部が黒く下部が黄～赤褐色であると述べた（図20.1）．このことを，博多空港すぐそばの雀井遺跡の考古学発掘調査に利用した色測定例を紹介する（図33.2d）．分光測色計で約220 cmの土壌断面を，約2 cmおきに測定し，色の数値，a^*, b^*, L^*値の深度分布をグラフにしてみると，上から約15 cmのところに，黒くなってから赤と黄色が増えるところがある．これは1935年頃の水田跡であることが，あぜ道でつながっていることでわかっている．上から約210 cmのところにも，ピークは小さいが黒くなってから赤と黄色が増えるところが確認できる．この深さのところで別の場所であぜ道が発掘されたことから，これは約2300年前の弥生時代の水田跡であることがわかった（図33.2d）．目視では確認できないが，色測定は考古学の調査にも役に立った例である．

ついでながら，この雀井遺跡付近の水田土壌の色も測定させてもらったが，1930年代の水田層下部よりも，1950年代の水田層下部の褐色が薄く（主にb^*値が20程度から10程度に減少している），鉄分（主にFeOOHだと思われる）が減少していると考えられた．新しい農業では化学肥料を用い，いわゆる循環農業ではないため，鉄分が失われていると考えられた．我々の食べる米にも鉄分があるが，その源はもちろん水田土壌であり，鉄分不足になるおそれもある．色測定は土壌の健全性の指標にもなる．

このように，分光測色法は，古環境解析学，火山学，資源探査，環境調査だけでなく，農業土壌学，考古学，地盤工学など様々な分野に活用されるようになった．

33. 1. 2.　携帯型分光測色計の開発

しかしながら，市販の分光測色計は安価ではなく，片手では持てるが小さくはないので（7×10×20 cm 程度，約 1 kg 弱），誰でも気軽に使用できるものではない．そこで，著者は 2010 年頃より，コンパクトで使いやすい分光測色計を自ら製作しようと考え，結局 2012 年頃に装置の概念設計をし，知り合いの会社に製作してもらった（PRISMO MIRAGE）（図 33.3a）．

この分光測色計は，LED 光源を蛍光板に当てて白色化した光をファイバー（3 mm 径）により 45° で試料面に照射し，試料面からの反射光を 90° 方向のファイバー（3 mm 径）で分光器に導入し，回折格子で分散された光を，CMOS 検出器（小さな検出素子が 256 個一列に並んでいる）で波長ごとの光強度として 340－750 nm の範囲で計測する（図 33.3b）．波長分解能は約 12 nm である．単 4 乾電池 4 個で動作し，Wi-Fi 経由でノート PC の Windows ソフト，または iPhone/iPad のアプリ（PRISMO MIRAGE: AppStore から無料でダウンロードできる）から計測し，データを取り込む．片手で持って野外でもどこでも使用できる．

33. 1. 3.　高速道路工事現場での測定

ちょうどその頃，NEXCO 西日本から，高速道路建設現場岩盤斜面の強度の指標として色を測定してみてほしいと頼まれたので，当時建設中だった東九州自動車道（宮崎県）の切土斜面岩盤の強度を現場でシュミットハンマーにより測定し，著者らが開発した携帯型分光測色計 PRISMO MIRAGE でスペクトルと色を測定した（Nakashima et al., 2014）（図 33.3c）．まず，溶結凝灰岩と花崗閃緑岩というマグマが冷えて固まった火成岩からなる岩盤を現場で多数計測した結果，1 軸圧縮強度の減少と共に，a*（緑赤）値の増加および b*（黄色）値の増加傾向が見られた（図 33.3d）．岩盤強度が劣化するにつれて，岩盤の赤みと黄色みが増すということである．これは風化生成物である Fe^{3+} を含む酸化物（Fe_2O_3: 赤）や水酸化物（FeOOH: 黄褐色）（柔らかい）

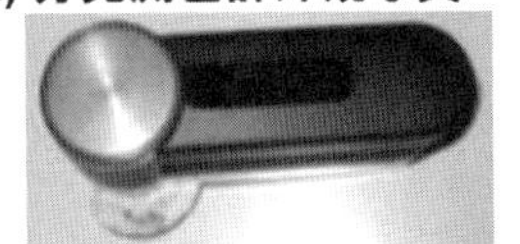

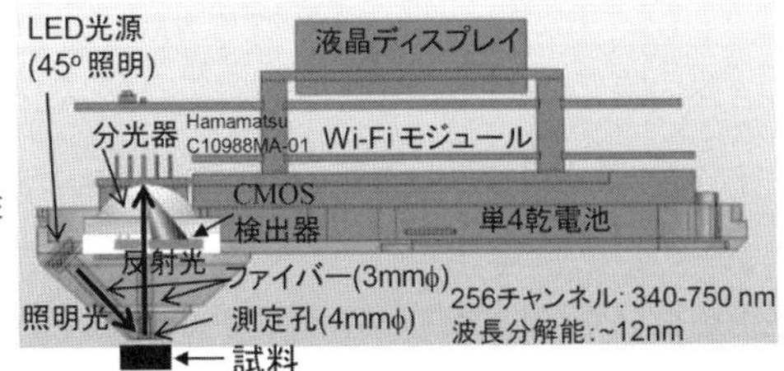

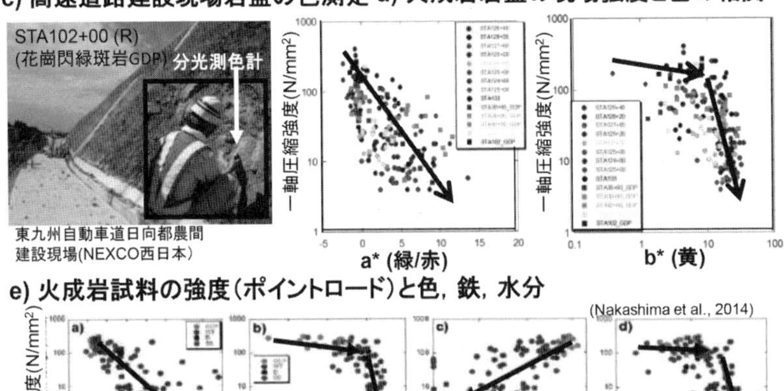

図 33.3. 分光測色計の a) 外観写真と b) 内部構造の模式図，c) 高速道路（東九州自動車道）建設現場での色測定の写真，d) 火成岩岩盤の 1 軸圧縮強度と a* 値（緑/赤），b* 値（黄），e) 火成岩試料の強度と色（a*, b*），Fe^{2+}，OH（水）の関係.

ができたからと考えられる.

試料を持ち帰りポイントロードテストという手法で 1 軸圧縮強度を計測し，近赤外分光計で 1150 nm 付近の Fe^{2+} の吸収帯面積と 1400 nm 付近の OH 吸収帯面積を計測した．その結果，強度低下と共に，Fe^{2+} が減少し，OH（水）が増える傾向が見られた（図 33.3e）．つまり，火成岩が風化して，鉄が酸化し酸化水酸化物となり，長石などの鉱物が水和して粘土化し，その強度が劣化し，それは色と水分から概ね見積もることが可能だということである

(Nakashima et al., 2014).

その後，NEXCO 西日本から，当時建設中だった新名神高速道路建設現場の岩盤斜面も同様に計測してみてほしいと頼まれた．現在の箕面インターチェンジ付近の砂岩層をシュミットハンマーで 1 軸圧縮強度を，分光測色計で色を測定したが，今回は強度と色は良い相関を示さなかった．砂岩という堆積岩は，元の岩から壊れて積もって固まるまでの間に様々な履歴があり，残念ながら，その強度は色だけでは推定できないということである．

著者らは，色だけでなく，近赤外分光計による水分評価を組み合わせ，さらには音波速度，電気伝導度などの測定も組み合わせれば，岩盤強度劣化の非破壊評価が可能だと考えている（33.5, 33.6 参照）.

33. 1. 4.　携帯型可視・近赤外分光計の開発

33.1.2 の分光測色計は，乾電池で使用できるためケーブルレスという利点があったが，高速道路工事現場での多数のデータ測定の際，2－3 時間程度で乾電池交換が必要であった．また，iPhone/iPad でデータを取り込んだ後，それらのデータをメールに添付ファイルで送って整理しようとしたが，それにも多大な時間がかかった．そこで，充電したノート PC やタブレット PC から USB 給電できる方が便利ではないかと考えた．また，図 33.3e で示したように，可視光スペクトル反射測定で得られる色だけでなく，近赤外光スペクトルを用いると Fe^{2+} や水分についての情報も得ることができる．そこで，新しい携帯型可視・近赤外分光計を開発した (Nakashima et al., 2023) (図 33.4).

可視光の分光器と近赤外光の分光器を 2 つ用いて，700 nm でデータを可視光側の反射率に合わせてつなぐことで，340－1050 nm の可視・近赤外光の広い波長領域の反射スペクトルを得ることができる．それぞれの分光器が CMOS センサ（可視光検出器）を 256 個持っているので，2 つをつないで約 2.4 nm 間隔で約 330 チャンネルのデータを取得できる（図 33.4a)．市販の殆どの分光測色計は 10 nm 間隔でしかスペクトルを測定できないため，吸収帯の詳細の解析は困難だったが，この可視・近赤外分光計ではスペクトル形状の詳細もとらえられる．この 2 つの分光器を小さな装置内に収めるため，それぞれを 45°で傾けて配置した．キセノン光源から 90°方向のファイバー（3 mm 径）で試料面に照射し，試料面からの反射光（測定口径 6 mm）を垂直からも水平からも 45°方向のファイバー（3 mm 径）2 つで 2 つの分光器に導入し，回折格子で分散された光を 2 つの CMOS センサ（小さな検出素子が 256 個一列に並んでいる）で計測する（図 33.4a, b）．

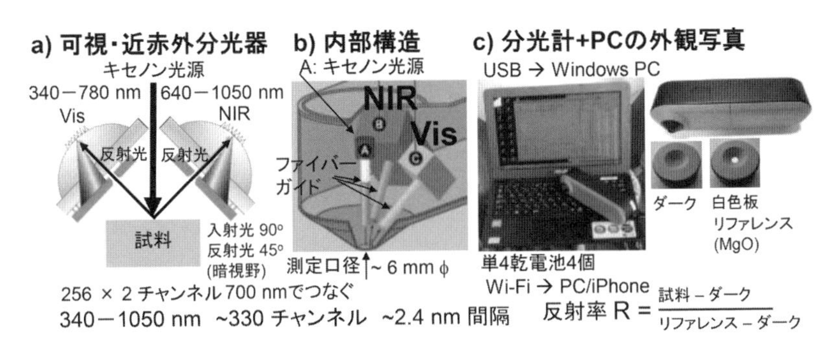

図 33.4. 可視・近赤外分光計の a) 2 つの分光器の模式図と b) 内部構造の模式図，c) PC と USB 接続した分光計の外観写真．

この装置は MIRAGE Cross（扶桑プレシジョン）と名づけ，単 4 乾電池 4 個でも Wi-Fi を経由すれば PC または iPhone/iPad で動作するが，USB ケーブルで Windows PC につなぐと給電でき，直接データ転送もできる（図 33.4c）．測定する対象をねらいやすいようにするため，測定口を円錐形にしているが，前回の分光測色計では白色板を測定する際に，測定口を白色板に密着することが難しかった．そこで，今回は，光源を当てない条件（ダーク：バックグラウンドのノイズ）用には，円板を円錐形にくりぬいた部分で測定口を覆い，光源を当てて白色板を測定するリファレンス条件では，この円板の裏側に円錐形にくりぬいた下に白色板を埋め込んだ（図 33.4c）．試料からの反射スペクトルは，試料からの反射光からダークを差し引いたものを，白色板からの反射光からダークを差し引いたもので割って，以下のような反射率 R として測定する（図 33.4c）．

$$反射率\ R = \frac{試料S - ダークD}{リファレンスRef - ダークD} \tag{33.5}$$

試作機を経てこの装置ができたのが2018年頃だが，その後著者は自宅ベランダで野菜果物などの熟成過程や，モミジ，イチョウなどの紅葉・黄葉過程などの追跡測定に数年間ほぼ毎朝使用してきた．現在それらのデータを解析して論文にまとめているが，以下にすでに論文にできた例を3つ紹介する．

33.1.5. 農地（圃場）の土の現場測定

土壌の色には鉄の酸化水酸化物が強く影響し，鉄分の含有量の指標ともなる．特に，水田土壌における鉄の形態は，酸化還元状態により著しく変化し，リン酸イオンとの吸着性や有機物との共沈などにも影響するため，土壌のリアルタイムの診断が重要である．そこで，上記で開発した携帯型可視・近赤外分光計を，水田土壌の現場測定に用いてみた（中嶋・森泉, 2018）．

滋賀県大津市牧の龍谷大学農場水田（牧水田）において，2017年11月28日にトレンチを掘り，小型可視・近赤外分光計で，2 cmごとに約60 cm深さまで土壌断面表面を測定した．結果は図に示さないが，L* 値（黒白）は，深度20－30 cmと50 cm付近で大きく（明るく）なっており，その下部では，a* 値（赤色），b* 値（黄色）が大きくなっている．先にも述べた日本の水田土壌特有の状態を示している．

この牧水田土壌断面での30 cm深度での可視・近赤外反射スペクトルを図33.5aに示す．比較のため，農研機構中央農研人工枠圃場の黒ボク土，灰色低地土，黄色土粉体試料の可視・近赤外反射スペクトルも図33.5aに示す．牧水田土壌のスペクトル形状は，灰色低地土に類似している．黄色土のスペクトルでは，480 nm付近に下に凸な吸収帯が見られる．図33.5bに代表的な鉄酸化水酸化物の可視・近赤外反射スペクトルを示すが，480 nm付近の吸収帯はフェリハイドライト（500 nmに吸収帯）やヘマタイト（550 nmに吸収帯）とは異なり，ゲーサイト（α-FeOOH）に近いことがわかる（Onga and Nakashima, 2014）．

これらの代表的な鉄酸化水酸化物粉体の含有量を変えてアルミナ粉に混合

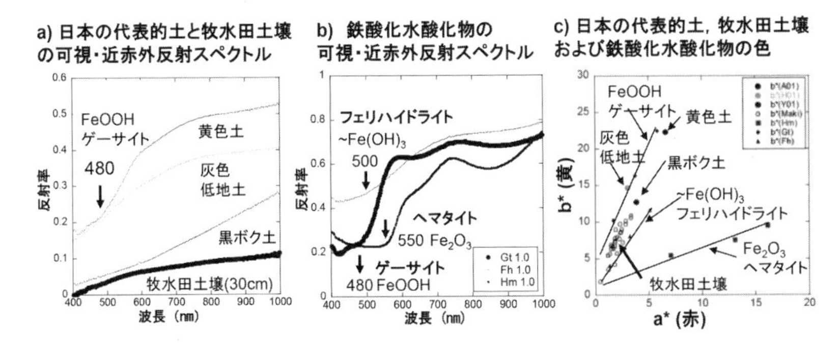

図 33.5. a) 日本の代表的土と牧水田土壌の可視・近赤外反射スペクトル，b) 鉄酸化水酸化物粉体(1 重量 %) の可視・近赤外反射スペクトル，c) 日本の代表的土と牧水田土壌の色と標準試料検量線との比較.

した粉体の色測定結果を図 33.5c に示す．この a^*–b^* 図において，ヘマタイト，フェリハイドライト，ゲーサイトは，異なる傾き（b^*/a^*）を示していることがわかる（Onga and Nakashima, 2014）．牧水田土壌断面の測定点は，フェリハイドライトとゲーサイトの傾きに近い．

詳細は省略するが，このゲーサイトの反射スペクトルをクベルカムンク（KM）変換して吸収スペクトルとし，480 nm ピーク高さ（ベースライン：460 − 500 nm）を求め，混合粉体中のゲーサイトの含有量に対してプロットすると，良い直線関係が得られた．この検量線に基づくと，黄色土，灰色低地土，黒ボク土は，それぞれゲーサイトを 0.5, 0.35, 0.05 wt% 程度含有している可能性がある．牧水田土壌で 480 nm 吸収帯が確認できないのは，鉄分が未だ結晶化しておらず，ゲーサイトの含有量が 0.05 wt% よりも低いためと考えられる．より正確な鉄分量の予測には，今後のさらなる研究が必要であるが，土壌の鉄分は作物の生育に必須な元素の 1 つであり，その含有量の概略を現場分析で推定できることは有用だと期待される．本手法は，リアルタイム土壌診断技術としても有効であろう．

33. 2.　顕微可視・蛍光・ラマン分光装置

33.1で紹介した携帯型可視・近赤外分光計は，野外の現場でも片手で持って使用できる手軽な装置で，岩石・土・植物など自然環境の様々な物質を非破壊で計測して，その「顔色」をはかることができる．しかしながら，岩石・土・植物などの組織は一様ではなく，様々な微小な物質の集合体である．わずかな汚染物質のような微量成分などを検出するためには，顕微鏡下で微小領域を計測できる装置が必要となる．そこで次に，著者らが自作した顕微可視・蛍光・ラマン分光装置を紹介する．

33. 2. 1.　顕微可視・蛍光分光装置とウラン鉱物

著者が日本原子力研究所で高レベル放射性廃棄物処分の安全評価をしていたとき，地下深部に埋設した放射性廃棄物から放射性核種が万一漏洩してきた場合，地表付近の岩石や土に沈着した放射性物質を非破壊で検出する必要が生じると考えていた．これらは微量で微小な鉱物であるか，あるいはある種の粘土鉱物などに吸着したものの可能性もある．そこで，このような微量で微小な汚染物質を非破壊で検出することが可能な顕微鏡のようなものが必要だと著者は考えた．当然そのような装置が当時市販されていたわけではないため，著者は自ら開発することにし，ちょうど日本原子力研究所が若手研究員に研究費を出す特別基礎研究という制度ができたので，それに応募して採択された．

当時Charge Coupled Device（CCD）検出器という微小可視光検出器を沢山並べたカメラができ始めたので（中嶋, 1991），これを顕微鏡の上にのせた顕微可視分光計を製作した（磯部・中嶋, 1996；Nagano et al., 2002）（図33.6）．顕微鏡ステージ上の微小試料の透過・反射・蛍光スペクトルを380－820 nmの波長範囲で測定でき，実用的な測定径は約20 μm程度であった．

ウラン鉱山周辺の風化変質帯などによく見られる代表的なウラン鉱物（多くは黄色や橙色）を，この顕微可視分光計で測定した例を図33.6bに示す．400－500 nmに細かい吸収ピークが複数見られる．これらはウラニルイオン UO_2^{2+} (U^{6+}) の4f軌道(2×7 =14電子)のエネルギー準位が，多様な配位子に囲まれて配位子場分裂し，そのエネルギー差に応じた可視光を吸収していることによると考えられる．吸収極大波長は，ケイ酸塩($(SiO_3OH)^{3-}$)で 420 nm，リン酸塩(PO_4^{3-})で 423－426 nm，炭酸塩(CO_3^{2-})で 445 nm と長波長側にシフトしており，この順番で配位子場分裂が小さい（配位子場が弱い）と推定される．ウラン鉱物は百数十種類以上報告されており，上記のように細かい可視吸収ピークが多数あるため，顕微可視分光によってウラニルイオン UO_2^{2+}(U^{6+})の存在を検出し，また種類の概略を見分けることが可能であると期待される．

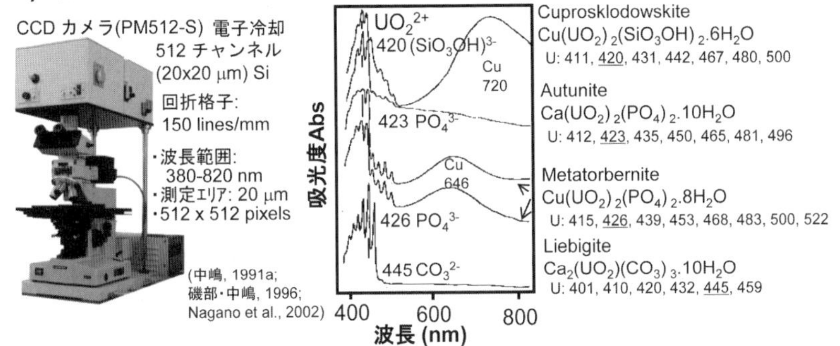

図 33.6. a) 顕微可視・蛍光分光計の外観写真，b) ウラン鉱物の可視光吸収スペクトル，c) ウラニルイオンの配位子場分裂による吸収波長と配位子場の強さの順番．

33. 2. 2. 顕微可視・蛍光・ラマン分光装置の開発

その後も上記の顕微可視・蛍光分光計の改良を継続し，大阪大学時代に，図 33.7a のような装置へと進化させた．基本的な顕微分光計の構造は上記と同じであるが，光学系をより単純化して，また多様な市販の光学部品を利用できるようなしくみとした（図 33.7b）．顕微鏡から来る光を 100 または 200 μm のファイバーで分光器へ導入し，それを回折格子で分散して CCD 検出器

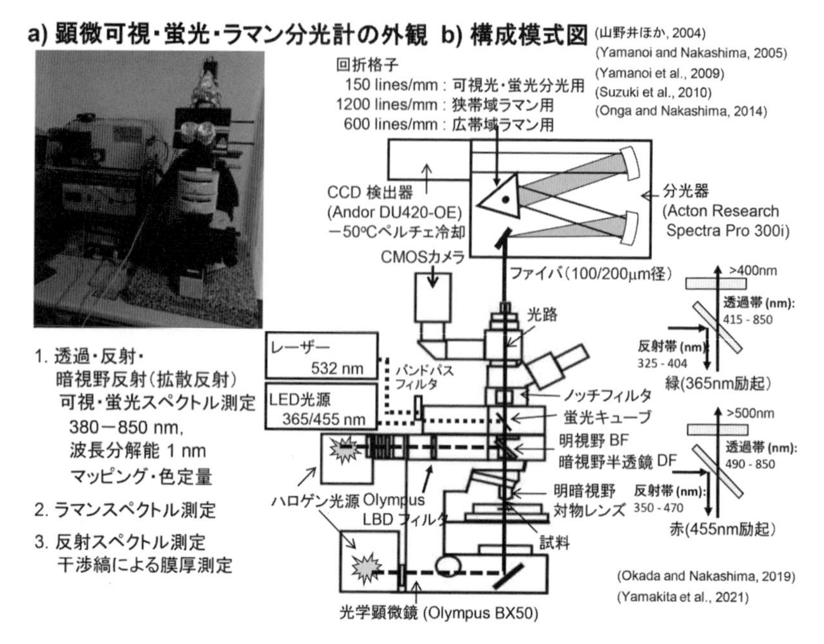

図 33.7.　顕微可視・蛍光・ラマン分光計の a) 外観写真と b) 構成模式図.

(1024 チャンネル) で検出する.

可視光の透過・反射・蛍光スペクトル用には, 1 mm に 150 個の刻線のある回折格子で広い波長範囲を分散させ 380 − 850 nm のスペクトルを測定する. その際の光源は, 光学顕微鏡のハロゲン光源で透過照明 (下から) または落射照明 (上から) で試料に当てて, 透過または反射スペクトルを測定する. 反射の場合, 試料表面での正反射光ではなく拡散反射光を主に測定して物質本体の色がわかるようにするため, 暗視野 (Dark Field: DF) 用半透鏡も使用できるようにした. 蛍光測定用には, LED の励起光を 365 nm か 455 nm か選択して付け替えるようにし, 蛍光キューブから試料に照射し, 励起光よりも長波長側の光だけを分光器へ導入する (図 33.7b).

詳細は省略するが, 物質の分子構造特有の指紋のようにラマンスペクトルが得られるものがあり (中嶋, 2023), 異物検査などの業界でよく使用されているので，この顕微鏡下でもラマンスペクトルが測定できるようにした．532 nmのレーザー光（緑色）を試料に照射し，そのレーザー光自身の散乱（レイリー散乱）はノッチフィルターで除き，微弱なラマン散乱光を分光器へ導入する．励起レーザー光のエネルギーの一部を試料が分子振動に用いてエネルギーが減少し，波長が長波長側にシフトした（ラマンシフトという）スペクトルを計測する．その際，広帯域ラマンスペクトル用に600 lines/mmの，狭帯域用に1200 line/mmの回折格子を選べるようにした（図33.7b）．

さらには，フィルムのような試料の場合，可視光反射スペクトルに干渉縞が確認でき，その物質の屈折率がわかれば膜厚を計算できるので，顕微膜厚計にもなる．

以上のように，1台の普通の光学顕微鏡に様々な光学部品を組み合わせることで，顕微可視・蛍光・ラマン分光計＋膜厚計ができ，多様な試料の評価ができる（図33.7）．各部分の装置は市販されており，それぞれとても高価だが，このような多くの機能が組み合わされている装置は市販されておらず，著者のオリジナルの世界唯一の装置である．2014年にApplied Spectroscopyという国際学術誌に，この装置を用いて六甲花崗岩風化生成物の顕微可視・ラマンスペクトルを論文にした際，編集責任者からこの装置の図をその号の表紙に使用したいと言われ，表紙を飾ることになった（Onga and Nakashima, 2014）．

以下には，この装置を用いた多様な計測のうち，代表的な例だけを簡潔に紹介する．

33. 2. 2. 1. 花崗岩の風化・変質

33.2.1の顕微可視分光計で，前に紹介した北茨城花崗岩の黄褐色部分（図33.1a）の可視光反射スペクトルを測定して，吸収スペクトルに変換し，鉄酸化物・水酸化物標準物質のスペクトルと比較すると，480 nm付近に吸収帯を持つ針鉄鉱（goethite: α-FeOOH）と500 nm付近に吸収帯を持つフェリハイドライト（ferrihydrite: $Fe(OH)_3$に近い組成）があると考えられた（Nagano et al., 2002）．

兵庫県六甲山を構成している六甲花崗岩の例では，風化が進行して風化度が大きくなるにつれ，1軸圧縮強度が減少すると報告されている（村山ほか, 1970）．著者らは，この六甲花崗岩の現場から試料を採取し，33.2.2の顕微可視・ラマン分光計で測定した（Onga and Nakashima, 2014）．可視光反射スペクトル，色の数値，ラマンスペクトルから，北茨城花崗岩と同様に，風化が進むと水酸化鉄ができ黄褐色になるということがわかった．

佐賀県天山の花崗岩は，割れ目の周りだけ約1 cmほど赤褐色になっている．これを33.2.2の顕微可視・蛍光・ラマン分光計で測定した（Okada and Nakashima, 2019）．可視光反射スペクトル，蛍光スペクトル，ラマンスペクトルなどのデータを総合すると，割れ目の周りに赤鉄鉱（hematite: α-Fe_2O_3），褐簾石（prehnite）などができており，割れ目に流入した熱水が岩石と反応してこれらが生成した（熱水変質）と考えられた．これは岩石中に地下から汚染物質が流れてきた場合に，同様のことが起こる可能性があり，汚染物質の沈着場所を特定する手法として使用できると期待される．

33. 3.　赤外分光法

33.1, 33.2で紹介した主に可視光のスペクトルによる評価に対して，それよりも長波長側（低エネルギー側）の赤外光において得られる情報は，主に分子の振動（伸縮振動や変角振動）によるものである．赤外分光法は，様々な物質（固体，液体，気体）の化学結合状態を調べ，またそれらを定量的に評価できる有用な方法であり（中嶋, 2023），「自然環境の聴診器」として利用できる場合がある．その中で，特に非破壊で活用できるものとして，減衰全反射赤外分光法（Attenuated Total Reflection Infrared Spectroscopy: ATR-IR）がある．また，赤外顕微鏡と相対湿度制御装置，水晶振動子微小天秤を組み合わせて，様々な物質への水の吸着過程を定量評価することもできる．これらについて簡潔に紹介する．

33. 3. 1.　減衰全反射赤外分光法 (ATR-IR)

赤外吸収が強い固体または液体試料は，従来は薄膜にして透過赤外分光測定する必要があったが，上記ATR-IRの発展によって，高屈折率の結晶（ATR結晶）の上に試料をのせるだけで，非破壊計測できるようになった（図33.8）．ATR結晶から試料へエバネッセント波と呼ばれる赤外光がおよそ1 μm程度しみこむ際に，一部試料によって赤外光が吸収されることを利用するしくみである．

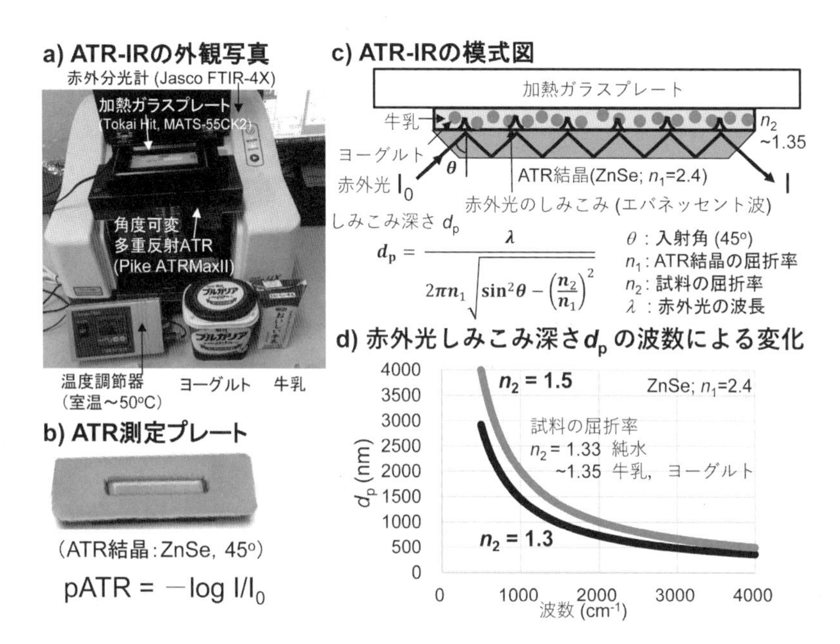

図33.8. 減衰全反射赤外分光計（ATR-IR）のa）外観写真，b）ATR測定プレート，c）模式図，d）赤外光（エバネッセント波）のしみこみ深さの波数による変化．

赤外光に透明な屈折率の比較的高い結晶（ATR結晶：ここではZnSe，屈折率 $n_1 = 2.4$）を，図33.8cのように細長い台形（10×5×55 mm）に成型し，その左側から赤外光を角度θで入射する．今回は著者らが所有する多重反射ATR結晶であるZnSeを用いたが，ZnSeは酸やアルカリにより有害金属が溶解するので，ダイヤモンド，Si，Geなどのより安全な材質を用いるのが望ましい．一般的な入射角度$\theta = 45°$で，試料の屈折率が低い場合は，赤外光は

図 33.8c のように全反射する．このとき，結晶の上に置かれた試料中に赤外光がしみこみ（エバネッセント光という），試料による赤外光の吸収が起きる．図 33.8c では，複数回（ここでは 6 回）この全反射と赤外光のしみこみが起きる多重反射の例を書いている．その結果，試料による赤外光の吸収で強度の弱まった赤外光が，ATR 結晶の右側から出てくる．この赤外光の強度 I の波長または波数（波長の逆数）による変化を検出器で測定し，試料のないときの赤外光の強度 I_0 に対する比 I/I_0 を得る．一般的にはこの強度比の常用対数をとってマイナスをつけたものを吸光度 Abs として定量的な解析に用いているが，本来は pATR = $-\log I/I_0$（p は $-\log$ の略号）とでも呼ぶべきものであり（図 33.8b），厳密には試料の屈折率と赤外光の波数などを用いた ATR 補正が必要となるが（Kitadai et al., 2014; Habuka et al., 2020; 工藤・中嶋, 2020），著者らの先行研究によって，ATR 補正なしでもピーク高さ比または吸収帯面積比を取ることで，ある程度の定量性が得られる（工藤・中嶋, 2020；中嶋ほか, 2023）．

このATR-IR 法で測定されるのは，試料の ATR 結晶と接している下部のエバネッセント光がしみこんでいる部分だけであり，そのしみこみ深さ d_p は図 33.8c の式で表される．この式に，今回の入射角度θ=45°，ATR 結晶 ZnSe の屈折率 n_1 = 2.4 を入れ，試料の屈折率 n_2 = 1.3 と 1.5 の場合について計算した結果を図 33.8d に示す．例えば，牛乳とヨーグルトの屈折率は 1.33 − 1.35 と報告されており（白石ほか, 2008），測定波数の 4000 − 500 cm^{-1} では，しみこみ深さ d_p は約 400 − 3000 nm 程度となる．

このATR-IR では，多様な試料を ATR 結晶の上にのせるだけで非破壊で赤外分光測定ができるが，ATR 結晶表面に試料が密着する必要があるので，液体ややわらかい試料の測定に適しており，硬い試料は上から圧着させる必要がある．

試料を加熱したり冷却したりしながら，試料の変化を追跡する測定も可能であり，加熱 ATR システムも市販されている．著者らは，加熱システムや冷却システムを自作したが，以下では，市販の加熱ガラスプレートを用いた簡単な加熱 ATR システムの利用例（食品科学，調理科学）を紹介する（中嶋・有田, 2024).

家庭でヨーグルトを作る際の温度と時間スケールの定量化の第一段階として, 牛乳の乳酸発酵過程について ATR-IR で 32.5－50℃で 20 秒ごとに 2 時間連続測定を行った. 各官能基の吸収帯面積をアミドⅢ（タンパク質）の吸収帯面積で割って吸収帯面積比の時間変化を調べた. C–O/ アミドⅢ 吸収帯面積比の減少と, C=O/ アミドⅢ吸収帯面積比の増加は, いずれも 1 次反応で近似でき, 得られた 1 次反応速度定数 k の温度依存性から, 糖の減少の活性化エネルギー E_a = 38 kJ/mol と頻度因子 $A = 1.2 \times 10^3$/s, 酸の増加の E_a = 31 kJ/mol と $A = 7.0 \times 10^1$/s が得られた.

これらの乳酸発酵における糖の減少と酸の増加速度は, 先行研究のヨーグルトのゲル化速度よりも遅く, ヨーグルト形成過程の時間スケールを支配している可能性があり, ヨーグルト形成時間スケールの定量化の第一歩となると期待される（中嶋・有田, 2024). この ATR-IR は, 食品の劣化過程や調理過程における機能性成分の変化などの追跡にも利用できると期待され, 我々の健康維持のためのモニタリング法としての活用が望まれる.

33. 3. 2. 顕微赤外分光法

赤外分光法は, 様々な物質（固体, 液体, 気体）中のある分子種などの化学結合状態を調べ, またそれらを定量的に評価できる有用な方法である. しかしながら, 赤外分光法による分子種の定量には, 次の 2 つの問題点がある（中嶋, 2024).

第一に, その分子種固有の吸収極大（ピーク）の波数位置における吸光度（Abs : 無次元), あるいは吸収帯の面積（積分吸光度）から, その分子種の濃度（例えば体積モル濃度 c : mol/L）を求めるには, 次のランベルト・ベールの法則において, 光路長 d (cm) とモル吸光係数ε (L/mol/cm) の値が必要である. ここで, I_0 および I は入射光強度および透過光または反射光強度である.

吸光度 Abs = $-\log I/I_0 = \varepsilon\ d\ c$（ランベルト・ベールの法則）　(33.6)

目的の分子種固有の吸収極大（ピーク）の波数位置, そこにおけるモル吸光係数ε (L/mol/cm)，あるいは吸収帯の面積に対する積分吸光係数，そして光路長d (cm)がわからないと，その分子種の濃度c (mol/L)を求めることができず，一般的には定量は困難である.

第二に，その分子種の吸収極大（ピーク）と吸収帯の波数位置が，分子種の周辺環境によってシフトするため，モル吸光係数εあるいは積分吸光係数の文献値などをそのまま使用できない.

著者らは岩石，鉱物，マグマ，ガラス，植物，微生物，タンパク質，多糖類，食品，様々な材料などに含まれる水について，主に顕微赤外分光法によってその水素結合状態と量を評価してきた．より一般的に自然環境における物質の変化を調べるには，相対湿度を変化させて様々な物質への水の吸着量および脱着量を評価する必要がある．しかしながら，赤外分光測定と同じ条件で別の手法で含水量を求めることは大変難しい．特に，試料量が少量である場合は，精密天秤でも吸着水量を計量することはほぼ無理である.

そこで，著者らは，相対湿度(Relative Humidity: RH)制御システムと微小量の水分吸着も計測できる方法である水晶振動子微小天秤法(Quartz Crystal Microbalance: QCM)を赤外顕微鏡下に設置し，赤外分光・水晶振動子微小天秤法・相対湿度制御法（IR/QCM/RH法）を開発したので，以下に簡潔に紹介する（中嶋, 2024).

33. 3. 2. 1.　赤外分光・水晶振動子微小天秤法・相対湿度制御法（IR/QCM/RH法）

相対湿度(RH)制御システムは自作した（図33.9a, c)．市販のRH制御装置は高価な上，流量が大きすぎるからである．乾燥空気供給装置からの乾燥空気を2分岐し，1つはそのまま流量計の1つ(Dry)に流入させる．もう一方は別の流量計(Wet)に入れ，純水を半分くらい満たした容器2つの純水内を通過させ，湿潤させた空気とし，空容器1つを通過させて水滴を落とした後，乾燥空気と合流させ，合計流量を約1.0 L/minとし，プラスチック容器内へ流入させる．このプラスチック容器内の温度湿度を，温度湿度センサとデータロガーで計測する．(Dry, Wet)流量計の流量(L/min)を(1.0, 0.0)，(0.8, 0.2)，

(0.6, 0.4), (0.4, 0.6), (0.2, 0.8), (0.0, 1.0) など変化させると，プラスチック容器内の相対湿度 RH を約 5% から約 85% まで変化させることができる．これらの RH 変化に対応して，試料に水が吸着・脱着することが期待される．このプラスチック容器の上面には，CaF_2 円形結晶板を取り付けてあり，この窓板を通して顕微赤外分光計からの赤外光を QCM センサの金電極上の試料に照射し，窓板を通して反射光を計測することができる（図 33.9b, d）．従って，例えば RH 増加に伴って，試料に吸着した水の吸収帯の形状と強度の変化を計測できる．

水晶振動子微小天秤法(QCM)は，水晶板上に蒸着した金電極上の試料にガスや水分子などが吸着すると，その質量 m に応じた振動周波数 F の変化が起きるため，周波数変化から質量変化を求めることができる．QCM の金電

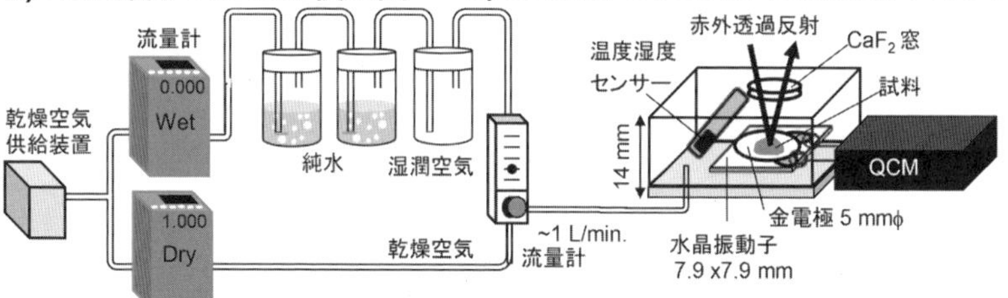

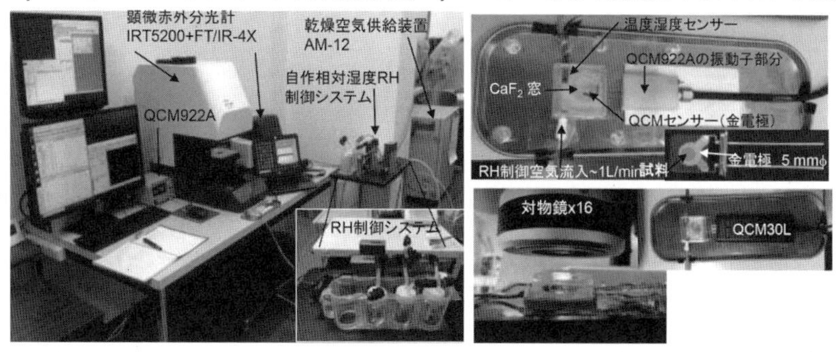

図 33.9. 赤外分光・水晶振動子微小天秤法・相対湿度制御法（IR/QCM/RH 法）の a) RH 制御システムの模式図，b) RH 制御 IR/QCM 同時測定システムの模式図，c) 全体の外観写真，d) IR/QCM 同時測定システムの写真．

極上に，ある特有のガスを吸着する物質を設置するとガスセンサとなり，タンパク質やDNAなどを吸着する物質を設置するとこれらの生体分子のセンサとなるため，バイオセンサと呼ばれる．

IR/QCM/RH法により，RH変化による試料への水の吸着・脱着量の定量化と，水の赤外吸収帯の定量化，さらには水と相互作用した官能基の吸収帯シフトや強度変化が総合的に解析できる．加熱冷却ステージを組み合わせれば，温度・湿度の変化に対する，様々な物質の環境条件変化に対する変化を定量的に調べることができる．以下には，代表的な測定例を簡潔に紹介する．

33. 3. 2. 2.　粘土への水吸着

土壌環境の代表的な粘土モンモリロナイトは，様々な栄養分だけでなく，多様な環境汚染物質を吸着するが，その層状構造は水が多い環境では層間に水が入り膨潤し，吸着状態や量が変化することが知られている．そこで，湿度変化に対するモンモリロナイトの変化を知ることは重要である（中嶋，2024）．

モンモリロナイト粉体（クニミネ工業，クニピアF：Na-montmorillonite）をエタノールに懸濁させた溶液（3.3 g/L）2.0 μLをQCMの金電極上に滴下し，乾燥空気を流入させて乾燥させ，QCM測定によりモンモリロナイト乾燥質量を4.00 μgと求めた．

IR/QCM/RHシステムを冷却加熱ステージ上に設置し，温度を23.0 ± 0.6 ℃で安定させ，RHを約15分ごとに増加させた．RH変化に対する吸着水量（質量分率）を図33.10aに示すが，RH92%で約24 wt%の水がモンモリロナイトに吸着している．モンモリロナイトの赤外スペクトルのRHによる変化を見ると，OH伸縮振動，HOH変角振動の吸収帯がRH増加と共に大きくなっている(図33.10c)．OH伸縮振動吸収帯は，3625 cm^{-1}付近の粘土の構造水の影響を受けているので，1630 cm^{-1}付近のHOH変角振動吸収帯の面積を求め，QCMからの水の質量分率に対してプロットした(図33.10b)．その結果，RH68%まではほぼ直線的な関係が得られたが，より高いRHではHOH変角振動吸収帯面積が頭打ちになって飽和していくようである．OH伸縮振動，HOH 変角振動の吸収帯をそれぞれ自由水と結合水の 2 成分で分離すれば，モンモリロナイト微結晶の集合体にどのような水が吸着するかを解析することができる（Okada, 2016）．

モンモリロナイトのように層間に水分子をどんどん吸着する粘土は，層間が広がり膨潤することが知られており，土砂災害や地盤の液状化現象において重要な役割を果たすと考えられ，今後 IR/QCM/RH 法による詳しい解析が望まれる．

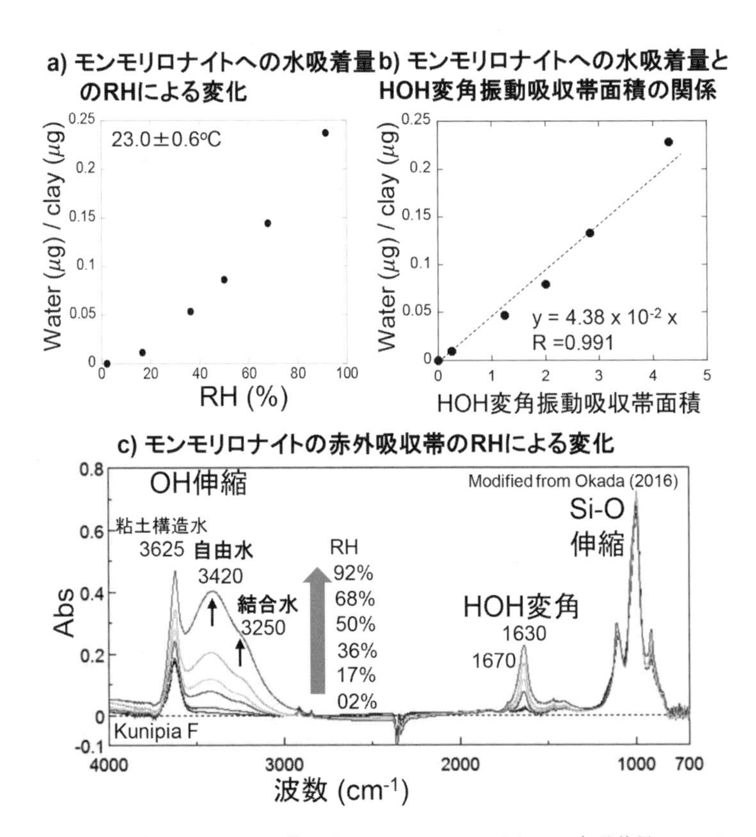

図 33.10.　a) IR/QCM/RH 法によるモンモリロナイトへの水吸着量の RH による変化，b) モンモリロナイトへの水吸着量と HOH 変角振動吸収帯面積との関係，c) モンモリロナイトの赤外吸収帯の RH による変化．

33. 3. 2. 3.　水酸化鉄へのフタル酸吸着

IR/QCM/RH法では，様々な環境汚染物質の土壌成分への吸着形態に対するRH条件の影響の評価も可能である．例えば，水酸化鉄鉱物ゲーサイト(針鉄鉱：α-FeOOH)へのフタル酸（有機化学環境汚染物質の模擬物質）吸着形態のRHによる変化の解析例を以下に紹介する（Botella et al., 2021）.

ゲーサイトのみをRH変化させると，水が吸着していき(図33.11a)，水吸着量とOH伸縮振動吸収帯面積はほぼ直線関係となっている(図33.11c)．一方．図には示していないが，フタル酸を吸着させたゲーサイトではRH変化による水吸着量とOH伸縮振動吸収帯面積は直線関係ではなく，複雑な挙動を示した．詳細は省略するが，フタル酸の赤外吸収帯（図33.11b）の解析などから，ゲーサイト表面へのフタル酸の吸着は以下のようになっていると推定された（図33.11d).

RHが低い条件では，フタル酸の2つのカルボキシ基が脱プロトン化しカルボン酸陰イオンCOO^-となっており，これらがゲーサイト表面のFe^{3+}に2座配位結合している．しかしながら，RHが高い条件では，ゲーサイト表面に水分子が水素結合などで吸着するため，COO^-の吸着サイトが減少し，またCOO^-のプロトン化も促進され，COOHとなる．そのため，フタル酸の片方のCOOHはゲーサイト表面からはずれ，もう一方のCOO^-がゲーサイト表面のFe^{3+}に配位結合しているのみとなる（図33.11d)．実際，密度汎関数法（DFT）による量子化学計算で，この仮説通りの吸着形態のRHによる変化が確認できた（Botella et al., 2021).

水酸化鉄は多様な環境汚染物質を吸着することが報告されている．水酸化鉄が存在する地表付近の土壌や岩石は，地下水面よりも上で湿度が変動する．従って，環境汚染物質の水酸化鉄への吸着形態は湿度の変動によって変化する可能性があるが，これまでそのような研究は殆ど報告されていない．吸着形態が変化すると，雨水などの流入によって汚染物質が流出することもあり得る．著者らの今回の研究は，そのような可能性を初めて指摘したと言えよう．

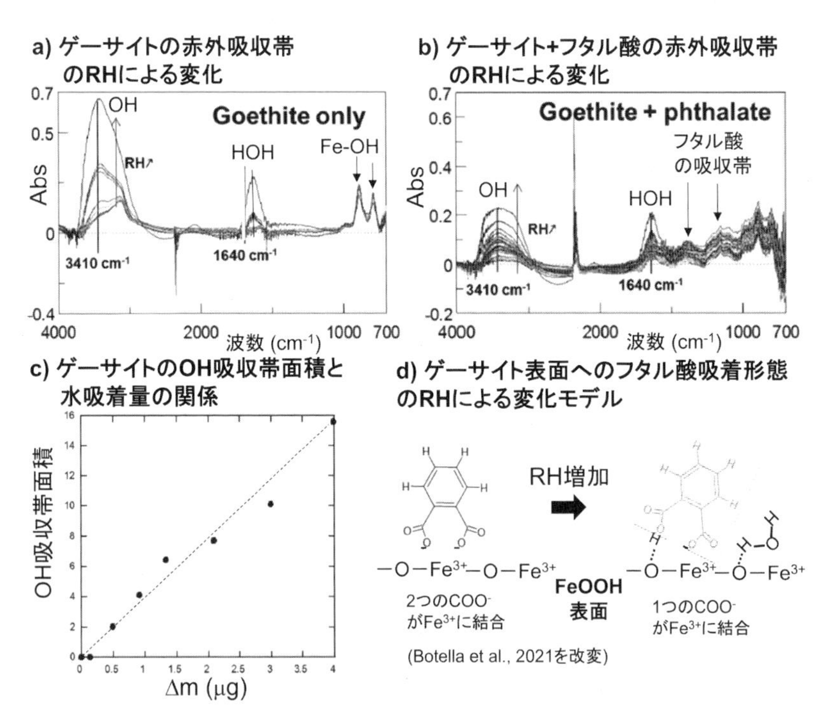

図 33.11. a) IR/QCM/RH 法によるゲーサイト（α-FeOOH）の赤外吸収帯の RH による変化，b) ゲーサイト＋フタル酸の赤外吸収帯の RH による変化，c) ゲーサイトへの水吸着量と OH 伸縮振動吸収帯面積との関係，d) ゲーサイト表面へのフタル酸吸着形態の RH による変化モデル（Botella et al., 2021 を改変）.

33. 4. 可視・近赤外分光モニタリング

33.1, 33.2, 33.3 の可視および赤外スペクトルの両方の情報を組み合わせることができれば，より物質の状態，いわば「顔色」と「潤い」という色と水の状態を把握できる．しかしながら，赤外光を強く吸収する物質は，33.3 で述べたように ATR-IR 法あるいは顕微鏡下での薄膜状の試料にしないと評価できない．赤外光を吸収する分子の伸縮振動や変角振動の倍音（オクターブ上の音）および結合音（和音）に対応する近赤外光を用いると，吸収が弱いため反射光を検出でき，非破壊検査に利用できる．実際に，農業においては穀物や果物の出荷前の品質検査などに近赤外分光を利用している．そこで，著者らは最近，可視光および近赤外光の両方を用いたモニタリングシステムを開発中である（Nakashima and Yamasaki, in prep.）．

まず，加熱ホットプレート上で加熱中の物質の色と水の変化をとらえることのできる可視・近赤外分光モニタリングシステムを組んでみた（図 33.12a）．可視光からファイバーを通して反射プローブ先端からリング状に物質に可視光を照射し，反射された可視光をプローブ中央のファイバーから取り込んで可視光分光器に導入してスペクトルを計測する．近赤外光も同様に，光源からファイバーで照射し，試料からの反射光を反射プローブで近赤外分光器に導入しスペクトルを計測する（図 33.12b）．

ここでは，牛肉をホットプレート上で加熱しながら可視光および近赤外光吸収スペクトルの変化を，10 秒ごとに 60 分間（1 時間）計測した結果を紹介する（中嶋・嶋田，準備中）．牛肉の可視スペクトルには，545, 580 nm に吸

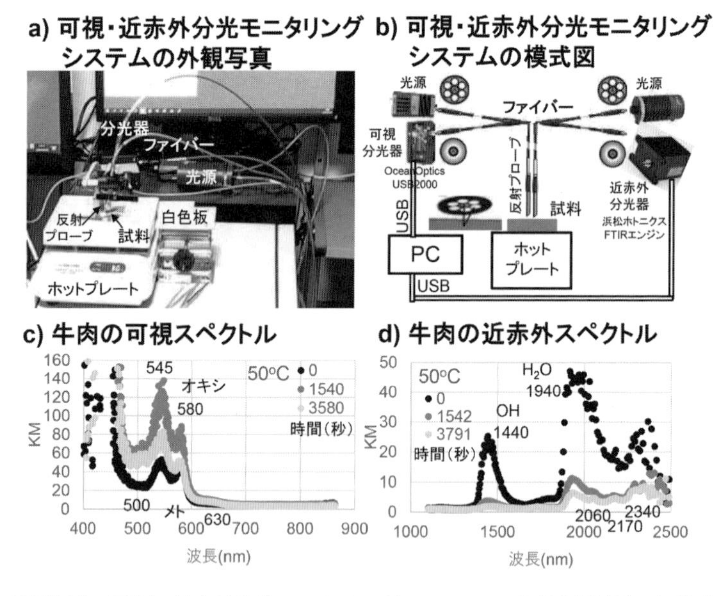

図 33.12.　可視・近赤外分光モニタリングシステムの a) 外観写真と b) 模式図（Nakashima and Yamasaki, in prep.），牛肉の c) 可視スペクトルと d) 近赤外スペクトルの時間変化（中嶋・嶋田，準備中）．

収帯が見られ，オキシミオグロビンによる赤色が当初目立つ．50℃で25分ほど加熱すると，この吸収帯がさらに大きくなる．しかし，その後この2つの吸収帯は小さくなっていき，その両脇の500, 630 nmの吸収帯が少し見えるようになってくる（図33.12c）．加熱前半は，ミオグロビンという牛の筋肉のタンパク質に結合しているヘム鉄(Fe^{2+})が大気中の酸素と結合して，オキシミオグロビン(Fe^{2+}–O: 545, 580 nm)となり鮮やかな赤色となる過程に対応していると考えられる．その後は，Fe^{2+}が酸化してFe^{3+}になり，メトミオグロビン(Fe^{3+}–O: 500, 630 nm)という暗褐色のものに変化していくと考えられる．

一方，近赤外スペクトルでは，当初1440 nm付近の吸収帯がまず目立つが，これはOH伸縮振動の倍音であり，主に水分による．この吸収帯は加熱と共に急激に減少していく（図33.12d）．1940 nm付近にも大きな吸収帯があり，H_2O分子のO–H伸縮とH–O–H変角の結合音によるが，最初は吸収が強すぎて飽和気味である．これも加熱と共に減少していく．加熱後半は，2060, 2170, 2340 nm付近の小さな吸収帯が見えるようになってくるが，これらは水の吸収に隠れていたペプチド結合，アミノ基，炭化水素基などが見えるようになったためだと考えられる（図33.12d）．

今回は，まず食品の調理過程という身近な対象から可視・近赤外モニタリングを試してみたが，今後は様々な自然物質・人工材料などの温度や湿度などの環境条件による変化のモニタリングに活用できると期待される．

33. 5. 音波スペクトロスコピー

31.1, 32.2の地下音波探査と非破壊音波検査のところで，音波を用いた非破壊の探査検査を紹介したが，多くの市販品はある目標の物質に適した音波の周波数があらかじめ設定されており，周波数を変化させることができない．例えば32.2で紹介したモルタルの非破壊音波検査に用いた市販装置は，P波速度は約100 kHz，S波速度は約200 kHzという周波数に固定されている（図32.2）．

しかしながら，地下水面よりも上の地表付近，また地下深部でも天然ガスや石油などが存在する場所などでは，岩石の割れ目や間隙の中に水が完全に満ちていない，すなわち水に不飽和な状態が存在する．このような状態では，特に流体中も伝播する縦波P波の速度はその周波数に依存するとされているが，詳しいことはわかっていない．そこで，周波数を変化させてP波速度を測定できる装置であれば，岩石中の流体の状態をより詳細に把握できるのではないかと期待される．これまでも可視光などの波長あるいは周波数に対する反射率を調べるスペクトロスコピー（分光法）で，各物質特有の周波数特性を調べてきたので，音波でも周波数特性（音波スペクトロスコピー）を調べてみようということである．そこで，著者らは周波数を変化させてP波速度を測定できる装置を組み上げてみた（Horikawa et al., 2021）（図33.13）．

振幅を変化させた（Amplitude Modulated: AM）ある周波数のP波の波形を作成し，P波発信子から岩石試料などに当てる．試料を伝播してきたP波を受信子から取り込み，アンプで増幅してオシロスコープとPCで計測する（図33.13a）．得られた波形の入力と出力から，波の到達時間tを計測し（図33.13b），試料の長さlから（図33.13c），ある周波数におけるP波速度$V_p = l / t$が求まる．

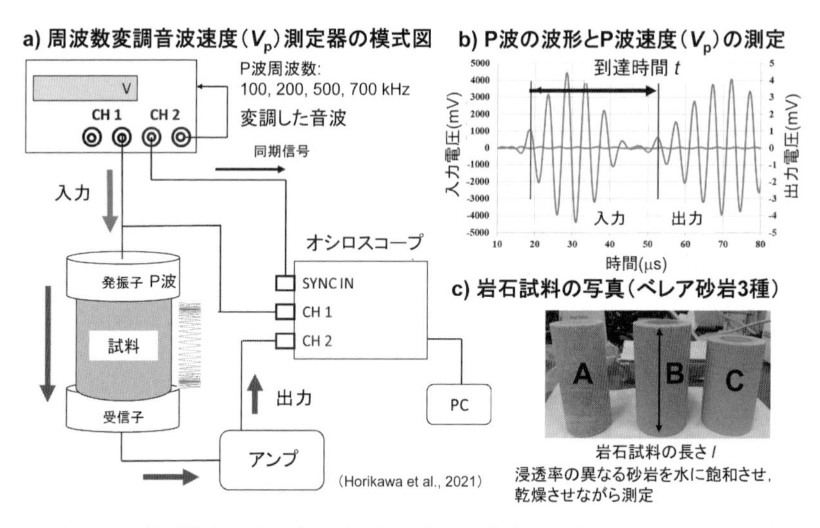

図33.13.　a) 周波数変調音波速度（V_p）測定器の模式図，b) P波の波形とP波速度（V_p）の測定，c) 岩石試料の写真（ベレア砂岩3種）．

ここでは，浸透率（水の通りやすさ）が3段階に異なる（A: 170 mD, B: 230 mD, C: 5 mD; 1 mD = 10^{-15} m^2）ベレア砂岩という岩石3種に，P波の周波数を100, 200, 500, 700 kHzと変化させてP波速度を測定した．各岩石試料は最初に水で飽和させ，それが乾燥していく途中での水飽和率を計測し，その時点での各周波数でのP波速度を計測していき，水飽和率1から0.2くらいまでの変化を追跡した．各試料でのP波速度（V_p）は，周波数によって異なり，また水飽和率に対する変化状況も異なっていた．詳しいことは省略するが，P波が岩石内を伝播する際に，岩石の微結晶集合体骨格が変形し，またその間の間隙形態も変形することで，間隙水が移動し，岩石間隙内の水の分布が変化する．その際にP波速度（V_p）の周波数依存性があると考えられる（Horikawa et al., 2021）．

まだ研究途上であるが，岩石内での流体移動は，資源探査のみならず，土砂災害，地下水汚染，地震発生など様々な自然災害や環境汚染の兆候をとらえるのに重要だと考えられるので，音波特にP波速度スペクトロスコピーが，小型の電子集積回路などの利用で，携帯型で気軽に使用できるように進化することが期待される．

33. 6. 電気インピーダンス・スペクトロスコピー

31.2では，直流を用いた物質による比抵抗の違いをもとにした地下電気探査を紹介したが，32.3で紹介したモルタルの非破壊電気抵抗測定では，100 Hzと10 kHzという2つの交流周波数での比抵抗値は異なっている（図32.3）．それは，同じ物質であっても，その中に含まれる水の連結状態など電気伝導あるいは電気抵抗に影響する組織や構造，水の分布などの特徴的な周波数帯が異なると考えられるからである．従って，様々な周波数で電気伝導（あるいは電気抵抗）を測定するのが望ましい．

周波数を変化させながら電気伝導あるいは電気抵抗を測定できる電気インピーダンス・メーターは市販されており，そのための電極も入手可能である．そこで，著者らは周波数を変化させて電気伝導を測定できる装置を組み上げてみた（Umezawa et al., 2017）（図33.14a）．

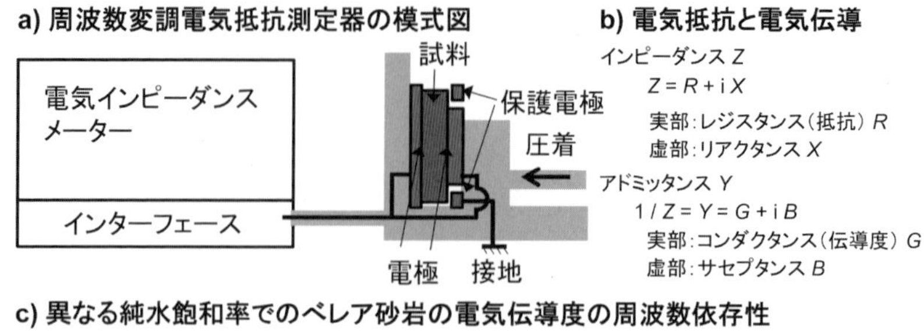

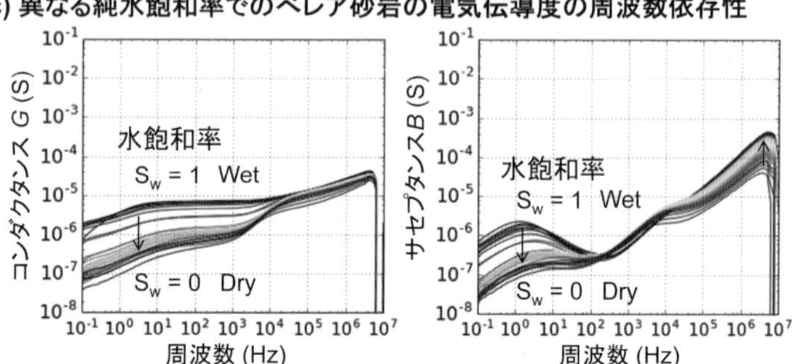

図 33.14.　a）周波数変調電気抵抗測定器の模式図，b）電気抵抗と電気伝導，c）異なる純水飽和率でのベレア砂岩の電気伝導度の周波数依存性．

電気抵抗は，正確には電気インピーダンス Z という複素数であり，下記の式のように，実部であるレジスタンス（いわゆる抵抗）R と虚部リアクタンス X からなる（図 33.14b）．

$Z = R + \mathrm{i}\,X$（インピーダンス = レジスタンス + i リアクタンス）　(33.7)

この電気インピーダンスの逆数 $1/Z$ が電気伝導度アドミッタンス Y という複素数であり，下記の式のように，実部であるコンダクタンス（いわゆる伝導度）G と虚部サセプタンス B からなる（図 33.14b）．

$Y = G + \mathrm{i}\,B$（アドミッタンス = コンダクタンス + i サセプタンス）(33.8)

33.5 でも用いたベレア砂岩（浸透率約 1 D = 10^{-12} m^2）を 2 つの電極ではさみ，0.1 Hz から 10 MHz までの周波数の交流電気を流し，コンダクタンス G とサセプタンス B を測定した結果を図 33.14c に示す．岩石試料は最初に純水で飽和させ，それが乾燥していく途中での水飽和率 S_w を計測し，その時点での各周波数での電気伝導度の実部と虚部を図 33.14c にのせている．コンダクタンス G とサセプタンス B は，周波数によって異なり，また水飽和率 S_w に対する変化状況も異なっている．特に，0.1－100 Hz では乾燥するにつれて，コンダクタンス G とサセプタンス B がともに減少し，電気が流れなくなっていくため，岩石間隙の水の連結，すなわち水みちはこの低周波領域に現れていると考えられる．一方で，10 kHz－1 MHz の高周波領域では，この傾向が逆転しているところもあり，岩石表面の薄い水膜などの伝導を反映している可能性がある（図 33.14c）．

このベレア砂岩試料について，純水および様々な濃度の NaCl 水溶液の水飽和率 S_w を変化させて電気伝導度を測定した結果は，100 kHz（10^5 Hz）でのデータを用いて，間隙水と岩石間隙表面水膜の電気伝導の組み合わせで評価できることがわかった（Umezawa et al., 2017）．

ベレア砂岩は殆どが石英粒子でできているので，シリカ（SiO_2）表面の水膜における電気伝導が主であると考えられる．そこで，シリカ表面水膜の電気伝導をより詳しく評価するため，シリカナノ粒子を様々な相対湿度下で電気伝導測定（1 kHz）をしたところ，シリカ粒子表面の厚さ 0.08－0.23 nm 程度の水膜の電気伝導度を定量することができた（Umezawa et al., 2018）．また，多孔質シリカガラスの間隙に水を飽和させながら電気伝導測定をしたところ，間隙水＋間隙表面水膜の並列＋直列回路モデルで説明できることがわかった（Umezawa et al., 2021）．研究は現在も継続中であるが，著者らの岩石間隙水＋間隙表面水膜の電気伝導モデルは，水に不飽和な地表付近の岩石・土中の土砂災害や環境汚染などの定量評価の基礎を提供できると期待される．

このような電気インピーダンス・スペクトロスコピーは，体組成計として，高周波と低周波の電気伝導を計測し，我々の体の水分量や脂肪量などの推定に利用されている．最近では，小型で安価な肌水分・脂肪量計測器や，体組成計測のできるスマートウォッチも販売されている．さらには，数 mm 程度の金属蒸着膜電極（Screen Printed Electrodes: SPE）を用いた小さくて安価な電気化学計測器も入手可能になってきており（Kieninger, 2022），将来的には自然環境モニタリングにも利用可能となることが期待される．

第34章　自然環境の時間変化の追跡

第33章で著者らが開発してきた「自然環境の聴診器」を，実際の自然環境の時間変化の追跡に活用した例として，ミニトマトの熟成過程とモミジ葉の紅葉過程の追跡を紹介する．

34.1. ミニトマトの熟成過程の追跡

植物の果実などが熟成していく過程では，多くの場合は花が咲いた後，黄緑色の実ができ，それが熟するにつれて黄色，オレンジ色，赤色，青紫色などへ変化していく．著者は自宅ベランダで様々な野菜・果物などの測定を行っているが，その中からトマトの熟成過程の追跡を紹介する（Nakashima et al., 2023）．

2022年4月24日から8月13日まで，ミニトマトを自宅ベランダで毎朝携帯型可視・近赤外分光計で測定した結果の100日間のデータを図34.1に示す．測定した可視光反射スペクトルから，$L^*a^*b^*$色空間の色の数値L^*（0が黒，100が白），a^*（マイナスが緑，プラスが赤），b^*（マイナスが青，プラスが黄）を算出し，図34.1c, dにa^*, b^*の日変化を示している．

測定した可視光反射スペクトルの反射率RからAbs = −log Rの形で吸光度Absに変換した吸収スペクトルを図34.1bに示す．ミニトマトの熟成前の吸収スペクトルには，670 nmに吸収帯が見られ，クロロフィルaによるものと考えられる．この吸収帯の面積を640−710 nmの範囲で求めて，日変化をグラフにしたものが図34.1eである．100日間で徐々にクロロフィルaが減少することがわかる．クロロフィルaの減少過程は指数関数的に見えるので，1次反応を仮定して指数関数で近似してみると，近似曲線から求めた1次反応速度定数は$k = 0.0352/\mathrm{d} = 4.07 \times 10^{-7}/\mathrm{s}$となった（図34.1e）．ベランダの温度湿度計によるこの期間の気温は，最高40.8℃，最低10.2℃，平均気温は25.9℃であった．約100日間でこれだけ気温が変動しているにも関わらず，クロロフィルa減少過程が1つの1次反応で近似できるのは驚くべきことで

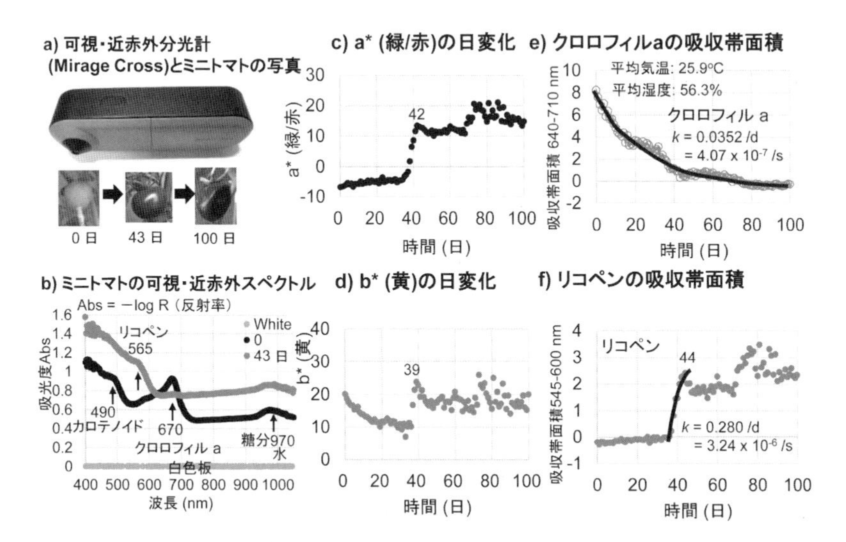

図 34.1. ミニトマトの熟成過程の携帯型可視・近赤外分光計による追跡（2022 年 4 月 24 日～8 月 13 日）. a) 計測器とミニトマトの写真，b) ミニトマトの可視・近赤外吸収スペクトル，c) a* 値（緑 / 赤），d) b*（黄）の日変化，e) クロロフィル a の吸収帯面積（640 − 710 nm）の日変化と 1 次反応による近似，f) リコペンの吸収帯面積（545 − 600 nm）の日変化と 1 次反応による近似.

ある.

ミニトマトの吸収スペクトルには，490 nm 付近にも吸収帯が見られ，主にカロテノイドによる吸収だと考えられる．この吸収帯の面積を 460 − 520 nm の範囲で求めて日変化を調べると，図には示していないが，40 日目までゆるやかに減少し，それ以降は大きな変化はない.

図 34.1c, d の a* 値（緑 / 赤）および b* 値（黄）の日変化を見ると，ミニトマトは 35 − 42 日で一気に赤くなり，黄色味も増えている．糖度（Brix）も測定していたが，この直後の 45 日頃に極大値を示した．970 nm の小さな吸収帯は水および糖分によると考えられるが，その面積は大きくは変動しておらず，感度は悪いようである.

ミニトマトが赤くなった頃の吸収スペクトルには，565 nm 付近に吸収帯が見られるので，この吸収帯の面積を 545 − 600 nm の範囲で求めて，日変化をグラフにしたものが図33.6fである．35－42日で一気に赤くなったのとほぼ同時に，この吸収帯面積が急増している．従って，この吸収帯がトマトの赤さの原因色素リコペンであると考えられる．リコペンの増加過程は指数関数的に見えるので，1次反応を仮定して指数関数で近似してみると，近似曲線から求めた1次反応速度定数は $k = 0.280/\mathrm{d} = 3.24\times10^{-6}/\mathrm{s}$ となった（図34.1f）．

このような果実などの熟成過程の非破壊測定によるきめ細かい追跡は，先行研究が見当たらず，特に速度を定量化した例はなく，自然の変化をつぶさに定量的に追跡していくことができる手法である．農業では，その年の気候状況などに応じた収穫時期の判断の基礎データとなるなど，実際的な活用が期待される．

また，食品科学においては，カロテノイド，リコペン，アントシアニンといった植物中の色素は，π電子の共役系を持ち，電子供与体（求核剤）すなわち還元剤であり，生体内に発生する活性酸素などを取り込んでくれるため，抗酸化物質として健康維持に役立つとされている．このような抗酸化物質の積極的な摂取と，このような機能を損なわない調理方法などが望まれる．

34. 2.　モミジ葉の紅葉過程の追跡

晩秋から初冬時期は，木々の緑葉が紅葉あるいは黄葉していき，我々もその色変化を楽しんでいる．著者らはここ数年，主にイロハモミジ葉の紅葉過程を携帯型可視・近赤外分光計で測定したので，その結果を紹介する(Nakashima and Yamakita, 2023)．

2022年10月31日から2023年1月4日まで約65日間自宅ベランダで計測したイロハモミジ葉のデータを図34.2に示す．L*a*b*色空間の色の数値では，a*値が0－40日でゆるやかに増加し，40－60日で一気に赤くなったことがわかる．一方，b*値は45日までゆるやかに減少したが，その後は54日まで急激に減少した後変動している（図34.2b, c）．

測定した可視光反射スペクトルから変換した吸収スペクトルを図34.2aに示す．モミジ葉の初期の吸収スペクトルには，675 nmに吸収帯が見られ，クロロフィルaによるものと考えられる．この吸収帯の面積を650－700 nmの範囲で求めて，日変化をグラフにしたものが図34.2dである．50－55日間でクロロフィルaがいったん増えた後，55－65日間で急激に減少したことがわかる．

モミジ葉の57日の吸収スペクトルには，570 nm付近に吸収帯が見られ，アントシアニンによると考えられる（図34.2a）．この吸収帯の面積を530－600 nmの範囲で求めて，日変化をグラフにしたものが図34.2eである．図34.2bのa*値の変化にとてもよく似ている．すなわちモミジ葉が赤くなったのは，アントシアニンが増えたからである．ただし，55－65日の最も赤くなった時期には，クロロフィルaの急激な減少が鮮やかな赤になる決め手となっている（図34.2d）．注目すべきは，モミジ葉の紅葉は，まずアントシアニンが増え，ある程度アントシアニンが増えた（図34.2e）ところで，クロロ

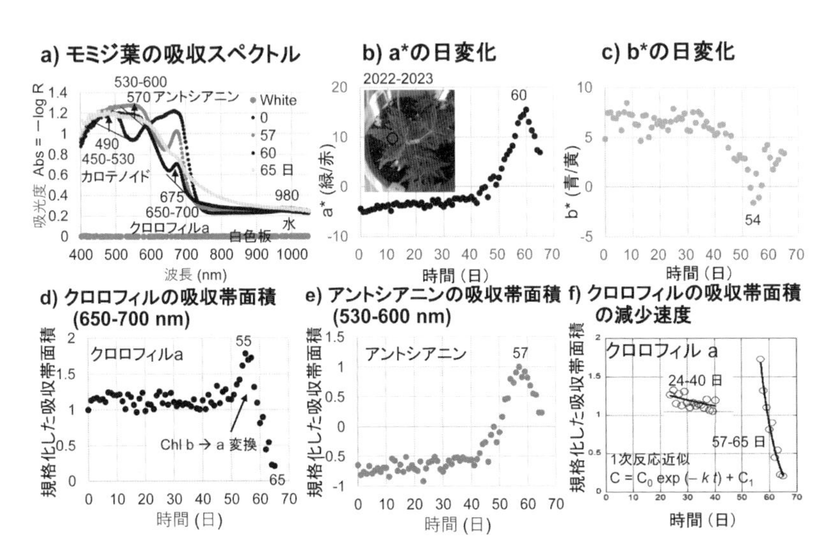

図34.2. モミジ葉の紅葉過程の携帯型可視・近赤外分光計による追跡（2022年10月31日～2023年1月4日）．a) 可視・近赤外吸収スペクトル，b) a*値（緑/赤），c) b*値（青/黄），d) クロロフィルaの規格化した吸収帯面積（650－700 nm）の日変化，e) アントシアニンの規格化した吸収帯面積（530－600 nm）の日変化，f) クロロフィルaの規格化した吸収帯面積（650－700 nm）の減少過程の1次反応による近似．

フィルaが一気に減る（図34.2d）という点である．

木々の葉の紅葉は，クロロフィルaの分解による減少に，アントシアニンの増加と減少が加わっている．アントシアニンは葉にためられた糖分から合成されるとされ，その原因は諸説あるが，有力な説の1つが，クロロフィルの分解によって葉の細胞に太陽光がより多く当たるようになり，光による損傷を防ぐために赤色色素を合成するというものである．この説に従って今回の測定結果を考えると，モミジ葉にまずアントシアニンが増え，ある程度アントシアニンが増えたところで，光による損傷の防護ができてきたので，クロロフィルaが一気に減ると理解できる．

クロロフィルaの減少過程を24－40日のゆるやかな減少と57－65日の急激な減少の2つの区間に分けて，1次反応とみなして指数関数で近似してみると，それぞれの近似曲線は，計測値をよく再現している（図34.2f，2つの曲線）．これらの近似で得られた反応速度定数は，24－40日で$k = 2.63\times10^{-7}$/s，57－65日で$k = 1.92\times10^{-6}$/sとなった．この期間の平均気温はそれぞれ12.9，8.7℃である．

同様の測定と解析を2016年，2021年のデータにも行ったところ，モミジ葉の紅葉の際のクロロフィルaの分解には，遅い過程と速い過程の2つあり，遅い方の速度定数は$k = 2.6-3.1\times10^{-7}$/sであり，速い方の速度定数も$1.9-5.4\times10^{-6}$/sと同程度である．また，遅い方は，温度が違うものの34.1のミニトマトの熟成過程（$k = 4.07\times10^{-7}$/s，平均気温25.9℃：図34.2e）と同程度である（図35.2参照）．これらは，光合成細菌の光合成タンパク質有りと無しでのクロロフィルの分解速度文献値（$k = 8.6\times10^{-7}$/s，$k = 5.6\times10^{-6}$/s，30℃）と同程度である．紅葉の遅い方は光合成タンパク質がある状態で，速い方は光合成タンパク質がない状態でのクロロフィルaの分解速度にあたるのではないかと考えられる．これについては35.1でまた議論する（図35.2参照）．

第35章　自然環境の時間変化の模擬実験

第33章で著者らが開発してきた「自然環境の聴診器」を，第34章で実際の自然環境の時間変化の追跡に活用した例として，ミニトマトの熟成過程とモミジ葉の紅葉過程の追跡を紹介したが，このような自然過程を実験室で再現できるかを試してみたので，いくつかの例を紹介する．

35. 1.　モミジ葉の加熱実験（クロロフィルの減少速度）

34.2のモミジ葉の紅葉過程で，クロロフィルaの減少には，遅い過程と速い過程の2つあり，遅い方の速度定数は34.1のミニトマトの熟成過程と同程度であった．植物の光合成が進んだ後の熟成や劣化過程では，クロロフィルaの減少が色変化を大きく支配しているが，その減少速度が植物の種類によらず一定の可能性がある．

そこで，33.4で紹介した可視・近赤外分光モニタリング装置（図33.12）を用いて，モミジ葉を加熱しながらクロロフィルaの減少を追跡してみた（図35.1a）．2023年11－12月に著者自宅周辺のイロハモミジの紅葉前の葉を採取し，ホットプレートの上にのせ40－200 ℃に加熱しながら，可視および近赤外スペクトルの変化を調べた（Nakashima and Yamasaki, in prep.）．

ここでは，190 ℃で1分毎6時間加熱したデータを図35.1b, cに示す．初期200秒までは水が急激に減少した．クロロフィルaによる675 nm付近の吸収帯面積を640－720 nmの範囲で求め，その時間変化を図35.1dに示す．水の減少がほぼ終わった200秒以降の減少を，1つの指数関数で近似するとやや近似が悪かったので，200－2500秒の区間と，2500－21500秒の区間の2つに分けて指数関数で近似すると，いずれも相関係数R＞0.98と良い近似を示した．近似から得られた1次反応速度定数は，初期が$k_1 = 7.84 \times 10^{-4}$/s，後期が$k_2 = 2.09 \times 10^{-4}$/sとなった．

光合成活動を終えた後の植物葉のクロロフィルa（緑色）は，テトラピロール内のMg^{2+}が抜けてフェオフィチンa（黄褐色）となり，ついでフィトール

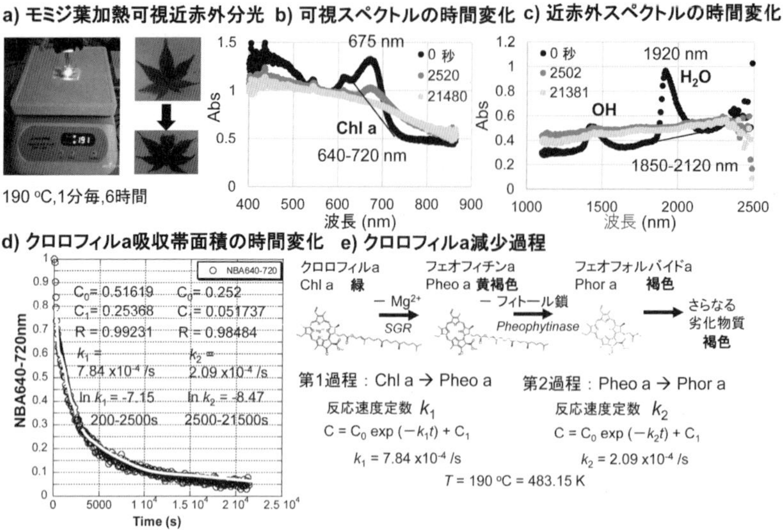

図 35.1.　a）モミジ葉の加熱可視・近赤外分光モニタリングによる追跡，b）可視スペクトルの時間変化，c）近赤外スペクトルの時間変化，d）クロロフィル a の規格化した吸収帯面積（640－720 nm）の時間変化と初期と後期の減少過程の 1 次反応による近似（白曲線），e）クロロフィル a の減少過程：クロロフィル a（緑色）→フェオフィチン a（黄褐色）→フェオフォルバイド a（褐色）．

鎖がとれてフェオフォルバイド a（褐色）となり，さらなる劣化物質（褐色）へ変化するとされている（Nakashima and Yamakita, 2023）（図 35.1e）．クロロフィル a（緑色）とフェオフィチン a（黄褐色）はいずれも 640－720 nm 範囲の吸収帯を持つため，この吸収帯面積の減少（図 35.1b, d）は，初期はクロロフィル a（緑色）→フェオフィチン a（黄褐色）に，後期はフェオフィチン a（黄褐色）→フェオフォルバイド a（褐色）の反応に対応していると考えられる．

この 2 つの反応速度定数（初期 k_1，後期 k_2）を，200, 190, 180, 170, 160, 150, 100, 50, 40 ℃で求めることができたので，それらの温度変化を図 35.2 に示す．いずれも高温から低温まで直線的に並んでおり，その傾きから得られる活性化エネルギーは，53 および 39 kJ/mol である．

34.2 でモミジ葉の紅葉過程でのクロロフィル a の減少速度について，初期

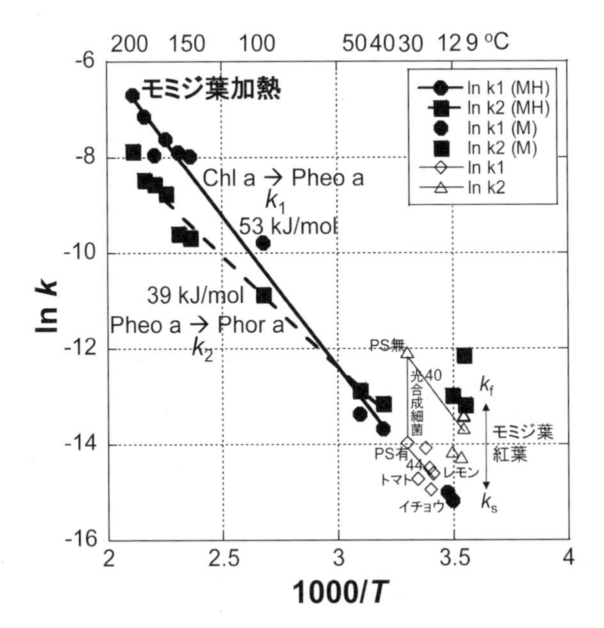

図 35.2. クロロフィル a 減少の 2 つの 1 次反応速度定数（初期 k_1，後期 k_2）の温度変化（アレニウス・プロット）：クロロフィル a（緑色）→フェオフィチン a（黄褐色）→フェオフォルバイド a（褐色）．34.1, 34.2 の自然過程（トマト熟成，モミジ紅葉）に加え，レモンの熟成，イチョウの黄葉過程のデータもプロットしている．

の遅いもの k_s と後期の速いもの k_f が求められたので，これらも図 35.2 にプロットした．また，34.1 のミニトマト熟成過程でのクロロフィル a の減少速度，最近行ったイチョウ葉の黄葉過程，レモンの熟成過程でのクロロフィル a の減少速度も加えた．さらに，シアノバクテリア（光合成細菌）の光合成システム PS（主に膜タンパク質）有りと無しでのクロロフィルの減少速度の文献値（30 ℃）も図 35.2 に示している．

大変面白いことに，自然で計測したモミジ葉，イチョウ葉，トマト，レモンなどのクロロフィル減少速度の遅い方は，気温の変動が大きいにもかかわらずその平均気温によるプロットでは，すべてモミジ葉加熱実験でのデータ

（黒塗りつぶし点）の延長上にある（図35.2）．一方で，自然でのクロロフィル減少の速い方はばらついているが，モミジ葉加熱実験データよりもかなり速く，光合成細菌の光合成システムPS無しに近い．

まだ研究途上ではあるが，自然でのクロロフィル減少速度の遅い方は，モミジ葉加熱実験と同じく植物組織そのまま（光合成システムPSで膜タンパク質に守られたまま）でのクロロフィル減少速度だと考えられ，原則として平均気温が支配しているようである．一方で，自然での速い方は，光合成システムでクロロフィルと結合している膜タンパク質などが酵素などではずされた状態での防護なしでの減少だと考えられる．この酵素の関与した速度は様々な要因でばらついていると考えられる．

著者らはこれまでも実験室での自然現象の加熱加速実験で，自然の変化速度を予測してきたが，それを実証することはできていなかった．今回のモミジ葉加熱実験とモミジ葉を含む自然でのクロロフィル減少速度を対比できたことは，実験による自然の変化過程の予測が可能であることを初めて実証できたと考える．今後もこのような努力を継続していきたい．

35. 2.　腐植物質の生成・分解速度

34.2, 35.1のモミジ葉などが紅葉した後，多くの植物の葉は褐色となって落ち，土になっていく．タンパク質，多糖類，核酸などの生体高分子はバクテリアなどによって分解され，アミノ酸，糖などの小さな分子となり，これらの小さな分子間の複雑多岐にわたる重合反応等によって，腐植物質と呼ばれる高分子が生成し，石油や天然ガスという化石燃料資源の起源となると考えられている．

しかし，この腐植物質は，実は環境汚染にも関係している．1）腐植物質自身が水や土壌の汚れとなる場合もあるが，2）重金属や放射性元素と安定な錯体（配位化合物）を形成して，環境汚染物質の運搬や固定を担うこともあり，さらには3）有機塩素化合物などの環境汚染物質の発生源ともなるとされている．

19.3では，海域の水質の汚染例として，真珠の養殖で有名な三重県英虞（あご）湾を紹介した．1980 年代より表層海水および底泥の化学的酸素要求量 COD 値が増加し，1998－2000 年の底泥の COD が多くの場所で環境基準値の 30 mg/g を超えてしまったが，その原因は，養殖業者が自ら海底に捨てたアコヤガイの貝肉中のタンパク質またはアミノ酸のアミノ基と糖のカルボニル基によるメイラード反応（褐変反応）などによって，腐植様物質が生成したことであると考えられた．

英虞湾の 2 地点の海底土をサンプリングし，間隙水中の腐植物質や COD を分析し，この地域の堆積速度の文献値を用いて海底土間隙水中の腐植物質の増加速度を見積もったところ，平均気温 15 ± 15 ℃で半増期は 18 ± 9.8 年～ 4 ± 1.6 年に相当した（図 19.3c，図 35.3）．

19.3 でも紹介したが，腐植物質が生成する速度と分解する速度の兼ね合いで，腐植物質が海底土間隙水中に残存するかどうかが決まるはずで，三重県英虞湾海底土では腐植物質が増え続けていたことから，生成速度が分解速度を上回っていると予想された．

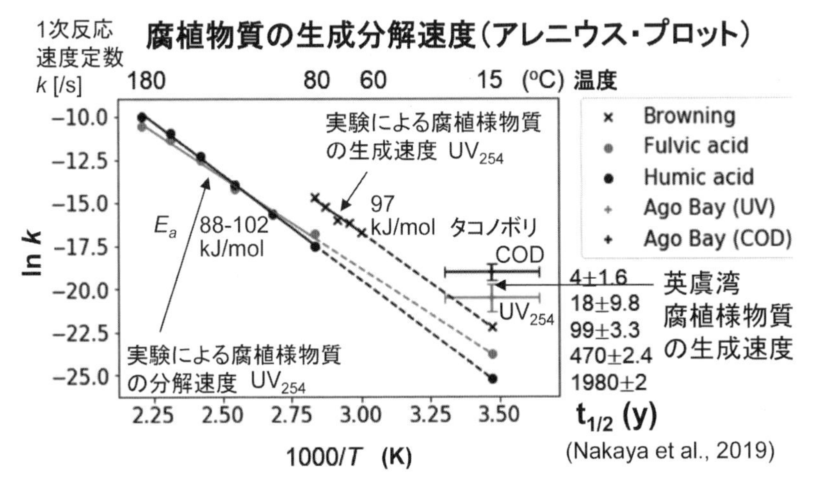

図 35.3.　三重県英虞湾海底土間隙水中腐植様物質の生成速度を推定した範囲を誤差バーで，横には半増期または半減期（年）を示している．実験による腐植様物質の生成速度および分解速度も示してある（Nakaya et al., 2019）．

著者らは紫外可視分光計に自作の加熱セルを設置し，アミノ酸グリシンと糖リボースの混合水溶液（それぞれ 0.1 mol/L）を 60－80 ℃ で 0－144 時間加熱して，溶液が褐色に変化し腐植物質が生成する過程を追跡した．腐植物質濃度の指標とされる 254 nm での吸光度の変化を用いて，腐植物質生成の 1 次反応速度定数を求めた（Browning）（Nakaya et al., 2019）（図 35.3）．

また著者らは，腐植物質の標準物質 2 種（フミン酸とフルボ酸）の溶液を，テフロン容器内で 80－180 ℃ で 0－600 時間加熱して，やはり 254 nm での吸光度の変化を用いて，腐植物質減少の 1 次反応速度定数を求めた（Nakaya et al., 2019）（図 35.3）．

これらの模擬実験による腐植物質の生成速度と分解速度を比べてみると，直線の傾きすなわち活性化エネルギー E_a はいずれも 100 kJ/mol 程度で，生成速度の方が分解速度よりも速い（図 35.3）．従って，腐植物質は自然環境中に残る可能性がある．このように，実際の自然環境で長期間進行する環境汚染に関係する現象の速度を，自然そのものから推定するだけでなく，実験室での加熱実験を行って定量的に検証あるいは予測することができる．

35. 3.　岩石風化の律速過程と時間スケール（花崗岩の例）

33.1.1, 33.1.3, 33.2.2.1 で土砂災害の原因となる岩石の風化による劣化を紹介してきたが，その時間スケールはどれくらいであろうか？　例えば，六甲花崗岩は約百万年前に隆起し，風雨にさらされ風化・劣化したとされるが，真砂土になるのには何年かかるのだろうか？　自然の岩石から時間スケールを引き出すには，時間目盛りの入った試料が手に入らないと無理である．

物質が風化・劣化していく一連の過程において，その時間スケールを支配するのは，最も遅い過程であり，これを律速過程という．そこで，せめて自然の観察から岩石風化・劣化の律速過程を見出すことはできないだろうか？

33.1.1 で紹介した北茨城花崗岩の風化過程では，黒雲母の周りに黄褐色の水酸化鉄（主にゲーサイト α-FeOOH）が生成している（図 33.1a, 35.4a）．反応過程としては，黒雲母という Fe^{2+} を含む鉱物から Fe^{2+} が水に溶解し，水中で溶存酸素によって酸化して Fe^{3+} となり，水酸化鉄 $Fe(OH)_3$ として沈殿

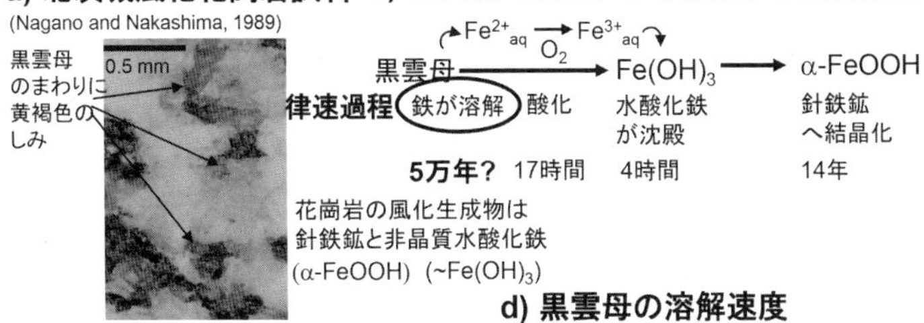

c) ケイ酸塩鉱物の溶解速度と寿命

25°C, 1気圧, pH=5の水溶液のシリカ溶解速度kとr_0 = 1 mm球状結晶の寿命　$r = r_0 - kVt$

(Lasaga., 1998)

鉱物種	溶解速度k (mol/m^2/s)	寿命 t(年)
石英	4.1×10^{-14}	3400万
白雲母	2.56×10^{-13}	270万
カリ長石	1.67×10^{-12}	52万
曹長石	1.19×10^{-11}	8万
輝石	1.0×10^{-10}	8,800
オリビン	3.2×10^{-10}	2,300
ネフェリン	2.8×10^{-9}	211
灰長石	5.6×10^{-9}	112

d) 黒雲母の溶解速度

北茨城花崗岩の黒雲母含有量:
弱風化 9.0 wt% → 強風化 1.1 wt%
r_0 = 1 mm → r = 0.5 mm

黒雲母溶解速度k
モル体積Vの文献値
→ t ~ 5万年

e) 水酸化鉄の結晶化速度

結晶化速度実験式　k (/h)

$$k = (4.576 \times 10^9) \cdot [\mathrm{OH^-}]^{0.63} \cdot \exp\frac{-56.1 \times 10^3}{R \cdot T}$$

(Nagano et al., 1992; 1994)

$k = 5.18 \times 10^{-6}$ (/h): 25°C, pH=6

半減期 $t_{1/2}$ = 14年

図 35.4.　a) 北茨城花崗岩風化崖での花崗岩試料，b) 花崗岩の風化による鉄さびの生成過程と律速過程，c) ケイ酸塩鉱物の溶解速度と寿命，d) 黒雲母の溶解速度，e) 水酸化鉄の結晶化速度．

して，α-FeOOH という鉱物へ結晶化していく（図 35.4b）．この中で，風化の時間スケールを決める一番遅い過程（律速過程）はどれだろうか？　鉄の溶解だろうか沈殿だろうか？

その答えは，実は花崗岩の組織を見るとわかる．図 35.4a の花崗岩の写真では，黒雲母の周りに水酸化鉄（鉄さび）ができている．もし，黒雲母から鉄が溶解するのが速く，水酸化鉄の沈殿が遅い場合は，鉄さびはどこかへ水で運ばれてから沈殿しているだろう．一方，黒雲母から鉄が溶解するのが遅く，沈殿が速いなら，黒雲母のすぐ周りに鉄さびができるだろう．つまり，黒雲母の周りに鉄さびがあるということは，黒雲母からの鉄の溶解が遅く，これが花崗岩の風化の時間スケールを決めていることになる．

岩石の多くはケイ酸塩鉱物でできているが，シリカが溶解する速度は図 35.4c のように報告されており，それをもとに 1 mm の球状結晶が溶けきるのに要する年数は，灰長石の112年から石英の3400万年まで大きく異なる(Lasaga, 1998)(図35.4c)．北茨城花崗岩については，黒雲母からの鉄の溶解実験の文献値は見つからなかったが，Mg^{2+}の溶解速度で代用すると，黒雲母が半減するのにおよそ5万年程度かかる（図35.4b, d)．

水中のFe^{2+}が溶存酸素によって酸化してFe^{3+}となる半減期は17時間程度と速い．Fe^{3+}が水酸化鉄$Fe(OH)_3$として沈殿する半減期は約4時間ともっと速い．非晶質水酸化鉄$Fe(OH)_3$がα-FeOOHという鉱物へ結晶化していく速さは，著者らが実験して求めた式（Nagano et al., 1994）を低温酸性側に外挿すると，半減期約14年となる（図35.4b, e)．

結局，黒雲母から鉄が溶解するのが圧倒的に遅く，5万年程度もかかり，これが花崗岩の風化による鉄さび生成過程を律速している（図35.4b)．

第36章　自然環境変化の予測

第33章で著者らが開発してきた「自然環境の聴診器」を用いて，第34章では実際の自然環境の時間変化の追跡した例を，第35章では自然環境変化を模擬した実験に活用した例を紹介した．

第Ⅳ編で自然環境を定量化する科学を概観したが，まだ自然を定量的に記述し予測する体系には程遠い状態である．第16章の気象学や第17章の気候学の例のように，観測データと数値計算（シミュレーション）を組み合わせた予測（予報）が行われるようになっており，次第に予測精度が上がってきてはいるが，まだまだ詳細な予測は困難である（河宮, 2018）．第30章のリモートセンシング，第31章の地下探査，第32章の非破壊検査などの手法での観測データの取得も限られており，土砂災害，地震，火山などの活動予測も困難である．地下水・土壌・岩石の環境汚染などは，さらに難しい．このような状況では，いつどこでどのような自然災害や環境汚染が起こるかを正確に予測することは現実的ではない．ヒトに例えれば，ある人がいつどのような病気になっていつ死ぬのかは予測できないのと同じと言える．

そこで，ここでは，これまで見てきた様々な自然の健康に関わる現象の変化の速さを支配する基本的な概念を，著者なりに以下にまとめてみたい．1つ目は物質移動学であり，2つ目は化学反応速度論である．それらを用いて，自然環境の変化の概略を大局的にとらえる指針のようなものを示してみたい．

まず，主に地球表層環境で起きる資源・環境・災害に関わる様々な過程を図36.1に模式的に示す．資源の集積，環境汚染，自然災害などのマクロな過程も，mm以下程度のメソスケールで見ると，鉱物・水・有機物の相互作用に帰着できる．すなわち，鉱物が周辺の海水などのバルク水（広い領域を占めている水をこう呼ぶことにする），あるいは，鉱物同士の接触面（粒界）に存在する界面水（粒界水と呼ぶこともできる）に溶解したり，河川水や海水が流れてきて，その中の重金属や有機物が鉱物表面に吸着したり，あるいは水和鉱物などとして沈殿したり，さらには水の中の成分の一部が粒界を拡散して，鉱物同士の間にある間隙にたまるなど，様々な小さなスケールでの現象となる．それでは，このようなマクロからメソスケールの現象まで微視化し具体化できた過程は，どのような時間スケールでどのくらい起こるのだろうか．このような問いに定量的に答えていくのが，物質移動学と反応速度論である．

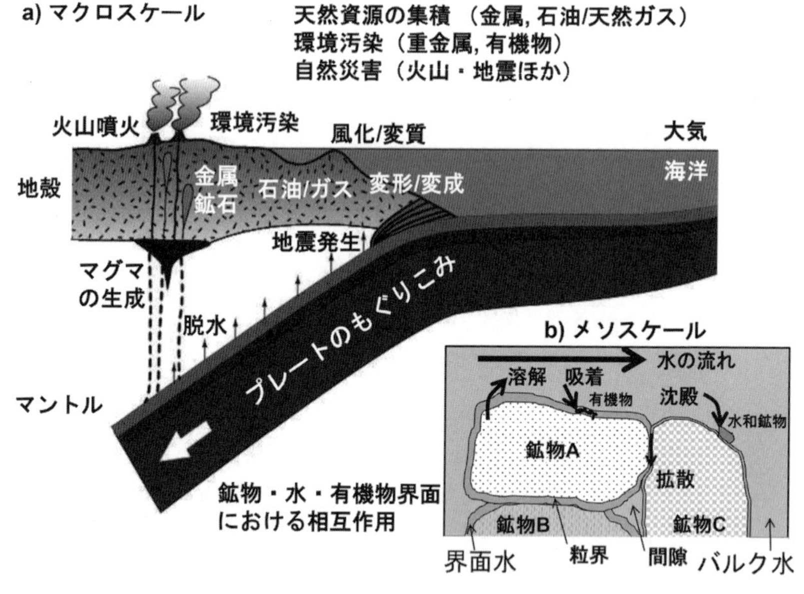

図 36.1.　a）日本列島の断面図をモデルとしたマクロスケールでの地球表層のダイナミックな過程，b）それらの過程をより小さなメソスケール（大体 mm から μm 程度）で見た場合の模式図．

ここでは，たとえ話を用いて，熱力学と反応速度論の違いを説明してみる（図 36.2）．山の上に雨が降ったとしよう．この雨は，高いところにあるのでポテンシャル・エネルギーが高く不安定で，山の斜面を流れ下り，川となって，最後は海に流れ込んで安定となる．時間が十分に長ければ，途中経過はともかくとして，山上の雨は最後は海に至る．この最初と最後の状態を表すのが熱力学（化学平衡論）である．この山と海の高低差は，熱力学でいうと，自由エネルギー差（ΔG）にあたる．化学反応では，A と B（原系あるいは反応系）が反応すると，最後は P と Q（生成系）になる（図 36.2）．

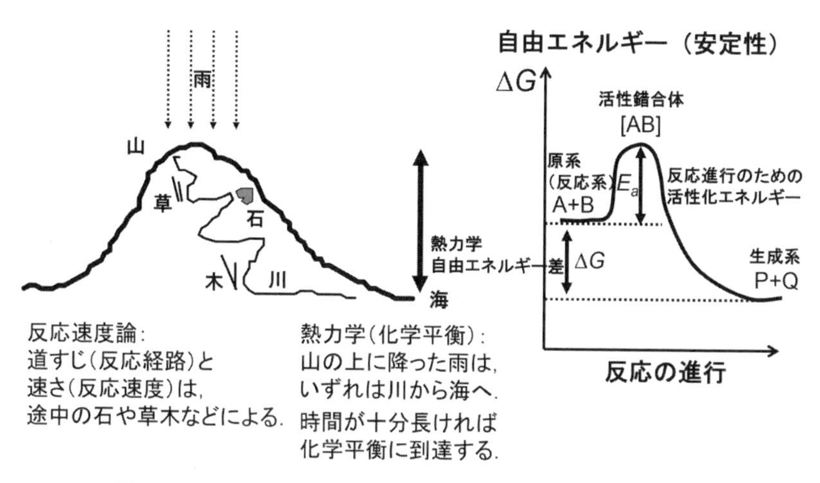

図 36.2.　化学反応の平衡（熱力学）と反応速度の違いの模式図.

しかし，もし時間が十分にたっていない途中経過を問題にする場合，山の上に降った雨水は，いったいどのような道すじ（反応経路）をたどって，どのくらいの速さ（反応速度）で流れ下るのかを定量的に知る必要がある．この場合，道の途中に，草や木が生えていたり，石ころがあったりすると，雨水の流れる道すじや速さが変わってしまう（図 36.2）．すなわち，反応速度論では，どのような条件下で，どのような中間生成物を経由するかという反応経路によって，反応速度が変わってしまう．反応速度論では，A と B（原系あるいは反応系）が反応する場合，まず A と B が合体したような活性錯合体 [AB] を作ることが必要で，このために乗り越えなければいけないエネルギー障壁を活性化エネルギー E_a という．この活性錯合体 [AB] ができてしまえば，あとはエネルギーの坂を下っていって P と Q（生成系）になる（図 36.2）．最初と最後のエネルギー状態の差は，さきほどの熱力学の自由エネルギー差（ΔG）である．

資源集積・環境汚染・火山・地震・自然災害といった多様な地球表層の我々の身の回りの自然現象は，必ずしも十分に時間がたって平衡状態に達しているものばかりではなく，反応途上であり，しばしば物質移動も伴っている．以下では，物質移動学と反応速度論の大事な点だけを簡潔に解説する．詳細は各種教科書・専門書などを参照していただきたい（中嶋, 2023）．

36. 1.　物質移動学

例えば，土壌や岩石中に汚染物質を含んだ地下水が流入する場合，あるいは活性炭で水の中の有害物質を吸着しようとする場合，土壌・岩石や活性炭の微細な孔（間隙）の中へ有害物質が入り込むのに時間がかかる．その後の土壌・岩石・活性炭の壁への有害物質の吸着が迅速に起こる場合は，この全体の過程の時間スケールを支配するのは微細間隙中への有害物質の移動である．化学反応が次々起こる場合も，それらの反応の中で一番遅い反応が律速過程になるが，物質が移動する過程が含まれており，それが一番遅い場合は，物質移動が律速する場合が出てくる．そこで，物質移動の基礎を簡潔に解説する（中嶋, 2023）．

36. 1. 1.　流体の流れ（移流）

水は高いところから低いところへ流れるが，それは高いところにある水がより高い圧力（水頭と呼ぶ）を持っているからである．圧力Pの勾配を$\Delta P/\Delta x$で表すことにし，x軸方向の流速をvとすると，圧力勾配による水の流れを移流と呼び，次のようなダルシー則で表される．

$$v = \frac{k}{\mu}\ \frac{\Delta P}{\Delta x} \tag{36.1}$$

（ダルシー則：流速v (m/s)は圧力勾配$\Delta P/\Delta x$に比例，粘性μで抵抗）
これは，水ではなく気体が流れるときも同じであり，流体一般にあてはまる．すなわち，流体（気体または液体）の流速v (m/s)は，圧力勾配$\Delta P/\Delta x$に比例し，流体の粘性μ (Pa.s = kg/m/s)で抵抗を受けるが，浸透率k (permeability) (m^2)が通りやすさの指標となる．

実際の浸透率 k (m^2)の測定においては，流体（気体または液体）の流量を単位時間あたりの体積流量 Q (m^3/s)で表し，試料の長さ L (m)，試料の断面積 A(m^2)，流体の粘性 μ(Pa.s = kg/m/s)を用いて次のように書き直す．

$$k = \frac{\mu LQ}{A\Delta P} \quad \text{（体積流量}Q\text{から浸透率}k\text{を求める）} \tag{36.2}$$

このダルシー則に基づいて，気体（ここでは空気）および水溶液の浸透率を測定するために著者らが作成した装置の概念図を図 36.3 に示す．

岩石（主に火山岩）中の空気の浸透率を測定する装置（図 36.3a）は，火山の下の火道と呼ばれるマグマの通り道で冷えて固まりつつあるマグマ中を火山ガスが浸透して抜けていく状況を想定して，火山ガスの浸透率を測定するために作成したものである（竹内・中嶋, 2005；Takeuchi et al., 2005; 2008）．コンプレッサーを用いて空気を加圧して，透気セル中に設置した岩石試料内に空気を流入させ，空気の流量を押し出された水の流量に変換して電子天秤で計測するシステムである．火口の下の火道内マグマ中の火山ガスが周りへ

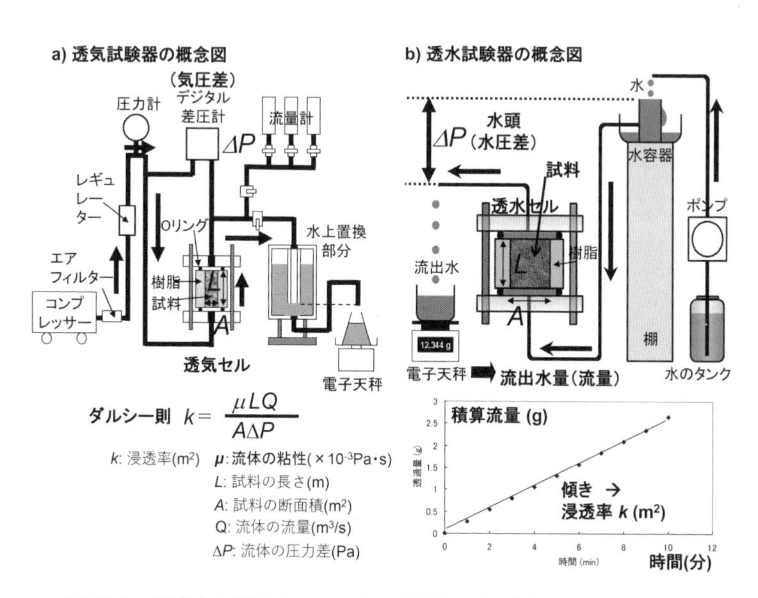

図 36.3.　著者らが製作した a) 透気試験器，b) 透水試験器の概念図．

抜けやすいと，火山噴火は爆発的にならないが，抜けにくいとマグマ内にガスがたまったままとなり，火口付近でマグマが破砕する際にガスがマグマから放出され膨張するため爆発的な噴火となる．このような火山噴火様式を推定するのに，浸透率を評価することは非常に重要である．

岩石中の水溶液の浸透率を測定する装置（図36.3b）の方は，棚の上に置いた容器中の水が，透水セル中に設置した岩石試料内を浸透して出てくる水の流量を電子天秤で計測するシステムであり，試料から水が出る位置との高低差が約1 mになるようにしてある（Yokoyama and Takeuchi, 2009）．流出してきた水の量(g)の時間変化グラフの傾きから，体積流量 Q (m^3/s)に変換し，(36.2)式に，試料の長さ L（m），試料の断面積 A（m^2），流体の粘性 μ（Pa.s = kg/m/s），圧力差 ΔP（Pa)の値を入れると，浸透率 k (m^2)が求まる．

地層の浸透率 k (m^2)には，1 darcy（D）= 1×10^{-12} m^2 や 1 milli darcy（mD）= 10^{-15} m^2 という単位が使われることが多いが，水を通しやすい砂で 10^{-7} m^2（10^8 mD）程度から，水を通しにくい花崗岩で 10^{-19} m^2（10^{-4} mD）程度と幅広い値となっている．石油や天然ガスが貯留する砂岩や石灰岩の浸透率は $10^{-11}-10^{-15}$ m^2（10^4-1 mD）程度であることが多く，その上を難透水性の泥岩が覆ったところに油田・ガス田ができる．汚染物質が地層中を流れる場合は，もちろん浸透率の高いところを主に流れて広がる．土砂災害においても，大雨が地下に浸透する際に，このような浸透率の差が重要となってくる．

36. 1. 2.　拡散

次に，濃度勾配で物質が移動する拡散現象を取り上げる．水に溶けている物質の濃度を c (mol/m^3)とし，それが濃度勾配によって周りに広がっていく（拡散する）とする．まずこの拡散による x 方向1次元への物質移動の流量（フラックス）を J ($mol/m^2/s$)とすると，以下のように，濃度勾配 dc/dx (mol/m^4)に比例する．

$$J = -D\frac{dc}{dx} \quad \text{（フィックの法則：流量}J\text{は濃度勾配に比例）} \qquad (36.3)$$

この比例係数D (m^2/s)を拡散係数と呼ぶ．このフィックの法則を微分形式で書くと，次のようになる．

$$\frac{dc}{dt} = -D\frac{d^2c}{dx^2} \text{（フィックの法則：微分形式）} \quad (36.4)$$

この拡散方程式を，様々な初期条件，境界条件の下で解くと，ある時刻tのある位置xにおける物質の濃度$c\ (t, x)$がどのように表せるかという解を求めることができる．この解は，条件によって，指数関数だったり，誤差補関数だったり色々だが，専門書などに色々な解が示されており，Excelなどでグラフ化することが可能である（中嶋, 2023）．

しかし，拡散による物質移動を手軽に評価するには，次のような拡散距離を用いることができる．

$$x = 2\sqrt{Dt} \text{（拡散距離）} \quad (36.5)$$

すなわち，拡散係数D (m^2/s)と時間t(s)から，その時間で到達する特徴的な距離（初期濃度の$1/e$ (~0.36)が到達した距離）が見積もれる．

拡散現象は，化学反応速度同様，温度が高いほど速いと予想される．実際，化学反応速度の温度依存性を表すアレニウスの式が，拡散係数D (m^2/s)にも使われている．

$$D = D_0\,\mathrm{e}^{-\frac{Ea}{RT}} = D_0 \exp\left(-\frac{Ea}{RT}\right) \text{（拡散係数のアレニウスの式）} \quad (36.6)$$

$$\ln D = \ln D_0 - \frac{Ea}{RT} \text{（拡散係数のアレニウスの式：自然対数）} \quad (36.7)$$

$$\log D = \log D_0 - \frac{Ea}{2.303RT} \text{（拡散係数のアレニウスの式：常用対数）} \quad (36.8)$$

ここで，D_0 (m^2/s)は反応速度における頻度因子にあたるもの，E_aは活性化エネルギー(kJ/mol)，Rは気体定数（R = 8.3145 J/K/mol），Tは絶対温度(K)である．拡散係数のアレニウス・プロットには，しばしば常用対数スケールが使われることがあるので，その際は，(36.8)式のように，2.303があることに注意しよう．

36. 1. 3. 地層中の物質移動と環境汚染

では，環境汚染問題における物質移動を図36.4のような地層の模式図で考えてみる．地層中の割れ目（幅 w (m)）の中を地下水流が流速 v (m/s)で流れ，この地下水中にHg, Cd, Asなどの有害な重金属が溶けて流れてきたとする．これらの重金属は，割れ目の壁に吸着・脱着しながら，水自身の流れよりも少し遅れて流れてくる．このときの重金属が水よりもどのくらい遅れて流れるかを，遅延係数 R_f(Retardation factor)（無次元）で表す．これは，クロマトグラフィーに出てくるものと原理的には同じである．重金属が割れ目の壁の地層によって分配係数 K_d で吸着される場合は，遅延係数 R_f は以下のようになる．

$$R_f = 1 + \rho K_d \frac{1-\phi}{\phi} \quad \text{（遅延係数}R_f\text{と分配係数}K_d\text{，間隙率}\phi\text{の関係）} \qquad (36.9)$$

ここで，ρは溶媒（水）の密度(kg/m^3)，ϕは間隙率（岩石中のすきまの体積分率：無次元）であり，分配係数 K_d ((mol/kg)/(mol/m^3) = m^3/kg)，は岩石と水との間の溶存物質（溶質）の分配比である．

この割れ目にはある一定濃度の汚染物質が流れており，上側には難透水性の粘土のような層があるとし，下側には様々な鉱物粒子からなる岩石があるとする．それらのすきまには粒界や間隙があり，その内部には水が満ちてい

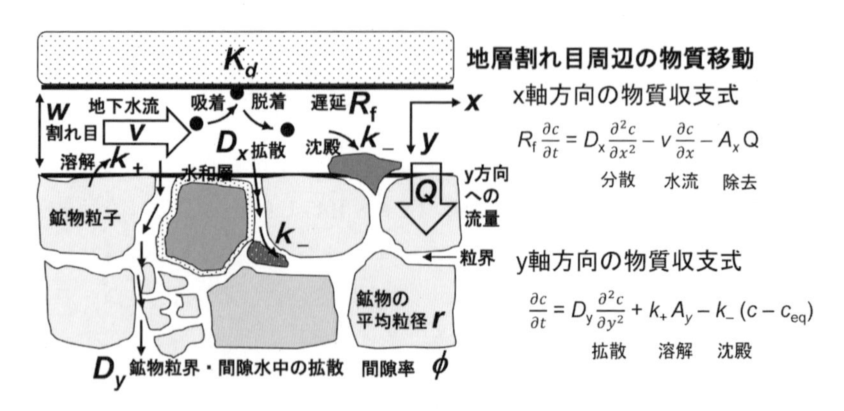

図36.4.　地層割れ目周辺の物質移動の概念図.

るが，汚染物質の濃度は最初ゼロだとする（図36.4）．そうすると，割れ目中の水中の汚染物質の濃度cは，下方の岩石間隙内y方向へ拡散していくことになる．

これまで出てきた移流と拡散以外にも，溶解や沈殿などの化学反応も起こる可能性がある（図36.4）．従って，このような地下の汚染物質の挙動を取り扱うためには，移流，分散，拡散，吸着，化学反応速度などの過程を定量的に組み込んだ方程式を立てて，定量的に解析する必要がある．ここでは，最も単純な物質収支式の例を以下に示す．

$$R_f \frac{\partial c}{\partial t} = D_x \frac{\partial^2 c}{\partial x^2} - v \frac{\partial c}{\partial x} - A_x Q \quad (x\text{軸方向の物質収支式}) \tag{36.10}$$

$$\frac{\partial c}{\partial t} = D_y \frac{\partial^2 c}{\partial y^2} + k_+ A_y - k_- (c - c_{eq}) \quad (y\text{軸方向の物質収支式}) \tag{36.11}$$

(36.10)式の意味は，x軸方向に流速v (m/s)で流れる地下水中に溶けているある物質の濃度cの時間変化$\frac{\partial c}{\partial t}$は，その物質が割れ目の壁の地層に分配比$K_d$で吸着されるため遅延係数$R_f$で減り，$x$軸方向の濃度勾配$\frac{\partial^2 c}{\partial x^2}$で分散（分散係数$D_x$）して広がり（流れ方向の拡散を「分散」とここでは区別しておく），流速vで流れて減少し，x軸方向の断面積A_xあたり物質が沈殿などで失われる物質量Qをかけた分が除去されるということである（図36.4）．(36.11)式の意味は，y軸方向には，物質は濃度勾配$\frac{\partial^2 c}{\partial y^2}$で拡散（拡散係数$D_y$）して広がり，鉱物の表面積$A_y$に比例して0次反応速度定数$k_+$で物質が溶解して増える分と，平衡状態の濃度$c_{eq}$との濃度差$(c - c_{eq})$に比例して1次反応速度定数$k_-$で物質が沈殿して減る分からなるということである（図36.4）．

このような物質収支式は，ここでは最も単純化した理想的な状況でのモデル式を示しているが，それでもここに出てくるパラメータは多数あり，それらの数値が求められていることはあまりない．従って，地下での環境汚染の広がり方を定量的に解析するのは容易ではない．以下に，著者らが土や岩石中の汚染物質の拡散係数を実験で求めた例を紹介する．

原子力発電で使用済核燃料から出る放射性廃棄物に含まれるテクネチウム（化学種はTcO_4^-）という放射性元素の土の中の拡散による広がりを，著者らは放射線強度で測定した（図 36.5a）．薄膜拡散源から片側に拡散する場合の拡散方程式の解で，この実験データを近似して，拡散係数を求めた（Nakashima, 1995）．

ベントナイト（粘土の一種）に異なる量の水を加えて含水量すなわち間隙率ϕの異なる含水粘土を作成し，上記と同様の実験を行い，得られたみかけの拡散係数 D_{app} を間隙率ϕに対して両対数グラフにプロットした（図 36.5b）．また，海底堆積物（シルト質）については，含水量の異なる 6 試料について，同様の実験を行った．その結果，ベントナイトと海底堆積物それぞれの拡散

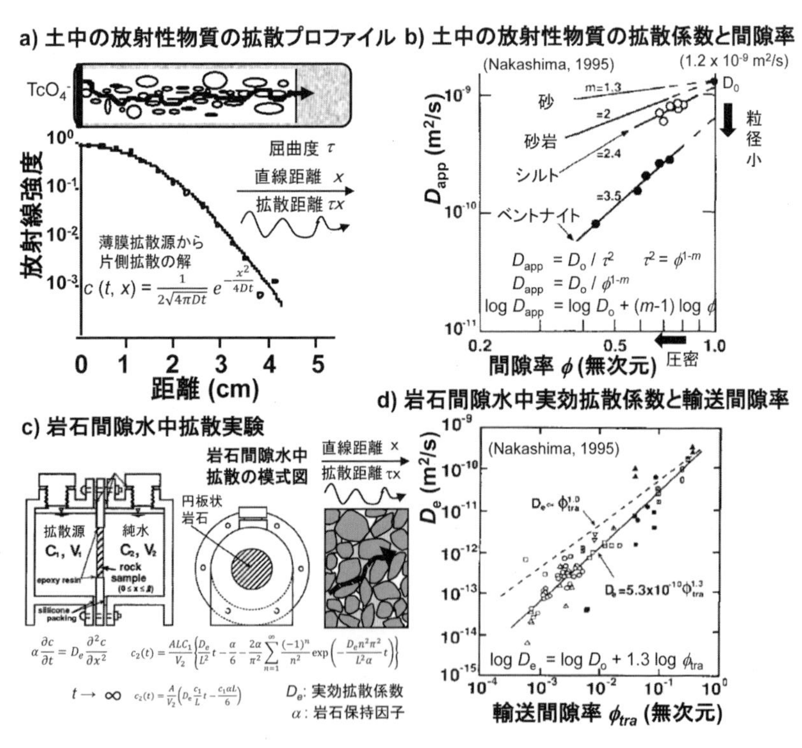

図 36.5.　a）土中の放射性物質（TcO_4^-）の拡散の模式図と拡散実験結果，および拡散プロファイルの近似，b）土中の放射性物質のみかけの拡散係数 D_{app} と間隙率の両対数グラフ，c）岩石間隙水中の拡散実験の模式図，d）岩石間隙水中実効拡散係数と輸送間隙率の関係（Nakashima, 1995）．

係数と間隙率の関係が，両対数グラフ上で異なる直線関係となった（図36.5b）．

詳しいことは省略するが，砂や土中の拡散現象には，粒径が影響することが知られており，粒の粗いものほど拡散が速く，粒の細かいものほど拡散が遅い（図36.5b）．これは，図36.5aに示す模式図のように，細かい粒が多数ある方が，拡散経路がぐねぐねしており，直線距離に対する比（屈曲度τ）が大きく，拡散が遅くなると理解できる．

この図36.5bから，どの程度の粒の粗さで，どのくらいの含水量すなわち間隙率の土・砂かがわかれば，拡散係数をある程度予測できる．

次に，著者らが，岩石間隙水中のヨウ素イオンI^-の拡散係数を様々な岩石に対して測定した結果を図36.5c, dに示す（Nakashima, 1995）．著者らが製作した拡散実験容器（図36.5c）の片側に拡散源であるヨウ素イオンI^-を入れ，岩石円板を通して反対側の純水へ拡散してきた濃度の時間変化を測定し，定常状態の拡散となった直線区間の傾きから実効拡散係数D_eを求めた（図36.5c）．このような実験を様々な種類の岩石に対して行い，輸送間隙率ϕ_{tra}（つながった間隙率：ここでは水銀圧入法で求めた5nm以上の間隙）との両対数グラフにプロットした（Nakashima, 1995）（図36.5d）．

これだけ多様な岩石の実効拡散係数D_eであるが，輸送間隙率ϕ_{tra}との両対数グラフ上で粗い直線関係（次式）となった（図36.5d）．

$$\log D_e = \log D_0 + 1.3 \log \phi_{tra} \quad (D_0 = 5.3\times 10^{-10}\ \mathrm{m^2/s}) \quad \text{あるいは}$$

$$D_e = D_0\ \phi_{tra}^{\ 1.3} = D_0 / \phi_{tra}^{\ -1.3} \tag{36.12}$$

これは，切片が$\log D_0$で傾きが1.3の直線ということである．輸送間隙率ϕ_{tra}が1とは，岩石中に鉱物粒子がなく水のみということなので，水中のヨウ素イオンI^-の拡散係数にあたることになるが，文献値では25 ℃で$D_0 = 2\times 10^{-9}\ \mathrm{m^2/s}$であり，やや大きいが，オーダーは近い．この直線関係の傾きが1.3であるのは，詳しいことは省略するが，拡散経路の屈曲度τに関係しており（図36.5d），まだその意味は定量的には解明できていない．しかし，まだ経験則ではあるが，様々な岩石の輸送間隙率ϕ_{tra}がわかれば，実効拡散係数D_eの大まかな値を予測することができる（図36.5d）．

20.7.の高レベル放射性廃棄物処分の安全評価（未来予測）のところで，上記の土中の放射性核種の拡散係数 D（図 36.5b）を用いて時間 t における拡散距離　$x = 2\sqrt{Dt}$ を計算した．拡散係数を粘土中の 2×10^{-10} m^2/s とすると，1 万年で到達する距離が 8 m となるが，もう少し粗い粒子のシルト質の海底土であれば 6×10^{-10} m^2/s となり，1 万年で到達する距離が 14 m となる（図 20.5）．また，深地層処分において放射性核種が拡散で移動する場合，もし，割れ目がなく間隙率が 1% 程度と小さい花崗岩質岩石中に放射性廃棄物を埋設する場合，上記の実験結果（図 36.5d）に基づくと，有効拡散係数は 1×10^{-11} m^2/s 程度となり，100 万年で到達する距離が 5 m となる（図 20.5）．

36. 1. 4.　地球物質中の様々な拡散係数

地球表層から地球内部の水や岩石・鉱物中の拡散係数 D（m^2/s）を様々な温度で測定した著者らの実験値といくらかの文献値を図 36.6 にまとめた．直線の傾きが活性化エネルギー E_a に対応し，縦軸との切片 $\log D_0$ が頻度因子 D_0 にあたる．

この中で一番拡散の速いのは，水中の水分子自身の自己拡散であり，ついで水中の Na^+, K^+ などのイオンが続く．これらの水中の拡散の活性化エネルギーは，15－30 kJ/mol であり，およそ水素結合のエネルギーにあたり，水中の水分子の水素結合を切断しながら拡散する．

岩石の鉱物粒子間のすきま（間隙）や粒界での拡散は，水中よりもだいぶ遅く，鉱物粒子などをよけながら屈曲した経路を拡散し（図 36.5），活性化エネルギーは水中と同程度かやや大きいと考えられる（Nakashima, 1995）．

火山ガラスやマグマ中の水の拡散は，活性化エネルギーが 100 kJ/mol 程度で（図 12.2），火山噴火の時間スケールを支配することが著者らの研究でわかってきており（Okumura et al., 2004），950℃で 20 秒から 500℃で 2 時間程度と 12.3 で紹介した（図 12.1）．

著者らの蛇紋石という鉱物中の水の拡散実験（Sawai et al., 2013）では，活性化エネルギーは約 260 kJ/mol 程度であり，深発地震の律速過程である可能性がある．白雲母という鉱物中の水の拡散の活性化エネルギーは約 290 kJ/mol 程度（Tokiwai and Nakashima, 2010）．そして地球深部マントルの代表鉱物オリビン中の Si の拡散はとても遅く，活性化エネルギーは約 440 kJ/mol と大きい．

このように，密度の高い物質中の拡散ほど遅く，活性化エネルギーも大きくなることがわかる．興味深いことに，図 36.6 中の直線群が，左上の一点に収束しているように見える．これが究極の拡散の頻度因子 D_0，すなわち，これ以上は動き回れないという頻度に対応しているのかもしれない．

図 36.6 の右端には，特徴的な拡散距離 $x = 2\sqrt{Dt}$ を $t = 1$ 年に対して示している．この右端の 1 年の拡散距離を見ると，これらの拡散現象のスケールがわかりやすくなる．図 36.6 には，地球表層から内部にかけての様々な地球科学的な現象の名前を，それを律速している拡散現象の付近に示している．

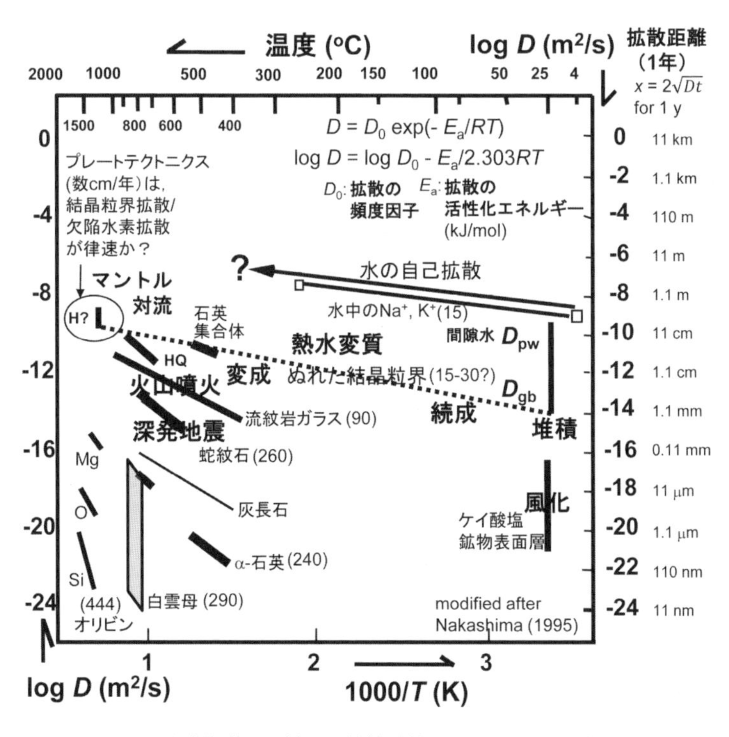

図 36.6.　地球物質中の様々な拡散係数のアレニウス・プロット．

注目すべきは，地球表層にあるプレートは年に数 cm 程度動いており，これが地震や火山活動の原因となっているが，それを律速しているのは，図 36.6 の左中あたりのマントル鉱物オリビン中の水素の拡散かもしれない．すなわち，プレート・テクトニクスを律速するマントル対流は，マントル鉱物中の水素の拡散に支配されている可能性があるということである．図 36.6 を見てもらえば，拡散現象が地球のダイナミックな営みの時間スケールを支配していることがわかる．

36. 2.　反応速度論

地層中の割れ目の中を環境汚染物質が溶けた地下水が流れてくると，割れ目の壁に吸着・脱着しながら，様々な化学反応をする可能性がある（図 36.4）．その反応速度を定量的に評価するためには反応速度論的な解析が必要となる．化学反応速度論の詳細は教科書・専門書などを参照してほしいが（中嶋, 2023），ここでは大事な点だけを具体例を用いて解説する．

36. 2. 1.　反応次数と速度定数

物質 A と物質 B が反応して物質 P と物質 Q ができるという一般の反応では，反応速度の一般式は，次のように書ける．

$$A + B \rightarrow P + Q \tag{36.13}$$

$$d[A]/dt = -k\,[A]^{\alpha}[B]^{\beta} \quad あるいは \quad d[P]/dt = k\,[A]^{\alpha}[B]^{\beta} \tag{36.14}$$

このとき，反応速度は，物質 A の濃度 [A] のα次（α乗）に比例するので，[A] についての部分反応次数がαだという．同様に，物質 B の濃度 [B] の部分反応次数はβだということになる．この反応の全体としての反応次数は$\alpha+\beta$になる．例えば，A について 1 次，B について 1 次の反応は，全体としては 2 次反応である．

実際の自然界の反応は複雑で，0 次，1 次，2 次反応などの単純な次数になるとは限らず，反応次数や反応速度定数は，あくまで実験的に求めるべきものである．実際，天然水・土壌・岩石中での化学反応速度を実験的に測定した例では，見かけ上の部分反応次数が 0.7 などの非整数になる場合があり，全体反応次数も 1.3 などの非整数の場合がある.

さらには，並列して異なる反応が起こる場合や，いくつかの反応が連続して起こる場合もあり，このような複雑な反応を定量的に解析するのは難しく，解析的に式を解くことができない場合も多いので，数値解析などが必要となる.

36. 2. 2.　反応速度の温度依存性

化学反応の速度は，温度が高いほど速く，下記のアレニウスの式に従うことが多い.

$$k = A\,\mathrm{e}^{-\frac{Ea}{RT}} = A\,\exp\left(-\frac{Ea}{RT}\right)\ \text{(アレニウスの式)} \quad (36.15)$$

ここで，k は反応速度定数(/s)，A は頻度因子(/s)，E_a は活性化エネルギー(kJ/mol)，R は気体定数（R = 8.3145 J/K/mol)，T は絶対温度(K)である．この式の両辺の自然対数をとると，次の式になる.

$$\ln k = \ln A - \frac{Ea}{RT}\ \text{（アレニウス・プロットの式)} \quad (36.16)$$

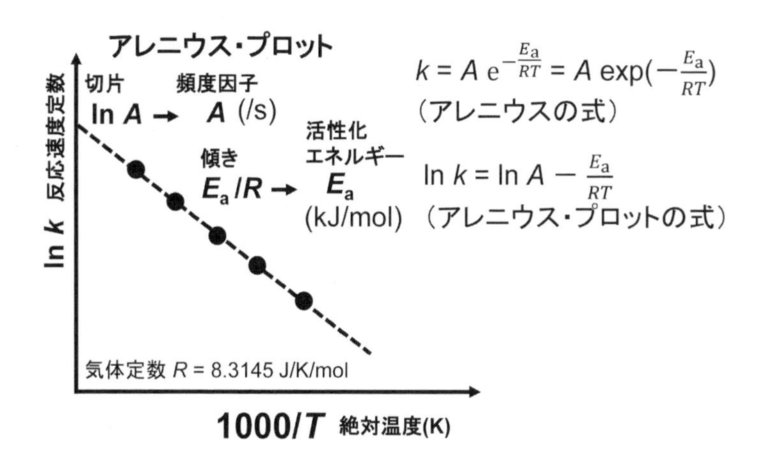

図 36.7.　反応速度の温度依存性（アレニウス・プロット).

ある反応の反応速度定数 k を様々な温度で調べ，その自然対数 $\ln k$ を絶対温度の逆数 $1/T$ に対してプロットし（アレニウス・プロット），実験値が直線的に並んだら，その近似直線を引き，傾き $-E_a/\mathrm{R}$ に気体定数 R をかけると，活性化エネルギー E_a が求まり，縦軸との切片 $\ln A$ から頻度因子 A が求まる．実際には，横軸を $1000/T$ にすると，活性化エネルギー E_a が(kJ/mol)の単位で計算しやすい（図 36.7）．

36. 2. 3.　ウランの沈殿速度

著者が行ったウランの沈殿実験の速度論的解析の例を以下に示す（図 36.8）．もともとは，世界の主要なウラン鉱山の多くが亜炭層の中にできるが，その反応機構と時間スケールが不明だったので，それを実験で調べた著者のフランスでの博士論文の研究である（Nakashima et al, 1984; 1987; 1999; Nakashima, 1992a; 1992b）．

ウラン（ウラニルイオン UO_2^{2+}）を含む水溶液中に一定量の亜炭　(RH_2 と表記する）の粉を入れて，200, 190, 180 ℃で実験を行った（図 36.8a）．詳細

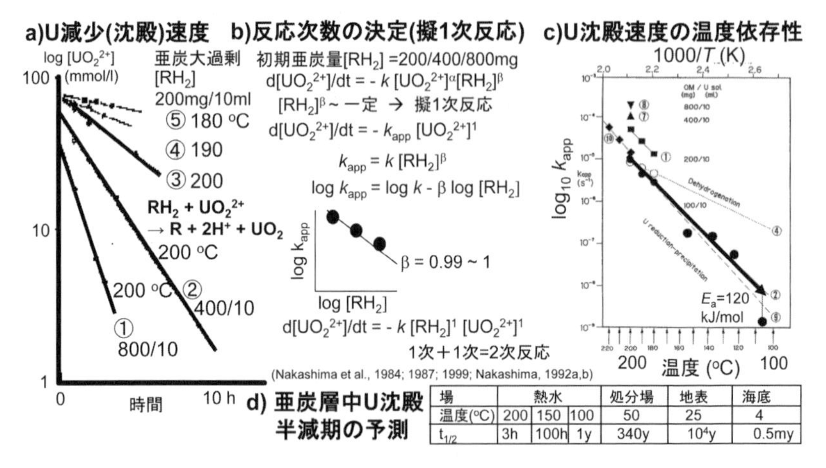

場	熱水			処分場	地表	海底
温度(°C)	200	150	100	50	25	4
$t_{1/2}$	3h	100h	1y	340y	10^4y	0.5my

図 36.8.　a）ウラン(U）沈殿速度の実験結果，b）反応次数の決定，c）U 沈殿速度の温度依存性（アレニウス・プロット），d）U 沈殿半減期の低温側への外挿による予測値（Nakashima et al., 1999）．

は省くが，様々な分析から以下のような反応式だろうと推定された.

$RH_2 + UO_2^{2+} \rightarrow R + 2H^+ + UO_2$ (36.17)

そこで，ウランの減少速度は以下のようになる.

$d[UO_2^{2+}]/dt = -k\,[UO_2^{2+}]^{\alpha}[RH_2]^{\beta}$ (36.18)

実験では，亜炭量［RH_2］はウランに対して十分多く，大過剰となるようにしたので，ウランと反応しても亜炭量［RH_2］は一定になるとみなしている（図36.8b）．水溶液中のウランは時間と共に減少しており，その対数をとると直線的であった（図36.8a）．従って，この反応はウランに対して1次であることになる．すなわち，(36.18)式の$\alpha = 1$である（擬1次反応という）.

$d[UO_2^{2+}]/dt = -k\,[RH_2]^{\beta}[UO_2^{2+}]^1 = -k_{app}\,[UO_2^{2+}]^1$ (36.19)

みかけの1次反応速度定数k_{app}は，$k_{app} = k\,[RH_2]^{\beta}$であり，亜炭量を含んだものとなっている.

今度は，亜炭量［RH_2］を200 mg/10mLから400, 800 mg/10mLへと増やして200 ℃で実験を行った（図36.8a）．みかけの反応速度定数k_{app}の対数を亜炭量［RH_2］の対数に対してプロットしたところ，近似直線の傾きが0.99となったので，以下の式から亜炭についての部分反応次数$\beta = 1$であることがわかった（図36.8b）.

$\log k_{app} = \log k + \beta \log\,[RH_2]$ (36.20)

従って，この反応はウランについて1次，亜炭について1次の，合計2次反応である.

みかけの1次反応速度定数k_{app}の温度依存性を，他の温度でのデータも含めてアレニウス・プロットすると図36.8cのようになった．この図中の直線の傾きが活性化エネルギーE_aに対応し，ここではE_a = 120 kJ/molである．これを100 ℃より低温側へ外挿して，1次反応速度定数k_{app}から半減期$t_{1/2} = 0.693 / k_{app}$を算出して，図36.8dに示した.

ウランの沈殿半減期$t_{1/2}$は，200 ℃で3時間と速いが，150℃で100時間，100℃で1年となる．亜炭層中にあるウラン鉱山の生成温度は200－100 ℃のいわゆる熱水環境とされるものが多い．このような条件ではウラン鉱石UO_2の沈殿はかなり速いので，ウラン鉱石が多く生成し，採掘しても採算が取れる鉱山となると考えられる（図 36.8d）.

一方，深地層中に使用済核燃料などの放射性廃棄物が処分される場合，例えば地下深部で温度が 50 ℃の亜炭などの炭質物を含む地層にウランが漏洩すると，その沈殿半減期 $t_{1/2}$ は 340 年となる．さらに，地表近くの 25℃の炭質層まで漏れ出してきたとすると，その沈殿半減期 $t_{1/2}$ は 1 万年となる．もし還元的な有機物を含む 4℃の海底土中であれば，50 万年かかることになる（Nakashima et al., 1999）（図 36.8d）.

放射性廃棄物処分の安全評価には，このような 100 万年後くらいまでの放射性核種の移流，拡散による広がりや吸着沈殿反応等の精密な長期予測（図 20.5 参照）が必要であり，基礎的なデータがまだまだ不足しているが，上記のような予測がある程度目安となろう.

36. 2. 4.　自然界の 1 次反応速度定数

著者がこれまで実験的に測定してきた様々な化学反応のうち 1 次反応で近似できたものについて，その 1 次反応速度定数 k の温度変化をアレニウス・プロットしたものを図 36.9 に示す．いくらか文献値も利用している．横軸の絶対温度 T だけではわかりにくいので，摂氏温度（℃）を上に示した．また，縦軸の $\ln k$ もわかりにくいので，半減期（あるいは半増期）$t_{1/2}$ の値も右側に示した.

右上に，いくつかの無機化合物コロイドの凝集沈殿過程などをプロットしているが，それらの傾向は他とは少し違っている．一方で，水溶液中の生体有機分子，有機化合物系の反応では，直線の傾きすなわち活性化エネルギー E_a が，低温側ほど小さく，高温側ほど大きい傾向がある（図 36.9）．しかも，これらの生命有機系反応の近似直線は，400 ℃付近の一点で交わっているように見える．水は 374 ℃，2.208×10^7 Pa に臨界点を持ち，これを超えると液体とも気体ともつかない超臨界流体となる．従って，水溶液内の分子などの衝突の頻度因子 A の限界値のようなものに相当しているのかもしれないが，興味深い.

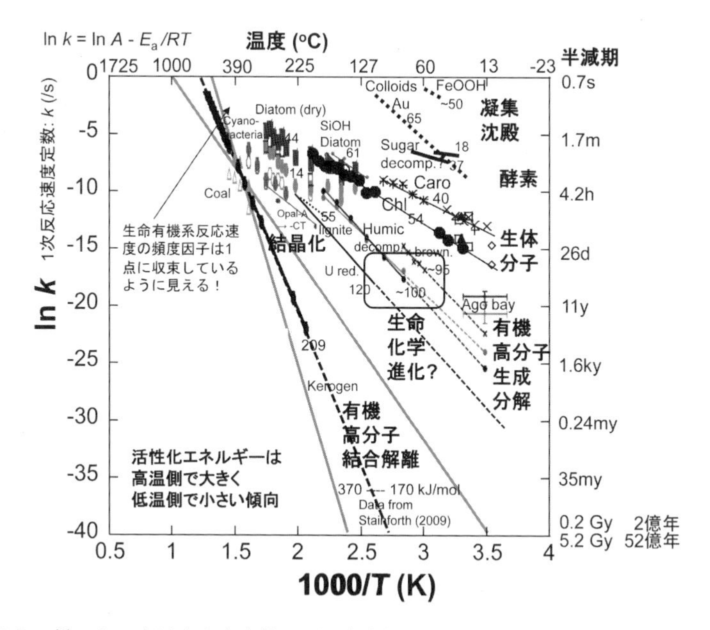

図 36.9.　様々な 1 次反応速度定数 k の温度変化のアレニウス・プロット．主に著者の行ってきた実験結果に，文献値を少し利用してまとめている．近似直線の傾きから活性化エネルギー E_a(kJ/mol) が，縦軸への切片から頻度因子 A が求まる．

第37章　自然環境の修復

第Ⅰ編で宇宙・地球・生命の進化の中でどのように自然環境ができてきたかを見て，第Ⅱ編では地球と自然環境のしくみを概観し，第Ⅲ編では自然環境の健康と病気を，火山活動，地震活動，河川の氾濫，土砂災害，気象災害，気候変動，大気圏の汚染，水圏の汚染，土壌・岩石圏の汚染，都市環境（インフラ）の劣化，人口と食糧，感染症という形で，できる限り幅広く扱ってきた．第Ⅳ編では自然環境を定量化する科学を俯瞰してみたが，まだ自然環境の変化を定量的に予測する体系が十分にできているわけではない状況である．

自然環境の健康診断をするには，第Ⅴ編で紹介したリモートセンシング，地下探査，非破壊検査などで，「病的」な部分を見つける必要があり，気象や気候には観測値が多いので見つけられる可能性が高い．しかしながら，火山や地震は，まだまだ観測は十分ではないし，岩石・土壌，水，大気などの汚染は検出するのは困難である．さらには都市環境（インフラ）の劣化も検出しなくてはいけない．そこで，より手軽に簡単に身の回りの診断ができるように，第33章で著者らが開発してきた「自然環境の聴診器」を解説し，第34章では実際の自然環境の時間変化を追跡した例を，第35章では自然環境変化を模擬した実験に活用した例を紹介し，実験から自然環境変化の予測が可能な場合もあることを述べた．

上記のような様々なリモートセンシング，地下探査，非破壊検査，そして「聴診器」を用いて，自然環境の中に「病的」な部分が見つかった場合，その後我々はどうすれば良いのか．現在でも，自然災害や環境汚染に対して，様々な対応がとられているが，いわゆる「治療法」が確立しているものは少ない．すなわち，「自然環境医学」はまだ始まったばかりである．

そもそもどのような治療をしてどのような状態にするのがいいのかすら，明確になっていない場合が多いと考えられる．著者は，第Ⅰ編の宇宙・地球・生命の進化の中でどのように自然環境ができてきたかと，第Ⅱ編の地球と自然環境のしくみを見直す中で，対症療法ではない，「より自然な治癒」をめざす治療が望ましいと考える．そのためにも，自然環境の変化のしくみと変化速度をより定量的に把握し，人工的な治療ではなく，漢方的な自然な治療法をめざしていくべきだと考える．従って，自然環境の修復とは何かは，これからの課題として，読者の皆さんと一緒に考えていきたい．

おわりに：自然環境医学のすすめ

著者は，東京大学理学部地学科の学部4年生のとき，鉱山地質学の研究室に配属された．そこで教授に提案された卒業研究のテーマがウラン探査であった．4年生の夏休み1.5カ月を，カナダ・サスカチェワン州北西端の北緯60度の無人地域で，約10数人のカナダ・アメリカ人とキャンプ生活をしながら，ウラン探査（地質調査）を行った．その間に，ウラン鉱山開発に伴って周辺の放射能汚染の問題もあること，また原子炉で核燃料の核分裂反応を起こさせた後，放射性廃棄物という核のごみが出ることを知った．そして，ウラン鉱石が採掘コストに見合うほど濃集している鉱山を見つけられたとしても，鉱山会社はウラン鉱石を原子力の平和利用のためだけに売るとは限らず，核兵器の製造のためにも売る可能性があることに気が付いた．つまり，自分は意図せず核兵器開発にも寄与してしまっているかもしれないのである．

当時は高度成長期であり，電化製品が普及し，パーソナルコンピュータが出現し，科学技術の発展で人類は幸せになれると考えられていた時代だった．しかし，著者は上記の体験をきっかけに，人類の産業活動には環境破壊ひいては世界平和などを脅かす負の側面がついて回ることに気が付き，例えば資源開発は，環境汚染と表裏一体であることを知った．「環境問題」という言葉がまだない時代に，地球あるいは自然全体の環境の健康の維持と産業活動の調和，つまり今でいう持続可能な発展目標（Sustainable Development Goals: SDGs）をめざすべきだと考えるようになった．

著者は理学部地学科の卒業を控えて，地学という分野をこのまま進むべきかどうかと悩んだ末，ある人に進路相談をした．そのときその人に，これだけ地球と自然の健康を心配している若者は初めて見たので，君は「地球のお医者さん」になりなさいと言われた．その言葉で，著者は「地球のお医者さん」をめざす覚悟を決めた（図A）．ちなみに，図Aの地球のお医者さんのイラストは，著者の次女が小学生時代に書いてくれたものである．

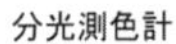

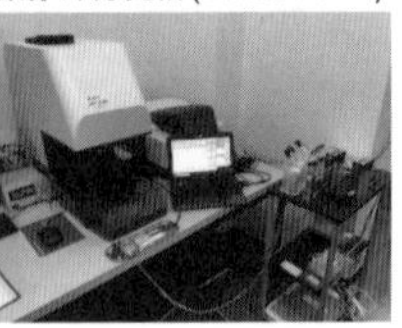

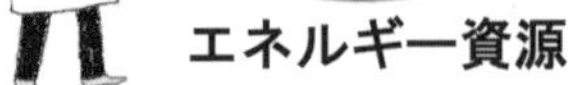

図 A. 自然環境医学への道．携帯型分光測色計・可視近赤外分光計，顕微可視蛍光ラマン分光計，温度 RH 制御と水晶振動子微小天秤 QCM を組み込んだ顕微赤外分光計（IR/QCM/RH）などの「自然環境の聴診器」を開発して，地球の顔色や肌の潤いを測り，地盤・岩盤の劣化，地震・火山活動，エネルギー資源の貯留，環境汚染，生命の営みなどの自然環境の健康状況をつぶさに観測し，その変化を予測する．

しかし，「地球のお医者さん」という研究分野も職業もなく，地球や自然が治療費を払ってくれるわけもなく，どうしたら「地球のお医者さん」になれるのか，また食べていけるのかわからなかった．そこで，まずは，「地球と自然環境の総合医」となる準備として，地球と自然に起こっていることを，できる限り忠実に調べていくことをめざすことにした．つまり，まずは自然科学者になるということである．自然科学の中でもせっかく地球科学という分野から出発したので，まずは地球科学の研究者となるべく，大学院に進学することにした．

その後指導教授にフランス留学を強く勧められたので，フランス政府給費留学生試験を受け，フランス・オルレアン大学の博士課程に留学し，実際には，フランス国立科学研究院（CNRS）の「鉱物の合成と化学の研究所」で博士論文の研究として，亜炭によるウランの濃集機構の実験的解明を行った．

フランス国家理学博士という学位を取って帰国し，日本原子力研究所で高レベル放射性廃棄物の地層処分の安全評価を行う際に，化学反応の他，移流や拡散現象を定量的に評価する必要があり，本書で紹介したような物質移動学を独学した．日本原子力研究所時代に，土や岩石中のウランなどの微量放射性物質の化学形態を非破壊で調べる手法が必要だと考えて，顕微可視分光法，顕微赤外分光法を開発した．そして，土や岩石の分光測色法という分野を開拓した．

その後，秋田大学では，土壌の酸性化，稲のもみ殻灰（農業廃棄物）の再利用法などに関わり，東京大学では，レオロジーという岩石の変形・流動過程を定量的に研究し始め，その中で岩石中の水を顕微赤外分光で測定して評価し始めた．また，マグマ・火山についての研究もし始めた．北海道大学では，腐植物質についての研究を本格的に開始し，金鉱山の生成過程，火山学にも関わった．東京工業大学では，地球内部の水の循環，地震，火山活動をより定量的に研究し，生命の起源の実験的研究，宇宙からの生命の原材料（隕石，宇宙塵），原始生命化石，そして薄膜水の研究などを行った．大阪大学では，学部は物理学科，大学院は宇宙地球科学専攻だったこともあり，今までの研究に加えて，岩石の音波物性，電気物性，微小光学などの研究も行ってきた．

この間に，様々な団体や企業から，様々な課題解決の相談を受け，大体3年程度で解決してきた．詳細は公表できないものが多いが，多くは，製品やシステムなどを現場で使用している間に不具合が出てきて，ユーザーから苦情が出て，その原因解明と対応策を考えたものが多い．

「地球の総合医」になる修行を積んできて，やっと出発点に立てると思い2020年に立ち上げた（一般社団法人）自然環境・科学技術研究所（RINEST）では，数社の科学技術コンサルティングを行っており，自然環境と調和した持続可能な発展につながる企業活動を支援している．しかし，この研究所の一番大事な設立の理念は，「自然環境の健康を守る活動」であり，こちらはまだ本格的に始められていないが，これからじっくり具体的な活動を考えていきたい．そこで本書『自然環境医学』を書くことにした．

本書では，ヒトの病気で内科，外科，呼吸器科，胃腸科，耳鼻科，皮膚科などの様々な専門医があるのと同様，自然環境についても様々な専門医があると思うが，あえて自然環境の「総合医」をめざして，できる限り「自然環境医学」の全体像を概観し，それを体系化してきた．これだけ多くのことを学んで理解しなくては「地球のお医者さん」になれないと著者は思ってきたわけだが，果たして全体像が少しは見えただろうか．

自然科学，理工学は，もちろん進展してきているが，著者は自然環境を定量的に予測することのできる科学体系はまだできていないと感じている．そこで，せめて身近な自然環境を計測できる「聴診器」を開発し，実際の自然の移ろいを計測して変化速度を定量化し，また自然の変化を模擬する実験を行って，自然と対比させてきた．その結果，少なくとも自然環境変化の定量的予測につながるデータは出つつあると考える．従って，「自然環境医学」はまだ始まったばかりであるが，これからさらなる進展が期待される．

「自然環境医学」という考え方や体系は，まだ生まれたてで，これからの学問分野であり，読者諸氏，特に若い方々につないでいっていただきたい．本書がそのような方々のきっかけになれば幸いである．

読者の皆さんが，自然環境と調和した持続可能な発展（Sustainable Development Goals: SDGs）につながる科学技術の担い手となって下さることを願って，本書を終えたい．

最後に，本書の原稿を読んで下さった中屋佑紀，山北絵理，堀川卓哉，梅澤良介，生野雄大さん，そしてこれまで一緒に研究して下さったすべての共同研究者の皆さんに感謝します．本書の編集作業においては，関西大学出版部出版課辻本克之さんと桃夭舎高瀬桃子さんに，細かい表現などを丁寧にチェックしていただきましたので，ここに記してお礼申し上げます．

引用・参考文献

第Ⅰ編

福江純（2018）「絵でわかる宇宙の誕生」 講談社.

寺田健太郎（2018）「絵でわかる宇宙地球科学」 講談社.

田近英一（2019）「ビジュアル版46億年の地球史」 三笠書房.

田近英一（2021）「地球環境46億年の大変動史」 化学同人.

渡部雅浩（2018）「絵でわかる地球温暖化」 講談社.

気候変動に関する政府間パネル IPCC 第6次評価報告書 AR6 第1作業部会報告書の政策決定者向け要約（SPM）日本語版（2022）https://www.ipcc.ch/report/ar6/wg1/downloads/report/IPCC_AR6_WGI_SPM.pdf

第Ⅱ編

鹿園直建（2009）「地球惑星システム科学入門」 東京大学出版会.

Rudnick, R.L. and Gao, S. (2004) Composition of the continental crust. In: "Treatise on Geochemistry, 3, The Crust." Elsevier, p.1-64.

Palme, H. and O'Neil, H.S.C. (2004) Cosmochemical estimates of mantle composition. In: "Treatise on Geochemistry, 2, The Mantle and Core." Elsevier, p.1-38.

MacDonough, W.F. (2004) Compositional model for the earth's core. In: "Treatise on Geochemistry, 2, The Mantle and Core." Elsevier, p.547-568.

日本ペドロジー学会（2017）日本土壌分類体系，日本ペドロジー学会第5次土壌分類・命名委員会.

清田佳美（2020）「水の科学（第2版）―水の自然誌と生命，環境，未来―」 オーム社.

西村雅吉（1991）「環境化学」 裳華房.

小林純（1971）「水の健康診断」 岩波新書.

Livingstone, D.A. (1983) Chemical composition of rivers and lakes. In: "Data of Geochemistry, 6th ed." (Ed. Fleisher, M.), USGS Prof. Pap., 4400.

W. スタム・J.J. モーガン 著，安部喜也・半谷高久 訳（1974）「一般水質化学（上，下）」 共立出版.

南佳典・沖津進（2007）「ベーシックマスター　生態学」 オーム社.

第Ⅲ編

鹿園直建（2009）「地球惑星システム科学入門」 東京大学出版会.

気象庁ホームページ https://www.jma.go.jp/bosai/map.html#5/34.488/137.021/&contents=volcano

中嶋悟・中村美千彦（2000）火山噴火準備過程の時間スケールを決める要因．月刊地球，22, 349-356.

Passarelli, L. and Brodsky, E.E. (2012) The correlation between run-up and repose times of volcanic eruptions. Geophysical Journal International, 188, 1025-1045.

東宮昭彦(2016) マグマ溜まり：噴火準備過程と噴火開始条件，火山，61(2), 281-194.

Okumura, S., Nakashima, S. and Takeuchi, S. (2004) Behavior of water in magmas: Implication for volcanic eruptions. In: "Physicochemistry of Water in Geological and Biological Systems. - Structures and Properties of Thin Aqueous Films -" (Eds. Nakashima, S, Spiers, C.J., Mercury, L., Fenter, P. and Hochella, Jr., M.F.) Universal Academy Press, Tokyo, 227-240.

Okumura, S. and Nakashima, S. (2004) Water diffusivity in rhyolitic glasses as determined by in-situ IR spectroscopy. Physics and Chemistry of Minerals, 31, 183-189.

Okumura, S. and Nakashima, S. (2006) Water diffusivities in basaltic to rhyolitic glasses. Chemical Geology, 227, 70-82.

平田直 (2021) 首都直下地震と南海トラフ巨大地震への備え，太田猛彦・藤嶋昭監修，「新しい自然科学の世界へ3　自然災害　そのメカニズムに学ぶ」 学研プラス，11-40.

Ito, Y. and Nakashima, S. (2002) Water distribution in low-grade siliceous metamorphic rocks by micro-FTIR and its relation to grain size: A case from the Kanto Mountain region, Japan. Chemical Geology, 189, 1-18.

中嶋悟 (2002) 水の物性と地球ダイナミクス―地球内部のかたい水と地震の発生？―．日本物理学会誌, 57, 746-753.

Nakashima, S., De Meer, S. and Spiers, C.J. (2004) Distribution of thin film water in grain boundaries of crustal rocks and implications for crustal strength. In: "Physicochemistry of Water in Geological and Biological Systems. - Structures and Properties of Thin Aqueous Films -" (Eds. Nakashima, S, Spiers, C.J., Mercury, L., Fenter, P. and Hochella, Jr., M.F.) Universal Academy Press, Tokyo, 159-178.

Masuda, K. Haramaki, T., Nakashima, S., Habert, B, Martinez, I. and Kashiwabara, S. (2003) Structural change of water with solutes and temperature up to 100 C in aqueous solutions as revealed by ATR-IR spectroscopy. Applied Spectroscopy, 57 (3), 274-281.

Famin, V., Nakashima, S., Boullier, A.M., Fujimoto K. and Hirono, T. (2008) Earthquakes produce carbon dioxide in crustal faults. Earth and Planetary Science Letters, 265, 487-497.

佐藤努・高橋誠 (1997) 淡路島の異常湧水の化学組成変化―1995年兵庫県南部地震による影響―．地球化学，31, 89-98.

Sato, T., Sakai, R., Furuya, K., Kodama, T. (2000) Coseismic spring flow changes associated with the 1995 Kobe earthquake. Geophys. Res. Lett. 27(8), 1219-1222.

太田猛彦・藤嶋昭監修 (2021)「新しい自然科学の世界へ3　自然災害　そのメカニズムに学ぶ」 学研プラス.

石川忠晴（2021）流域治水構想について，太田猛彦・藤嶋昭監修，「新しい自然科学の世界へ 3　自然災害　そのメカニズムに学ぶ」 学研プラス，99-123.
千木良雅弘（2018）「災害地質学ノート」 近未来社.
国土交通省白書（2008）https://www.mlit.go.jp/hakusyo/mlit/h20/index.html
太田猛彦（2021）土砂災害の実態と対策．太田猛彦・藤嶋昭監修，「新しい自然科学の世界へ 3　自然災害　そのメカニズムに学ぶ」 学研プラス，71-98.
和田卓也・井上誠・横田修一郎・岩松暉（1995）電気探査の自動連続観測によるシラス台地の降雨の浸透．応用地質，36, 29-38.
古川武彦・大木勇人（2021）「図解・天気予報入門　ゲリラ豪雨や巨大台風をどう予測するのか」ブルーバックス B2181，講談社.
渡部雅浩（2018）「絵でわかる地球温暖化」 講談社.
齋藤勝裕（2020）「［環境の科学］が一冊でまるごとわかる」 ベレ出版.
Ikuno, Y. (2020) Evaluation of random coil to α helix transition of polypeptides on goethite surface by ATR-IR spectroscopy. Master Thesis, Osaka University.
Tomizawa, R. (2017) Observations of $PM_{2.5}$ sampled in Osaka and experiments simulating alteration of aerosols. Master Thesis, Osaka University.
環境省・国立環境研究所，大気汚染物質広域監視システム「そらまめくん」https://soramame.env.go.jp
国立環境研究所環境展望台，大気汚染予測システム VENUS（https://venus.nies.go.jp）
Nakaya, Y., Nakashima S. and Otsuka, T. (2019) Evaluation of kinetic competition among formation and degradation processes of dissolved humic-like substances based on hydrothermal reactions measured by Ultraviolet-visible spectroscopy. Geochemical Journal, 53, 407-414.
百島則幸・上田祐介・杉原真司・山形陽一・国分秀樹（2008）^{210}Pb 堆積年代測定法による英虞湾の堆積環境の解析. 地球化学，42, 99-111.
三重県水産研究所（2021）漁場環境調査報告書―英虞湾・的矢湾汚染対策調査―. 三重県水産研究所.
渥美貴史（2019）花珠生産技術の開発と環境に配慮した真珠養殖の実現化. 日本水産学会誌，85(5), 470-473.
田瀬則雄（2012）わが国における地下水汚染の現状と課題．安全工学，51(5), 290-296.
鈴木弘明・中島誠・菊池毅・日笠山徹己・門間聖子（2019）大規模地下水汚染の事例と特性．地下水・土壌汚染とその防止対策に関する研究集会講演集, 25, 331-336.
吹田市ホームページ https://www.city.suita.osaka.jp/kurashi/1018513/1018539/1008862.html
中嶋悟・山村円香・松田彩・宜保基樹・磯部歩美（2023）赤外分光法による重合凝集過程の定量解析―水処理剤ポリ塩化アルミニウム（PAC）の例―．Jasco Report, 65(2), 31-41.
森泉美穂子・土屋一成・西田瑞彦（2002）水田土壌におけるダイオキシン類の垂直分布調

査―九州農業試験場水田圃場における一例―．日本土壌肥料学会誌, 73(4), 433-436.
Takeda, N. and Takaoka, M. (2013) An assessment of dioxin contamination from the intermittent operation of a municipal waste incinerator in Japan and associated remediation. Environ. Sci. Pollut. Res. 20, 2070-2080.
札幌市ホームページ http://www.city.sapporo.jp/seiso/
東京都ホームページ https://www.kankyo.metro.tokyo.lg.jp/resource/landfill/
大阪湾広域臨海環境整備センター（大阪湾フェニックスセンター）ホームページ http://www.osakawan-center.or.jp/
原子力発電環境整備機構 NUMO ホームページ https://www.numo.or.jp/
Nakashima, S., Disnar, J-R. and Perruchot, A. (1999) Precipitation kinetics of uranium by sedimentary organic matter under diagenetic and hydrothermal conditions. Economic Geology, 94, 993-1006.
香坂文夫 (2007)「絵とき入門　都市工学」オーム社.
国土交通省ホームページ https://www.mlit.go.jp/
岩瀬泰己・岩瀬文夫 (2010)「図解入門よくわかるコンクリートの基本と仕組み［第2版］」秀和システム.
田端慶久 (2020) コンクリートの実環境での長期劣化過程の分析，大阪大学理学部物理学科卒業論文
世界人口白書 (2023) 日本語抜粋版，国連人口基金駐日事務所.
日本総務省統計局．世界の統計 https://www.stat.go.jp/data/sekai/index.html
米国農務省の資料に基づく農林水産省のデータ 2020 https://www.maff.go.jp/j/tokei/
山本太郎 (2011)「感染症と文明　共生への道」岩波書店.
詫摩佳代 (2020)「人類と病　国際政治から見る感染症と健康格差」中央公論新社.
松浦善治 (2022) 感染症の過去・現在・未来，Drug Delivery System, 37-5, 372-376.

第Ⅳ編

アイザック・ニュートン著 (1687)「プリンシピア 自然哲学の数学的原理」第1,2,3編，中野猿人 訳・注，ブルーバックス B-2100, B-2101, B-2102, 2019，講談社.
原康夫 (2014)「自然科学の基礎としての物理学」学術図書出版社.
端山好和 (2022)「自然科学の歴史」講談社.
福江純 (2018)「絵でわかる宇宙の誕生」講談社.
中嶋悟 (2022)「エネルギー・環境・生命・物質のための化学Ⅰ」関西大学出版部.
中嶋悟 (2023)「エネルギー・環境・生命・物質のための化学Ⅱ」関西大学出版部.
澤本正樹 (2005)「流れの力学―水理学から流体力学へ―」共立出版.
武次徹也 (2015)「新版すぐできる量子化学計算ビギナーズマニュアル」講談社.
Tanabe, Y. and Sugano, S. (1954) On the absorption spectra of complex ions I. Journal of the Physical Society of Japan, 9(5), 753-766.
長谷川靖哉・伊藤肇 (2014)「錯体化学―基礎から応用まで―」講談社サイエンティ

フィク.
海崎純男（2015）「金属錯体の色と構造―電子スペクトルと機能物性の基礎―」 三共出版.
高塚和夫・田中秀樹（2014）「分子熱統計力学　化学平衡から反応速度まで」 東京大学出版会.
鳥谷部祥一（2022）「生物物理学」 日本評論社.
Nakashima, S, Maruyama, S., Brack, A. and Windley, B.F. (2001) "Geochemistry and the Origin of Life" Universal Academy Press, Tokyo, 355p.
Nakashima, S., Kebukawa, Y., Kitadai, N., Igisu, M. and Matsuoka, N. (2018) Geochemistry and the origin of life: from extraterrestrial processes, chemical evolution on Earth, fossilized life's records, to natures of the extant life. Life, 8(4), 39.
Kitadai, N., Yokoyama, T. and Nakashima, S. (2011) Hydration-dehydration interactions between glycine and anhydrous salts: Implications for chemical evolution of life. Geochim. Cosmochim. Acta, 75, 6285–6299.
蔵本由紀（2016）「新しい自然学　非線形科学の可能性」 筑摩書房.
井庭崇・福原義久（1998）「複雑系入門　知のフロンティアへの冒険」 NTT 出版.
中嶋悟（1995）　花崗岩の割れ目，粒界，間隙構造のフラクタル解析と物質移動・流動. 鉱物学雑誌, 24, 125–130.
Nakashima, S. (1995) Diffusivity of ions in pore water as a quantitative basis for rock deformation rate estimates. Tectonophysics, 245, 185–203.
Idemitsu, K., Furuya, H., Murayama, K. and Inagaki, Y. (1992) Diffusivity of uranium in water-saturated Inada granite. Mat. Res. Soc. Symp. Proc., 257, 625–632.
臼田昭司・東野勝治・井上祥史・伊藤敏・葭谷安正（1999）「カオスとフラクタル Excel で体験」 オーム社.

第Ⅴ編 ………………………………………………………………………………

井上吉雄・坂本利宏・岡本勝男・石塚直樹・David Sprague・岩崎亘典（2019）「農業と環境調査のためのリモートセンシング・GIS・GPS 活用ガイド」 森北出版.
長澤良太・原慶太郎・金子正美（2007）「自然環境解析のためのリモートセンシング・GIS ハンドブック」 古今書院.
国土地理院 基盤地図情報 https://www.gsi.go.jp/kiban/
国土数値情報 https://nlftp.mlit.go.jp/ksj/index.html
Conservation GIS-Consortium Japan　http://cgisj.jp/
中嶋悟（2022）「エネルギー・環境・生命・物質のための化学Ⅰ」 関西大学出版部.
中嶋悟（2023）「エネルギー・環境・生命・物質のための化学Ⅱ」 関西大学出版部.
古川武彦・大木勇人（2021）「図解・天気予報入門　ゲリラ豪雨や巨大台風をどう予測するのか」 ブルーバックス B-2181，講談社.

九州大学応用力学研究所気候変動科学分野 SPRINTARS　https://sprintars.riam.kyushu-u.ac.jp/index.html
環境省生物多様性センター https://www.biodic.go.jp/ne_research.html
国立環境研究所環境展望台 https://tenbou.nies.go.jp/gisplus/
独立行政法人産業技術総合研究所地質調査総合センター　地質図 Navi　https://gbank.gsj.jp/geonavi/
公益社団法人物理探査学会 (2022)「見えない地下を診る—驚異の地下探査—」 幻冬舎.
加藤光昭 (1995)「非破壊検査のおはなし」 日本規格協会.
魚本健人 (2008)「図解コンクリート構造物の非破壊検査技術」 オーム社.
池田進・中嶋悟・土山明 (1997) 岩石組織の画像解析—その自動化における現状と問題点—. 鉱物学雑誌, 26, 185-196.
廣野哲朗・高橋学・中嶋悟・池原研 (2001) X線CT装置を用いた移流像その場観測透水試験法の開発. 応用地質, 42, 294-299.
廣野哲朗・横山正・高橋学・中嶋悟・山本由弦・林為人 (2002) マイクロフォーカスX線CT装置を用いた堆積物・岩石の内部構造の非破壊観察. 地質学雑誌, 108(9), 606-609.
Hirono, T., Takahashi, M. and Nakashima, S. (2003) In-situ visualization of fluid flow image within deformed rock by X-ray CT. Engineering Geology, 2162, 1-10.
堀川卓哉・梅澤良介・中嶋悟 (準備中) 音波, 電気, 近赤外計測によるモルタルの劣化過程の非破壊評価.
Nakashima, Y., Nakashima, S. Gross, D., Weiss, K. and Yamauchi, K. (1998) NMR imaging of 1H in hydrous minerals. Geothermics, 27, 43-53.
中島善人 (2023) 磁気共鳴表面スキャナー：生きた牛やトンネルの計測をめざして. JETI, 71(7), 29-33.
Nakashima, Y. (2023) Development of a single-sided magnetic resonance surface scanner: towards non-destructive quantification of moisture in slaked lime plaster for maintenance and remediation of heritage architecture. Journal of Nondestructive Evaluation, 42, 90.
中嶋悟 (1994a)「地球色変化—鉄とウランの地球化学—」 近未来社.
中嶋悟 (1994b) 飯山敏道・河村雄行・中嶋悟 共著「実験地球化学」東京大学出版会, (1994)中の「分光学」「反応速度学」「物質移動学」の章. pp.110-233.
中嶋悟 (1998) 大地の色—地球物質の分光測色と地球環境—. 化学と工業, 51, 1198-1201.
中嶋悟 (2002) 岩石・土の色を測る—地球・環境の聴診器の開発—. 深田研ライブラリー No.57, 深田地質研究所.
中嶋悟 (2007) 地球表層環境の聴診器の開発—地球環境医学への道—. 生産と技術, 59(1), 78-81.
Nagano, T. and Nakashima, S. (1989) Study of colors and degree of weathering of granitic rocks by visible diffuse reflectance spectroscopy. Geochem. J., 23, 75-83.

Nagano, T., Isobe, H., Nakashima, S. and Ashizaki, M. (2002) Characterization of iron hydroxides in a weathered rock surface by visible microspectroscopy. Applied Spectroscopy, 56, 651-657.

中嶋悟・黒木紀子・斉藤典之・多田隆治・高山英男・大倉力（1996）可視・近赤外フィールドジオセンサーの開発. 月刊地球, 18, 223-230.

Nagao, S. and Nakashima, S. (1991) A convenient method of color measurement of marine sediment by chromameter. Geochem. J., 25, 187-197.

Nagao, S. and Nakashima, S. (1992) The factors controlling vertical color change of North Atlantic abyssal plains sediments. In Special Issue "Geochemistry of North Atlantic Abyssal Plains." (Eds. Jack Middelburg and Satoru Nakashima), Marine Geology, 109, 83-94.

磯崎行雄（1995）古生代／中生代境界での大量絶滅と地球変動. 科学, 65, 90-100.

森泉美穂子・中嶋悟（2000）火山噴出物の色測定と水・岩石相互作用. 月刊地球, 22, 435-439.

山野井勇太・中嶋悟・奥村聡・竹内晋吾（2004）分光測色法によるスコリアの色変化測定と加熱再現実験. 火山, 49, 317-331.

Yamanoi, Y., Takeuchi S., Okumura, S., Nakashima, S. and Yokoyama, T. (2008) Color measurements of volcanic ash deposits from three different styles of summit activity at Sakurajima volcano, Japan: Conduit processes recorded in color of volcanic ash. Journal of Volcanology and Geothermal Research, 178, 81-93.

Yamanoi, Y. and Nakashima, S. (2005) In-situ high temperature visible microspectroscopy for volcanic materials. Applied Spectroscopy, 59, 1415-1419.

Yamanoi, Y., Nakashima, S. and Katsura, M. (2009) Temperature dependence of reflectance spectra and color values of hematite by in situ high temperature visible micro-spectroscopy. American Mineralogist, 94, 90-97.

Moriizumi, M., Nakashima S., Okumura, S., Yamanoi Y. (2009) Color-change processes of a plinian pumice and experimental constraints of color-change kinetics in air of an obsidian. Bull. Volcanol., 71, 1-13

Yokoyama, T. and Nakashima, S. (2005) Color development of iron oxides during rhyolite weathering over 52,000 years. Chemical Geology, 219, 309-320.

Nakashima, S., Isono, Y., Kimura, T., Kanaji, J., Shukuin, Y., Takeda, N., Yoshida, Y., Hamasaki, T., Watanabe, D., Tsutsumi, H., Kawakami, K. and Saeki, T. (2014) Visible and near infrared spectroscopy of rocks for rock strength evaluation. Proceedings of the 8th Asian Rock Mechanics Symposium (ARMS8), RP5-3, 354-364.

Nakashima, S., Nagasawa, A., Yokokura, K., Shukuin, Y., Takeda, N. and Yamamoto, K. (2023) Daily monitoring of ripening processes of a tomato using an original handheld visible-near infrared spectrometer. Applied Spectroscopy Practica, 1(1), DOI: 10.1177/27551857231181923.

中嶋悟・森泉美穂子（2018）土壌の現場分析：色測定と可視・近赤外分光測定. ぶんせき, 9, 369-370.
中嶋悟（1991）岩石のフーリエ変換マルチチャネル顕微可視分光. Hitachi Scientific Instruments News, 34, 3278-3284.
磯部博志・中嶋悟（1996）新型顕微可視分光計の開発とウラン鉱物の結晶化学，地球化学. 月刊地球，18, 262-268.
Suzuki, A., Yamanoi, Y., Nakamura, T. and Nakashima, S. (2010) Micro-spectroscopic characterization of organic and hydrous components in weathered Antarctic micrometeorites. Earth, Planets and Space, 62, 33-46.
Onga, C. and Nakashima, S. (2014) Dark field reflection visible micro-spectroscopy equipped with a color mapping system of a brown altered granite. Applied Spectroscopy, 68(7), 740-748.
Yamakita, E., Moriya, S. and Nakashima, S. (2021) Organic boundaries between a moss species and a limestone as analyzed by multiple micro-spectroscopic methods. Catena, 204, 106426.
村山朔郎・八木則男・石井義男（1970）風化花崗岩の強度特性について. 京大防災研究所年報第 13 号 B, 1-10.
Okada, K. and Nakashima S. (2019) Combined Microspectroscopic Characterization of a Red-Colored Granite Rock Sample. Applied Spectroscopy, 73(7), 781-793.
Kitadai, N., Sawai, T., Tonoue, R., Nakashima, S., Katsura, M. and Fukushi, K. (2014) Effects of ions on the OH stretching band of water as revealed by ATR-IR spectroscopy. Journal of Solution Chemistry, 43, 1055-1077.
Habuka, A., Yamada, T. and Nakashima, S. (2020) Interactions of glycerol, diglycerol, and water studied using attenuated total reflection infrared spectroscopy. Applied Spectroscopy, 27(4), 767-779.
工藤幸会・中嶋悟（2020）赤外分光による角層中水分量の評価法. Cosmetic Stage, 14, 5, 8-13.
中嶋悟・山村円香・松田彩・宜保基樹・磯部歩美（2023）赤外分光法による重合凝集過程の定量解析—水処理剤ポリ塩化アルミニウム（PAC）の例—. Jasco Report, 65, 2, 31-41.
白石知久・石田聡・井村俊彦・斎田吉裕・中島吉則（2008）白色懸濁液の濃度評価に関する研究. 埼玉県産業技術総合センター研究報告，第 6 巻.
中嶋悟・有田真香（2024）ヨーグルト生成過程における乳酸発酵速度の赤外分光その場観測. 日本調理科学会誌, 57(2), 89-99, 2024.
中嶋悟（2024）赤外分光・水晶振動子微小天秤・相対湿度制御法（IR/QCM/RH 法）の開発と様々な物質の水吸着・脱着の定量評価. Jasco Report, 66(1), 22-32.
Okada, M. (2016) Water and ethanol adsorption on a clay by infrared spectroscopy with a humidity control system, Master Thesis, Osaka University.

Botella, R., Chitera, F., Costa, D., Nakashima, S., and Lefevre, G. (2021) Influence of hydration/dehydration on adsorbed molecules: Case of phthalate on goethite. Colloids and Surfaces A: Physicochemical and Engineering Aspects, 625, 126872.

Nakashima, S. and Yamasaki, H. (in prep.) Decrease rates of chlorophylls in Japanese maple leaves by in situ heating visible near infrared specytroscopy.

中嶋悟・嶋田帆果（準備中）可視・近赤外加熱その場観測による牛肉の色変化の追跡.

Horikawa, T., Katsura, M., Yokota T. and Nakashima, S. (2021) Effects of pore water distributions on P-wave velocity - water saturation relations in partially saturated sandstones. Geophysical Journal International, 226, 1558-1573.

Umezawa, R., Nishiyama, N., Katsura, M. and Nakashima, S. (2017) Electrical conductance of a sandstone partially saturated with varying concentrations of NaCl solutions. Geophysical Journal International, 209 (2), 1287-1295.

Umezawa, R., Katsura, M. and Nakashima S. (2018) Electrical conductivity at surfaces of silica nanoparticles with adsorbed water at various relative humidities. e-Journal of Surface Science and Nanotechnology, 16, 376-381.

Umezawa, R., Katsura, M. and Nakashima, S. (2021) Effect of water saturation on the electrical conductivities of micro-porous silica glass. Transport in Porous Media, 138, 225-243.

Kieninger, J. (2022) "Electrochemical methods for the micro- and nanoscale, Theoretical essentials, instrumentation, and methods for applications in MEMS and nanotechnology" de Gruyter, Berlin/Boston.

Lasaga, A.C. (1998) "Kinetic Theory in the Earth Sciences" Princeton University Press.

Nakashima, S., Nagasawa, A., Yokokura, K., Shukuin, Y., Takeda, N. and Yamamoto, K. (2023) Daily monitoring of ripening processes of a tomato using an original handheld visible-near infrared spectrometer. Applied Spectroscopy Practica, DOI: 10.1177/27551857231181923.

Nakashima, S. and Yamakita, E. (2023) In Situ Visible Spectroscopic Daily Monitoring of Senescence of Japanese Maple (Acer palmatum) Leaves. Life 2023, 13, 2030. https://doi.org/10.3390/life1310203.

Nakaya, Y., Nakashima S. and Otsuka, T. (2019) Evaluation of kinetic competition among formation and degradation processes of dissolved humic-like substances based on hydrothermal reactions measured by Ultraviolet-visible spectroscopy. Geochemical Journal, 53, 407-414.

Nagano, T., Nakashima, S., Nakayama, S., and Senoo, M. (1994) The use of color to quantify the effects of pH and temperature on the crystallization kinetics of goethite under highly alkaline condistions. Clays and Clay Minerals, 42, 226-234.

河宮未知生 (2018)「シミュレート・ジ・アース　未来を予測する地球科学」 ベレ出版.

竹内晋吾・中嶋悟（2005） 微小な火山噴出物・実験生成物試料の浸透率測定のための透気試験装置. 火山, 50, 1-8.

Takeuchi, S., Nakashima, S., Tomiya, A. and Shinohara, H. (2005) Experimental constraints on the low gas permeability of vesicular magma during decompression. Geophysical Research Letters, 32, L10312.

Takeuchi, S., Nakashima, S. and Tomiya, A. (2008) Permeability measurements of natural and experimental volcanic materials with a simple permeameter: Toward an understanding of magmatic degassing processes. Journal of Volcanology and Geothermal Research, 177, 329-339.

Yokoyama, T and Takeuchi, S. (2009) Porosimetry of vesicular volcanic products by a water-expulsion method and the relationship of pore characteristics to permeability. Journal of Gepphysical Research, 114, B02201.

Nakashima, S. (1995) Diffusivity of ions in pore water as a quantitative basis for rock deformation rate estimates. Tectonophysics, 245, 185-203.

Okumura, S., Nakashima, S. and Takeuchi, S. (2004) Behavior of water in magmas: Implication for volcanic eruptions. In:"Physicochemistry of Water in Geological and Biological Systems. - Structures and Properties of Thin Aqueous Films -" (Eds. Nakashima, S, Spiers, C.J., Mercury, L., Fenter, P. and Hochella, Jr., M.F.) Universal Academy Press, Tokyo, 227-240.

Sawai, M., Katayama, I., Hamada, A., Maeda, M. and Nakashima, S. (2013) Dehydration kinetics of antigorite using in situ high-temperature infrared microspectroscopy. Physics and Chemistry of Minerals, 40, 319-330.

Tokiwai, K. and Nakashima, S. (2010) Dehydration kinetics of muscovite by in-situ infrared microspectroscopy. Physics and Chemistry of Minerals, 37, 91-101.

Nakashima, S., Disnar, J-R., Perruchot, A. and Trichet, J. (1984) Experimental study of mechanisms of fixation and reduction of uranium by sedimentary organic matter under diagenetic or hydrothermal conditions. Geochim. Cosmochim. Acta, 48, 2321-2329.

Nakashima, S., Disnar, J-R., Perruchot, A. and Trichet, J. (1987) Fixation and reduction of uranium by natural organic matter: reaction mechanisms and kinetics. Bull. Mineral. 110, 227-234. (in French)

Nakashima, S., Disnar, J-R., and Perruchot, A. (1999) Precipitation kinetics of uranium by sedimentary organic matter under diagenetic and hydrothermal conditions. Economic Geology, 94, 993-1006.

Nakashima, S. (1992a) Complexation and reduction of uranium by lignite. Science of the Total Environment, 117/118, 425-437.

Nakashima, S. (1992b) Kinetics and thermodynamics of uranium reduction by natural and simple organic matter. Organic Geochemistry, 19, 421-430.

索　引

【五十音順】

あ　行

か　行

さ　行

た　行

な　行

は　行

ま　行

や　行

ら　行

【数字・アルファベット順】

著者紹介

中嶋　悟（なかしま　さとる）

1978年	東京大学・理学部・地学科卒業
1980年	東京大学・大学院理学系研究科・地質学専攻・修士課程修了
1984年	フランス国立オルレアン大学　国家博士課程（自然科学）修了 フランス国家理学博士(Docteur-es-Sciences)
1984年	オルレアン大学・理学部・地球科学科・客員助手
1985年	日本原子力研究所・環境安全研究部・研究員
1991年	秋田大学・鉱山学部・助教授（資源地学研究施設）
1992年	東京大学・理学部・助教授（地質学専攻）
1997年	北海道大学・大学院理学研究科・地球惑星科学専攻・教授
1999年	東京工業大学・大学院理工学研究科・広域理学講座・教授
2000年	フランス・パリ第7大学・客員教授
2002年	フランス・パリ第6大学・客員教授
2005年	大阪大学・大学院理学研究科・宇宙地球科学専攻・教授（名誉教授）
2020年	関西大学・環境都市工学部・特別任用教授（学習支援室「化学」担当）
2020年	（一般社団法人）自然環境・科学技術研究所(RINEST)・所長

専門：自然環境と生命の物理化学，地球の資源と環境，自然環境医学

著書：『地球色変化—鉄とウランの地球化学—』（近未来社），『実験地球化学』（東京大学出版会，共著），『Geochemistry and the Origin of Life』『Physicochemistry of Water in Geological and Biological Systems』(Universal Academy Press, Main Editor and Author)など．

連絡先：中嶋　悟　Satoru Nakashima
（一般社団法人）自然環境・科学技術研究所（RINEST）
Research Institute for Natural Environment, Science and Technology
E-mail: SatoruNakashima.Rinest@gmail.com
Homepage: https://rinest5.webnode.jp/

自然環境医学

地球の総合医をめざして

2024年9月21日　発行

著　　者　中嶋 悟

発 行 所　関西大学出版部
〒564-8680 大阪府吹田市山手町 3-3-35
TEL 06-6368-1121(代)/FAX 06-6389-5162

印 刷 所　株式会社 遊文舎
〒532-0012 大阪府大阪市淀川区木川東 4-17-31

編 集 協 力　高瀬桃子（桃夭舎）

ISBN978-4-87354-786-2 C3040　落丁・乱丁はお取替えいたします